U0194498

The

Yellow

River

A JOURNEY THROUGH CHINA

黄水谣

沿黄纪行

冯并 著

北京大学出版社
PEKING UNIVERSITY PRESS

图书在版编目(CIP)数据

黄水谣:沿黄纪行 /冯并著. —北京:北京大学出版社,2022.10
ISBN 978-7-301-33357-0

Ⅰ.①黄… Ⅱ.①冯… Ⅲ.①黄河流域—生态环境建设—文集
Ⅳ.①X321.2-53

中国版本图书馆 CIP 数据核字(2022)第 170120 号

书　　　　名	黄水谣:沿黄纪行	
	HUANGSHUIYAO:YANHUANG JIXING	
著作责任者	冯　并　著	
责 任 编 辑	朱梅全	
标 准 书 号	ISBN 978-7-301-33357-0	
出 版 发 行	北京大学出版社	
地　　　　址	北京市海淀区成府路 205 号　　100871	
网　　　　址	http://www.pup.cn　　新浪微博:@北京大学出版社	
电 子 信 箱	sdyy_2005@126.com	
电　　　　话	邮购部 010-62752015　　发行部 010-62750672	
	编辑部 021-62071998	
印 　刷 　者	北京宏伟双华印刷有限公司	
经 销 　者	新华书店	
	730 毫米×1020 毫米　16 开本　17.75 印张　273 千字	
	2022 年 10 月第 1 版　2022 年 10 月第 1 次印刷	
定　　　　价	69.00 元	

前 言
QIANYAN

　　2019年夏天，我用两个月的时间，游走了西北的一些地方，有的是故地重游，有的是在岗时来不及去的地方。最大的收获，是看到了多山峡以下的黄河上游。因为年龄已大，只能在三江源"擦个边"，但这也是很高兴的事了。对于黄河，我自认是比较熟悉的，但实际上从未好好想过她老人家的事。虽然去过青海、甘肃，并在宁夏工作过几年，但那里的变化翻天覆地，已经很难形之于笔。黄河的新颜旧景，不时在眼前跳动，勾起很多感触。2020年夏秋，在我国新冠肺炎疫情有所"清零"的一段时日里，我欣然启程，再次前往黄河中下游的一些地方。多数地方是故地重游，也有第一次去的。现在交通便捷，提供了能够穿插采写的足够条件，有些地方虽然经过的时间仓促些，但也有所新见，有所新感，有所新思。

　　黄河是我们的母亲河，是中华民族文明的源头之河，她与我们一道经历昔日的苦难，更经历了苦难中的抗争。近年来，黄河的上上下下，生态建设和区域经济发展成果显著。那意味着，我们同黄河母亲一道，已经进入一个根本性的时代大转折；也意味着新的治理黄河、保卫黄河的大幕正在开启，目标很坚定，要让黄河文明在永久持续发展中更加灿烂和辉煌。目标是实在的，就是那一直回响在黄河大堤上的一个声音，"要把黄河的事情办好"。

黄河，有数不清的历史和现实的故事，在一组文章里，也只能穷其一二。为了方便述说，写作中并不考虑文体样式，更多地将散文、通讯、随笔甚至是议论糅在一起，算是文无定则的一种模样，权当作一个曾经的黄河子弟，向读者所作的一次别样观感汇报。为了翻阅方便，本书按照黄河上游、中游和下游的自然分段顺序安排，编为四十九篇。写作时间上也有前后穿插，但基本上是按河流流向和所去时间节点编排的。

立春之后，黄河下游的田野要开犁。桃花汛应时而来，接着就是经受气候变化中洪水与豪雨的考验。年复一年，大河上下变化几多，惊涛虽有，安澜的梦想已经开始实现。情怀可鼓，是为《黄水谣》。

冯　并

2022 年 3 月

目　录

第二辑
九曲黄河万里沙

第三辑

黄河奔涌入海流

第一辑 黄河之水天上来

黄河发源于青海巴颜喀拉山脉，全长 5464 公里，流域面积为 79.5 万平方公里。黄河干流从源头到内蒙古自治区托克托县河口镇（今河口村）为上游，河长 3472 公里，约占全干流的 2/3，流域面积为 42.8 万平方公里。

蓝色的黄河

2019 年 8 月

　　黄河会是蓝色的吗？从小长到老，似乎只听到一句用来打赌发誓的名言，即把实现无法想象的事，称作是只待海枯石烂黄河清。

　　黄河能不能变得清冽些，甚至变得幽蓝一些？此情此景，或许在刘家峡、青铜峡或者小浪底水库的水面上曾经见到过，但那是因为大坝的拦截，河水流动失速，泥沙沉积库底，水也就变得清了起来。即便如此，每到水库排沙放水的时候，少不了几条"黄龙"从闸洞里震天雷似地猛冲出来，犹如壶口瀑布一般，壮观是十分壮观，但河水或暗或明的黄的颜色，也尽收眼底。

　　我在黄河边住过两年，对于黄河之黄有刻骨铭心的记忆，别说是春汛到来或者入夏后照例出现的几次洪峰，就是入秋以后，也很少能够引发你对"秋水共长天一色"的诗兴。住在黄河的一个洄水湾旁，吃水也只能吃黄河水。打水的路不算远，但如何使黄水变清，变得可以饮用，却要费一番功夫。先是将水一桶一桶地倒入大的陶缸里，然后撒些明矾，加快泥沙的沉淀。麻烦的是，两三天就要淘一次缸，因为一缸水会沉淀出小半缸泥沙。据说，黄河的最大年输沙量能达到 39 亿吨之多，最高含沙量每立方米有 920 千克，因此，黄河之黄的程度是一般人无法想象的。

　　不知道黄河的"黄"字，是什么时候给冠上的，因为在《诗经》的时代，歌者还将其称为"河"。文献可考黄河较早的一次大决口，发生在周定王的时代，但那时并没有出现"黄"的前置词，即便在《汉书》

《后汉书》以及在北魏郦道元所著的《水经注》里，"黄"的称谓也没有正式出现，更多的时候还是用"河"的概念。所谓《易经》"河出图，洛出书"，乃至东汉许慎的《说文解字》里"河，水，出燉（敦）煌塞外昆仑山，发源注海"，"河"从来就是黄河的专用名词。大约是因为承古的说法，或者那时的生态问题还没有后来那么严重，非得在"河"之前确定无疑地冠以"黄"字不可。隋唐以后的诗词开始带出一个"黄"的前置词，意味着从那个时候起，黄河开始变得混浊起来。那时西北和中原战乱日益增多，森林植被被大量破坏，加上黄河中游要经过落差巨大的黄土高原，生态脆弱，河谷切割得很厉害，每逢汛期，泥沙俱下，也就形成悬河而导致溃坝决堤。也因此，黄河水的颜色有多浓重，关系到黄河流域甚至整个河系流域的安危和百姓的安居乐业。

也许是因为对黄河的这种特别感受，我一直想到黄河的上游去，看看那里究竟是什么样子。2017 年到了甘南草原的玛曲县，这次又去了青海的贵德。看玛曲，是因为它是黄河的第一个大拐弯处。玛曲也就是黄河曲，有道是黄河向东流，这里却是向西流，再折向北流，一直流到龙羊峡，开始东去的流程。这里也是著名的河曲马的产地，也是古代称为"西倾山"的连续山脉。

正是夕阳西下交错时分，站在玛曲黄河大桥上向西望，阳光透过漫天红云，照在河面上，光波不断跳动，一时间看不出河水是什么颜色，但稍稍换个角度，如镜的河面分明呈现出幽幽的蓝的底色。哦，蓝色的黄河！我终于见到了另一个心仪中的黄河，还有蓝色黄河中跳动着的金红光斑，也第一次嘴里念出"黄河西流"的词来。我从桥头下到河边，追赶着细碎的浪花，久久不愿离去。忍不住掬起一捧西流的黄河水喝了下去，还是那种熟悉的味道，但少了当年曾经嗅过的那股浓烈的土腥味。

之所以来玛曲下游几百里外黄河北流的贵德，不仅是因为那里曾是一座明清时代的重要军事要塞，留有一座保存完好的古城和上千株从库尔勒移植来的百年长把香梨树，也是因为"天下黄河贵德清"这样一句话。"天下黄河贵德清"是国务院原副总理钱其琛在 2000 年题写的。不知他后来去没去过玛曲，如果去过，题写中也许会带出贵德以上清的更多意思吧。

　　应该说，"天下黄河贵德清"，既有黄河上游多山多峡泥沙少的地理因素，也与拉西瓦水电站的兴建不无关系。在拉西瓦水电站兴建之前，贵德的河水也不像现在这样清冽。水利工程拦截了数量不多的泥沙，河水也就变得更清更亮了。在贵德看黄河，最好的地方是"水车广场"，广场上有一座高达十几米的水车。这里过去有没有过水车，是不得而知的，但作为一种传统的提水设施，南北方并没有多大差异。这里很早就是各地人等聚集的地方，不仅商业流通发达，水利技术交流也频繁，因此以"水车广场"来命名这个与河水最接近最亲和的河滩广场，很醒目，也有特别的意思在里边。

　　正是游人初上时，在"水车广场"的河滩上，有几个小女孩正在兴致勃勃地捡卵石。卵石很圆，而且多半带有明显的花纹，这大概就是著名的黄河石的"显摆"，要给人一个小惊喜。但令人更加欣喜的是，河滩边新树立了一座黄河母亲的白色石雕，后面有彝族诗人吉狄玛加的题词，那大约是诗人在青海挂职主持文化工作时留下的。

　　我曾经想象过黄河母亲的模样，想着她应该是一位满脸刻有深深皱纹的含辛茹苦的老祖母。因此第一次看到她的寓意明确的拟人形象时，未曾料到居然会是留着一头短发充溢着温柔笑容的现代青年女子。我们的黄河母亲竟会这样年轻，有着如此从容淡定的微笑和充满现代活力的柔美容颜？

　　想想也是的，从地质年龄上看，黄河虽然经过了百万年的苍凉岁月，从封闭的雪山湖盆走向了海洋，但在相对的地质年代里，依然算得上是一条年轻的河，她的童年过得艰辛曲折，但她现在面对的，却是一个充满希望和变化的未来。我明白创作者的创意和寓意，我为黄河母亲的新形象感到兴奋。在我们的心目中，她应当是一位永远年轻的妈妈。

　　贵德昨晚下过雨，此时此刻也还飘洒着零星的雨丝。东边的天上还挂出了半个彩虹。同来者不无遗憾地说，黄河最清的样子，你是看不到了，但我的感觉却正好。因为我更喜欢眼前河水的自然颜色，就像在玛曲的夕阳里看到的幽蓝一样，那才是真实的感觉呀。雨过之后，河水难免会有杂色，但雨水带来的颜色，却也是河心水深处色彩自带的一种亲

青海黄河大峡谷景区

和，呈现出又一种说不清的蓝绿相间的美。这里的水流比较平缓，太阳初升，正好是看河的好时候。

面对泛着蓝光的黄河水，再次想起在玛曲看到的那条蓝色的河，也想起那首异国他乡的《蓝色多瑙河》。为什么清澈的水会是蓝绿色的？除了水深水浅的光线折射，应该还有各种自然因素互动的结果，包括河谷两岸那郁郁葱葱树的倒影吧。

面对淡蓝淡绿的黄河水，我蓦然想起曾经在多瑙河上的一段游程，一览嵯峨的古堡和错落有致的小镇大城。环顾眼前的大河两岸和上上下下，则有另一番不俗风光。黄河的幽蓝，串起了从玛曲到贵德以至尖扎、循化、积石和兰州绿色谷地各有风情的城镇，河水流经的大小峡谷，也会让人心动。人们常常讲起"黄河三峡"，那是比照"长江三峡"而来的称呼，但这黄河上游的"三峡"，大大小小的何止十几组，而且皆有一层叠一层的丹霞地貌，红黄蓝相间，多彩多姿，说黄河的峡是丹霞凝集之峡，或许更符合这些峡谷的本来面目。

有贵德人对我说，河的一边是绿一边是黄，河的两岸是两个世界。诚然如是。但进一步去端详，其实又是环河同此斑斓。那层层叠叠的丹霞山体，提示着过去地质年代的气候生态变化，鲜亮的红色显示着曾经的酷热，青灰色和墨绿色显示了曾经有过的寒冷。在目力可见的天际线上，蓝色的河水从绵延不断的山体断层里飘了下来，在阳光下闪耀着五彩的光斑。间或从另一个角度去看，丹霞山崖也像是一个个守护家园的威武猎人，蓝色的河倒更像是他们随风飘起的腰带。在突兀中，眼前也会幻化出蹲守在古堡城前的雄狮，正欲纵身跃过大河去。

贵德有"四奇"，奇山、奇水、奇石和奇峡。奇峡中有龙羊峡、松巴峡和千佛大峡谷等。"四奇"之外还有两个奇，一奇是不在藏区，却可以听到千年史诗《格萨尔王》的吟唱声；二奇便是新发现的温度高达200度的干热岩。据媒体报道，贵德、共和蕴藏的干热岩可采能量，相当于全球目前已探明的石油储量的50倍左右，如何利用这种几乎是取之不尽的清洁能源，是一个大的课题。贵德上游的拉西瓦水电站则是黄河流域装机容量最大的水电站，因此，在这大片的丹霞地层的覆盖里，有着中国未来最有前景的能源希望。

　　有趣的是，大约从龙羊峡开始，丹霞就成就了大河两岸一条异乎寻常的百里画景，一层一层地，一直延伸到了积石峡和刘家峡以下。甚至连上游的被称为"第四神山"的阿尼玛卿雪山，也有"积石山"的称谓。我仿佛开始有些懂了，为什么下游的那条著名的峡要叫"积石峡"？积石、积石，不同年代的沉积岩叠加交错，不是积石又是什么呢？传说中的大禹治水，就是从进入黄河的积石峡开始的，但河水从阿尼玛卿雪山出来，一路上的河峡都是积石堆积而成的。一路上的黄河也都是清的，流到了积石关下，出现了一组又一组显眼的"三峡"，进入黄土地后，泥沙渐多，河水开始变得浑浊起来，流到秦晋大峡谷的壶口龙门一线。黄色也就成了大河的又一种本色。

　　看着想着，突然间冒出一个念头，如果有一艘并不算大的游轮，从玛曲出发，一直到贵德，再到循化的积石峡和永靖的刘家峡水库，去看炳灵寺的石窟造像，去看文成公主走过的"天下第一桥"遗址，同时饱览积石丹霞的鬼斧神工，兴许会是一件比在蓝色多瑙河上游览并不差许多的事啊。但四下张望，河面上只有一条小游船，也就不由地莞尔一笑，这倒不是因为，来路上有巨大的龙羊峡水库和巨大的拉西瓦水电站，行船过闸原本是寻常事，倒是河面东西两端，后建的公路桥还是有些平直低矮，不进行技术处理，很难让较大的一些游轮通过去。要登上游轮饱览这蓝色的河和五彩的丹霞，也只能等到以后的时日吧。

　　离开贵德返回西宁，蓝色的黄河的印象一直在眼前跳动。从玛曲到贵德，黄河是蓝色的，玛曲以上一直到河源也会是这样的吗？我想是会的。溯流而上，海拔更高，那一对姊妹湖鄂陵湖和扎陵湖，想必会呈现出更加迷人的蓝色。那里有黄河源头的一个小县城玛多，"天下第一桥"就在那里的多山峡上。因为卫生项目扶贫，我的妻子多年前去过那里，说那里的多山峡几乎是黄河上的又一个"虎跳峡"，白色如练的河水从峡口一涌而过，后来才归于平缓。她是我家里到过河源地区的第一个，见证并参与了保护三江源的努力。我不知道内心感受的具体细节，扶贫工作总是很忙的，未必能够有时间去体味那种迷人的河色，但她一定会感知，保护三江源是多么的重要。

黄 河 裸 石

2019 年 8 月

　　我不大玩石头，但喜欢看石头，而且是越大越有兴趣。不是因为那句玩物丧志的警言，就像人们经常提到的那位大兴"花石纲"的宋徽宗，搜净了天下奇石，纵有无限的艺术才情，成就了瘦金体的书法和流传百世的工笔花鸟，最后还是困死在了黄龙。但治艺术和治事毕竟还是两码事，也不必以失德而掩才情。我辈蓬蒿人，把看石头当成偶遇中的一种时光消磨就好。

　　记得三十多年前在阿拉善草原生活时，整天为工作奔忙，满眼的石头并不会引起多少好奇。即便是在戈壁滩上偶遇水晶石和葡萄串状的玛瑙石，看几眼也就随手丢去了。后来听说水晶石可以磨眼镜，也就保留了几块水晶石，但我是近视眼，水晶石的屈光度不容易把握，也就一直静静地放在那里。一位老牧民曾经拿出过直径 30 厘米高 50 厘米的茶色水晶石柱，要换一台蜜蜂牌的缝纫机，但谁也不肯同他换。想起来真有些后悔，但那时是不懂得什么性价比的，过日子似乎比什么都要紧。那硕大的水晶石，难道能吃能喝能缝制衣服吗？那时对水晶石和玛瑙石的态度尚且如此，别的石头就更不在话下了。想不到在后来，各种石头居然成了抢手的商品，去过的许多地方，都少不了大大小小的奇石市场和奇石商店，好像谁要是不懂石头、不看石头，算不得懂审美。一块石头可以叫价几万、几十万甚至上百万，石头的市场还真的一天天火爆起来，但究竟火爆在哪里，又有些说不清，只是听人有一搭无一搭地说就是了。

　　到了贵德，一切全变了。看到过泰山石的沉稳简朴，领略过灵璧石的如磬脆响，也感慨于太湖石的诡异和灵动，后来又在重游故地时，细看了戈壁滩上的水晶石和玛瑙石，也看出自然造化的奇妙。在贵德，见到了早已听说过的黄河石，算是到了黄河石的一个故乡，补习了对这个石种的一些知识，也了解了黄河石里的地质文化。黄河石给我的总的印象，是朴实大气而不失华美。

　　"黄河石"应当是一个大的石种概念，多半要经过黄河水千年万年的冲刷，洗净了丹霞，露出布满各种纹样的石核真容，因此质地很坚硬细腻。黄河石大小不等，大的能有几十吨重，小的则如南京的雨花石，但因为花纹外显，纹路剔透，因此也被称为"裸石"。有的裸石并不是从河里捡来的，而是从岸边的小沙山下挖出来的，想必那里以前也是河底，河流移位，留在了下面。还有一些是在修建水库和水电站时挖出来的，但一看也都是经过黄河水洗礼的。至于那些在冰川消退后遗留在峰峦上的，日晒雨淋，类如风动石者，我的判断只能是以更古远的黄河石视之，因为黄河的诞生，同青藏高原的地质变迁、冰川消长直接关联，谁也不能断言，哪一块独立的石头就没有被黄河抚摸过。

　　我是在刺海青先生经营的裸苑里参观黄河石的。在他的占地50亩的裸苑里，一块很大的黄河石上刻有"裸苑"两个斗方大字，但那个"裸"用的是异体字，因此他也会不厌其烦地向来客解释。为什么要用"裸"来起园名呢？因为黄河石是裸的，苑里的一切石景也摆在外面，任人观赏评说，绝不会藏在密室里，以为奇货可居，但他更强调，石头的美是赤裸裸的美，是天然的美，是最纯朴的美，也是跨越时空永恒的美。每块石头都是一首诗，需要细细地去推敲，细细地去品味。他的这番话有些意思。

　　在裸苑里的黄河石，有的体量不小，有的却也玲珑。但夸赞它像什么，则是最多听到的评价模式。比如外形像猴像兔，或者是一匹马、一头牛、一只野猪，或者竟是一块五花肉。像则像矣，但这样看石头，莫如去看带有人文传说的长江神女峰。像不像和像什么，虽然也显示了自然力的鬼斧神工，但终究有些形而下，在如此这般的奇石边转来转去，只能啧啧嘴。

在裸苑里，当然也看过这样的奇石，比如一块古梨树根雕上的一尊天然人体石像，前面看像女的后面看则像男的，摆在门口，似乎有些迎宾的意思，也颇有些诙谐的意味，但毕竟是一种小意向，而且角度一换，便什么也不是了。倒是有一块椭圆的天青底色黄河巨石，下部的一线弯中有直的白纹，在简朴中特别引人注目，虽然画面简单，但那显然是一幅贵德黄河东流图。

要说看石头，主要还是看石头花纹，因为那是黄河手里的画笔描绘的，比如有一块标准的黄绿相间的黄河石，细看，上面有一匹狼和一只狐狸，狐狸在捕猎，狼却从后面扑来，这可是难得的一幅动物生态链图。还有一块黄河石里藏着一幅世界地图，仔细看，还真像。另一幅黄河入海图也跳了出来，只是横置在木架上，歪着头才能看得出来，黄河的大弯曲和小弯曲，线条一点都不差。因为是横置，上方又有一个白圆点，居然被标为月照松间。位置还原，岂止是长江黄河在东流，三江源的形态也跃然于石上，真不知道在冥冥之中是怎么形成的。

这里有大江大河的世界，也有海洋的世界。一块裸石似乎是来自浅绿的丹霞山体，又被河水洗成天青色，蒙盖着棕黄色皮纹，仿佛是海洋与陆地的一种凝固。看石，其实如观印象派画者的画，是由欣赏者的感知来决定的。以前看过一些印象派作品，一开始不知从哪儿看起，但看到这黄河石，也就释然了，看来还是有些师法自然的画理在。

在令人目不暇接的黄河石里，我最喜欢看的是黄色其外天青色其里的那种，尤其是以天青色为主色调的层次分明的螺旋状巨石，沉净、耐看，新鲜得像出水的汝瓷一样，但一层一层的，边上仿佛还留着一圈圈茶渍似的暗黄痕迹。黄河石质地比较细腻，要不是石质有些过分坚硬，或许会有什么人用它们刻制出一块天青色的砚台来。

裸苑里有一块巨石重达 23 吨，据说是从雪山上运来的，看那一层层的纹理，再听行家的解说，我的一些猜想似乎得到了证实。那无疑是在一次遥远的冰河期里形成的尤物，在漫长的地质岁月里，黄河左冲右突，一直向东跋涉，或许是洪水带来了这块大石头，是洪水消退还是因为地质变迁，它又被独自留在了雪山上，但一直向着河流的方向，目光也从来没离开过它的黄河母亲。

　　奇石有时也会有差强人意的命名。比如裸苑里也有一块天青色的母亲石，是一位身上挂满了乳袋的老妇人，浑不似"水车广场"上的那位现代青年女性。这或许反映了对黄河的不同历史认知，怪不得石头本身。

　　玩石其实也是玩文化，与裸苑并列的是一爿诗苑，将石头和诗歌联系在一起，不仅是因为许多古代诗人也是奇石的爱好者，石头作为文字与诗歌的天然载体，也是因为诗与石刻有着天然的联系，可以使前者传至久远。这里有刻石的唐诗，也有诸如"得天得地得石，贵山贵水贵德"的励志刻文。裸苑里的石头一般都很高大，但未必都是黄河石，有很多是沙石岩，更便于雕刻。要说有什么观看的遗憾，是很少见到类如古文字的石纹，或者不是岩画胜似岩画的那种石头，那也许带着古人们创制岩画甚至创制文字的一种灵感，但对现代诗苑来讲，这个要求是有些过分了。事实上，贵德从来都是多民族杂居地区，方言不同，文字也有区别，但不管刻画了什么，寓意又是什么，我们的黄河母亲都能一听就懂，因为她是我们这个多民族大家庭成员共同的母亲。

河　源

2019 年 8 月

　　在地理学研究中，确定河源向来是门大学问，因为大的河流支流众多，在万流归宗中吸纳了很多流水，最终归入大海，因此判定哪一个源头是大河之本源，哪些又是支脉，也就成为一件很难的事情。一般好像是以河流能够达到的最大流长为标准的，但也要有流量的比较，而山峰的排名与此不同，主要是以其中某座山峰的最高海拔高度作为主要参数。

　　这也是不奇怪的。无论是在自然界还是在非自然界，比较的标准向来是不可或缺的。问题在于历代地理学家们，考察的方法不同，前后的说法也会有异，造成一般认知上的历史紊乱。就拿黄河来说，小的时候上地理课，知道黄河发源于巴颜喀拉山的说法，但还是比较笼统。后来有人实地考察，说有三个源头，北源是巴颜喀拉山的支脉查哈西拉山南麓，是为扎曲；南源是另一个支脉各姿各雅山北麓，是为卡日曲；还有西源，便是源于星宿海的约古宗列曲。究竟哪个是主源，还不是十分清楚。也有过发源于阿尼玛卿雪山的说法，说那山是与冈仁波齐、梅里雪山和尕朵觉沃并列的"四大雪山"，但"阿尼玛卿"在藏语里的意思是"黄河流经的雪山爷爷"，因此肯定不是黄河的源头。

　　星宿海曾在西晋的《博物志》里被提到过，但"河出星宿海"的说法还是十分朦胧的，就像更早的时候，古人也曾将罗布泊当作黄河之源，说是河水潜行地下而后流出地面，"河伯在焉"。是也非也，那是古人的认识。抛开迷信的东西不谈，你也不能完全一口断定，在洪水四溢的古老年代里，罗布泊就一定没有同河西走廊的某些河流曲折相连过，比如疏勒河也曾经浩浩荡荡，在遥远的年代里也有依稀可辨的水道轨迹，只是大气候的变化和沙漠的东侵，造成后来的一幕。把彼时的地理认知和推测全当作无知，几同于孙辈嘲讽自己风烛残年的老爷爷。

至今是黄河重要支流的大通河，其河源也来自阿尔金山，翻越过去，就是若羌平原，也就是由楼兰古国演变的焉耆古国地，它们都同罗布泊亲密接触过。在那个时代生活的人去到那儿，肯定要比到雪山高原去更方便一些。人尚如此，择地而流的水也就更会如此了。但不管如何闲说，根据科考测得的现实数据，黄河主源已经明确了，而且越来越细致。卡日曲有一条长支流是那扎陇查河，应是黄河的正源，科考还确定了长江的源头当曲和澜沧江的源头青海杂多的吉福山。一本清清楚楚的《三江源头科学考察地图集》终于摆在了人们的案头上。

找到了现代黄河的准确历史源头，也找到了养育中华文明的三江之源，它们各有各的流向，覆盖了中国中东部、西南、西北的主要文化的起源地，养育了中华文明最初的胚胎。尤其在中华文明连续发育的五千多年里，她们是黄河文明、长江文明的核心生长"摇篮"和显在的腾挪舞台。三江是一胞三姊妹，黄河为大，长姐为母，身上担子重，受到的磨难也多，别看黄河的年均径流量只有 535 亿方，也不是最长的河流，但气场很大，生命力也更强。也别看黄河有"三年两决口，百年一改道"的忧患身世，恰与我们多难兴邦的民族发展史相契合相伴随，造成了世界独有的连续文明。黄河是中华民族共同的血脉根与灵魂，是实现和复兴中国梦的伟力源泉。

因为寻找江河的源头是曲折和艰难的，我对河流的源头一直很感兴趣。2016 年，一位朋友约我到内蒙古的蓝旗去，他说是他发现了西辽河的正源。蓝旗有元上都流过的滦河源头弯曲的闪电河，这是人们早已知道的。他所发现的西辽河源头居然会在沙漠里的荒山中，自然是要去看的。那是沙山上长满红柳丛的一条沟，有一股不大的水流，虽然看不清它的流向，但在不算很远的山包下，确有湖沼和一条很像样子的溪流。我没有仔细打探这股水，而且沙漠的水经常是流着流着就断头了，因此不好妄断什么，但那条沟那股水还是给了我很深的印象。

河源的确定，确乎是大学问，尤其是历史上的地质变化，会使目光并不宏大的古人陷入困境，而今人也需要举行多次学术会议，才能取得一致的结论，比如那有名的岷江，曾经被古人当作长江源，而岷江的源头也有岷山弓杠岭说和匪夷所思的大渡河说。我到松潘时曾经经过弓杠岭，那是雪宝顶雪山下的坡岗上的一片湿土山，看似了无痕迹的细水在山岭里一点一滴地汇集，脉络还是很清楚的，但那是雪宝顶雪山下相对低矮的土石山，像是湿漉漉的一只跌落水汽中的馒头，难免认不清楚。

在中国河流比较少的北方地区，河源问题似乎没有那么多，但也一下子很难理清头绪。比如，北京有条永定河，陕北有条无定河，永定河的上源就是桑干河，这都是古代诗人们吟咏过的。李白明白如话的《战城南》，起首一句就是"去年战，桑干源，今年战，葱河道"，说的是两场战役和古战场。晚唐诗人陈陶的"可怜无定河边骨，犹是春闺梦里人"，说的便是陕北的那条无定河。桑干河源于雁北管涔山，与汾河源南北分源。原以为"桑干"来自"河干"的古语，"干"便是岸边平地，但"桑"的前缀是如何来的，却一直很茫然。后来才知道，沿河确有过大片桑树林，每到桑葚熟了，河也就会水势浩荡起来。有桑便会有蚕茧丝绸的发生，类如这样的事情，但即便拍多少次脑袋去苦思冥想，也很难解得开空间距离带来的思绪断裂与纠结。

记得小时候，大人带我去过桑干河，时值入夏，河水荡荡，俨然一条小黄河。桑干大峡谷也有模有样，过了灵山，除了水势比不上长江黄河，要说峡势与山势，都有一说。知名的册田水库下游，就是古火山爆发后留有的"黑龙峡"，桑干河与洋河汇合后，形成后来怀来官厅水库的大水面。桑干河是永定河的上游。登上北京西北的灵山，水流直下高崖，伴着马致远的"古道西风瘦马"，也就进入堪称小黄河的永定河，一直流到了天津九河下梢。20世纪华北地区天旱，永定河上游水库见底的也多，断流现象严重，因此要问它的源头在哪里，别说我讲不来，去问老北京中从事水利工作的人，他们中十有五六也不能马上答上来。

曾经去过北京西界的灵山两次，并没有给我带来灵光一闪的感知，或者那时我的思绪远在灵山西边的蚩尤寨和蚩尤岭，在逐鹿的那口不涸的阪泉上，以及近在灵山半山腰上的瀑布旧迹上。灵山半山腰上山崖笔立，尚有涧水溪流动，但整体上似有若无，这条北方罕见的高山瀑布也就慢慢地消失了。后来才有些明白过来，要是有足够的桑干河水从上游流来，从绝壁凌空而下，那气势虽说不敢与李白的庐山瀑布去争锋，也会称兄道弟地忝列其间吧。

谁都知道，水库可蓄水可养田，是改变生产生活环境的重要设施。但谁也都知道，水大了要闹洪水，水小了则会闹水荒，修水库就是应对洪涝的常规办法，但修得太密集，各自功能区分又不是很清楚，再加上争水抢水问题的存在，连续性河段各管各的，也就出现水流的不均衡乃至河水的断流。水和山是永远拆不散的一对夫妻。青山绿水体现的是生态平衡，水脉被阻断了，哪里会青山常在绿水长流呢？

黄河的治理已经作出了比较成功的榜样，水利工程与水土保持生态建设相结合，防洪、排沙、灌溉、发电与工业生产和生活用水兼顾，从源头开始捋顺水脉，在全流域治理中，寻求更好的河湖布局，应该是一种关于水流的重要思考。

积石遐想

2019 年 8 月

久闻积石山，梦中歌且行，而亲历积石峡口，则是近年的事了。2016 年秋天到兰州，突然想到炳灵寺去，因为那是联合国教科文组织认定的古丝路的一个大节点。说奇也不奇，只要有石窟，那里必定是丝路要津，因为文化流与贸易流从来是伴生的经济地理现象。

到炳灵寺的路是条水路，从刘家峡渡口乘快艇，半个多小时就到了。一路经过黄河三峡的笔立山崖，那斑斑驳驳的山峰，其实都是古老的丹霞积石，河水从龙羊峡开始，一路延伸到这里，而处于下游几百里之外的黑山峡、红山峡和青铜峡，则是它的余脉。

下船登岸，与古来的"天下第一桥"遗址不期而遇，方才知道，为什么这炳灵寺石窟是古丝路的要津，为什么要在这里立起古丝路网的重要标识。"天下第一桥"是前秦乞伏氏时代修建的，历经风雨，自然是踪迹全无了，好像什么也没有发生过，但遥想当年，车水马龙，文成公主走过，法显走过，进入西藏和新疆的无数边塞诗人也走过，而络绎不绝的商人更是鱼贯而行。据说，此桥毁于北宋与西夏交战之时，是哪一方毁桥，似无确记，但依我推断，是北宋军所为，因为党项羌人的老家在黄河一线。

炳灵寺石窟的造像始于北魏和西魏，那一尊尊面孔清秀的佛像和大大小小的供养人，明确地提示了那个繁忙的古丝路年代。人们说，从这里可以直接通向积石县，有一条狭路也显示了这一点。兰新高铁既通，这里已经不是大宗货物的必经之地，但寻常商旅依然会将这里当成必经之路。从古丝路的地理坐标来看，这里是当年的丝路主干道的交汇处，隋炀帝进入张掖和山丹，正是从这里沿着黄河和湟水，直奔祁连山的扁都口，上演了那幕西域诸侯商贾大会，为后来的盛唐气象打下了基础。

我很想从这里穿越过去，但没有适合的交通工具，也不知道怎样穿越。看完石窟，也就就此别过了，但那遗憾，一直卡在喉咙里。如今到了循化，眼看着滔滔东流的黄河水和河两岸的层层丹霞石崖，穿越的欲望再次燃起，但这次是由西向东。

在循化街头走走，街面干净利索，吃了一碗手工揪面片，味道鲜美。席间遇到两位老者，一位是藏族人，给我讲了十世班禅在这里的故居和寺庙；另一位是撒拉族人，则给我讲起撒拉族人的吃食，他不时与邻桌人插话，有的我能听懂，有的听不懂，我问是撒拉语吗，像是中亚哪个地区的语言，他说他也说不好，但听经常跑外的年轻人讲，好像与哈萨克人和乌兹别克人的某些发音有些一样。我知道，撒拉族的先人是中国明代时从费尔干纳盆地迁徙来的，这里还有一段白羊石的故事，所以他们的语言里，留有中亚地区人的发音尾音，也是必然的。在向他请教积石峡在哪里时，他们吃惊地笑了起来：你不知道？你现在就在积石峡镇上呀。峡上边还有积石山县，这里是积石峡的中间，走不了几里地，就是大河家，也就到了黄河的边边上。

真是有些"不识庐山真面目，只缘身在此山中"，我自己也不禁笑了起来。回想来路所见，那黄河在盘山路下不断地流淌，对面河岸上山崖笔立，岩石黄中裹绿，一层层地叠加，一直顶到了蓝天上。这让我开始更加明白，积石的原本含义好像并没那么难解，也并不高古、晦涩，一切都来自眼前的山形和山貌。

在赶向大河家的路上，我一直在看如同一幅高大立扇面的积石山崖，也想起了传说中披着蓑衣卷着裤管的大禹。大禹治水的水平和思路确乎超过了他的父亲鲧，他的父亲一味用"湮"即堵塞的办法，在一般情况下或可奏效，但如果出现一连串的大雨，以及地质灾害引起的河道堰塞，不仅会淹没峡谷里的更多台地，也会造成下游毁灭性的次生灾害。大禹反其道而行之，疏通堰塞，释放了应力，也就逐步消除了黄河中上游的经常性水患源头。大禹治水并不完全是因为黄河上游阴雨连绵，或者竟如西方传说中的世界性水灾，那是发生在黄河上惊心动魄的一个连环历史场景。

环顾积石峡险峻的峡谷，谁也不会排除大禹们在积石治水的历史可能性。黄河的成长史，原本就是不断冲破湖盆和上游封闭峡谷的历史。历史总是那样的无奈，积石峡堰塞的闭塞和开通，显然是彼时解决洪水危机的一只锁钥，是慢慢打开，还是断然封闭，决定着事情后来的结局。积石山是黄河丹霞山脉和黄土高原的最初分界，从这里开始，黄河开始经过一些高低不一的峡口，进入荒漠带和黄土地带，一直流到第二个到第四个大拐弯前后的龙门和三门峡。此后的水流各有不同，需要治理的重点也不同。下游主要是如何治理泥沙造成的"悬河"，在中游则是泥沙的形成和水过峡口之后的漫流。"悬河"问题一直纠缠了上千年，即便大禹能够活得更久一点，也很难一下子找出什么更好的办法。一直到了 20 世纪 50 年代后，黄河上游修建了许多大水库，接着就是力推生态建设，开始摸索出解决水沙生态平衡的有效路径。就大禹治水的历史传说而言，后来的太史公司马迁，将其历史功绩主要聚焦在积石和龙门两个点上，无疑还是一个有分量的历史传说判断。

历史上是否有过大禹治水应毋庸置疑，否则也就没有了夏朝的来龙去脉。即便它是一个历史符号，也是华夏民族敢于也善于与自然斗争的历史事实，体现了民族面对挑战奋斗不息的精神。有了这种精神，才有华夏民族文明发展的延续和未来。

传说中大禹治水的主要场景发生在黄河上，特别是传说密集的黄河积石峡、黄河中游的孟门和龙门（也即禹门口），此外就是黄河第四个大拐弯之后的三门峡，也涉及淮河甚至江南的一些河流。大禹是中国以家族血缘为政治纽带的王朝制度立基人，同时也是华夏民族治山治水共同品牌的创立者。大禹治水未必一定要纳入西方传说的世界大洪水一幕里，他的功业与黄河在丰雨期的河态变化直接相联，也同先民的开拓与发展节奏相一致。他的功业主要出现在尧舜禹三代相互接续的后期，这样一种连续性，也暗示着尧舜禹三代的连续存在。有关的考古成果，也提示了同样的民族历史发展逻辑。从大禹的父系传说判断，他显然出身于治水世家，而他的经《史记》认定的出生传说地汶川石纽，也提示了他崭露头角的治水第一功，最有可能在积石峡和大河家一带。

从积石镇到大河家转眼就到，这是怎样的一个小镇和小村呢？第一眼看到的是人头攒动的市场和市场尽头的黄河河面，接着就是横跨河面的一座宽大的公路梁桥。大河家顾名思义是大河的家，但门前有水路也有旱路。在这里，不由得想起了张承志的那篇《大河家》，他在文中描绘了大河家过往人物远去的历史背影，比如经历曲折的韩三十八，比如分别被称为"船客子""走客子""金客子"的黄河船夫、麦客和淘金的一干人众，也有旧日羊皮筏子或者小木船的惊险故事，那时这里并没有公路桥，羊皮筏子或者小木船系在固定在山崖两岸的粗铁链上，船夫伴随着惊涛骇浪冲入河心，惊险地从此岸掠到彼岸。

大河家已在甘肃省的地界，这是一个回族居民集聚镇，也是鸡鸣两省连接着甘肃永靖和青海循化、民和的地理交汇点。大河家桥是1985年建成的，船人从此永远结束了铁链飞渡黄河的历史。大河家桥西面几十米远，就是自古有名的临津渡，也叫黄河上渡或者积石渡。黄河下渡的旧址大约在东面。积石关附近有关门村，是积石峡的一个老出口和老进口，再向东，也就进入了刘家峡水库的宽阔水面。

积石关是明代设立的，但临津渡却很古老，在晋代，积石关城也被称为"白土城"。北魏郦道元在《水经注·河水注》中讲道："河水又东，临津溪水注之，水自南山，北经临津城西而北流，注于河。"至少从那时起，这里就是连通炳灵寺石窟最重要的青藏丝路古渡，具有"一夫当关"之险。

这里的水流湍急，落差很大。大河家关门村正在修建一座水电站，据说竣工后发电量会超过刘家峡水电站。看来今日的积石不只是积石，更要积福。

大河家的名字叫得太霸气了，是谁在哪一年首先叫开的呢？家大河也大，毗邻的刘家峡水库更大。这里是丹霞积石的家，也是守护黄河家园的家，更是大河人一直居留的一个家。大河边有家园，大河边有市场，大河家的能量正在充分地释放。

湟　水　谣

2019 年 8 月

到青海西宁盘桓的几天里，去不了黄河源头，却能天天看到西宁和湟中的母亲河湟水。湟水是黄河上第一条大支流，枝蔓不多线条清晰，但它的源头又在哪里呢？好像并不难看清楚，但却多少有些朦胧。

这里的朋友们说，好办着呢，你就顺着公路到海北州的海晏县去，一直顺着河水走，中途要经过湟中、湟源，但不能想当然地把湟源当成是湟水之源。湟源在历史上叫作"丹噶尔城"，是古丝路牦牛客入藏打尖的重要一站，也是湟水流经的第一个大县城。湟水的源头在海晏，在有名的金银滩的北边。

我们循着湟水的方向出发了，一路上湟水伴着公路绕行，很好走，不到两个小时就到了海晏。海晏的迎宾"大门"很别致，是一个藏式建筑风格的大看台和一面大石墙。湟水在台下流过，红色的墙面上镶嵌着几幅大的红铜画，其中一幅是湟水源图。那水源地，赫然标着汉语音译出的"包忽图"。"包忽图"不就是蒙古语中有鹿的地方吗？那湟水源头就是一个曾经有过鹿的草山，离这里有十多公里，并不是很远，但没有直行的大路，无法直接到达。登上看台，远处是浑圆的山和半隐半现的沟谷，通向水源地。湟水源头应当是很秀美的，这里没有高山峻岭，更没有雪山，鹿曾经生活过的地方会是哪个样子？

没有去"包忽图"，也是因为有一个更紧要的去处，那就是离湟水并不远的金银滩。金银滩有名，不仅是因为 20 世纪 50 年代的一部同名电影和"西部歌王"王洛宾的那首《在那遥远的地方》，更是因为这里是"两弹一星"的科技研发源头地。海晏附近就是西海镇，这里有海北州的州府，也是闻名中外的中国"原子城"所在的西部城市。

虽然没有更多的时间到镇里去，但眼前楼房和街衢布局分明，俨然是一座草原新城。我们的车向东北方向驶去，一路上是黄的和白的野花，无边无际地铺向弧形的山坡，草也生长得很茂盛。怪不得这里叫作金银滩呢。山坡上有一群褐色的牦牛，间或有白色的牦牛，还有甩着胖尾巴的花脸儿绵羊，但没有看到马群。人说是"水马旱羊"，这里的气候比较干爽，马在这里是零星饲养，或者只是牧人的坐骑。王洛宾当年到这里，是骑马还是骑驴，并不知道，但这里到处弥漫的草原气氛，与那首歌的歌词和音乐旋律还是十分相合的。

走着走着，一排很常见的平房出现了，好像建在半坡上。坡下是什么，一下子看不到。同来者说，这坡下就是"两弹"最初的试验基地，也叫冷爆场。冷爆不是模拟，而是真的试验场面，可以取得最直接的试验参数。这个试验基地是罗布泊马兰试验基地一母同胞中的长子。中国的"两弹元勋"都在这里生活和工作过。要是一下子数不过来他们的名字，可以从纪念墙上全部看到。

在想象里，试验基地至少会有伟岸的身影，就像曾经见过的西昌火箭发射台一样，有着高高的发射架，但眼前除了金银滩上的金花、银花和一排平房，似乎什么都没看到。买了象征性的低价门票，从斜下坡的小路走下去，一眼看到的，是一片草滩和浅丘围绕的草洼和几道绿草坡，此外就是与绿草坡正对着的石碑。在绿草坡和石碑之间，是金银花迎风盛开的空地。空地上，一个并不特别高大的钢架顶端架着一颗同样不是很大的钢圆球。人们说，那钢圆球就是当年盛有核爆材料的起爆容器，而那对面坡上的石碑下面，是深埋着那时现场污染物的草岗，但无须紧张，那些污染残留物，已经像包了九层皮的包子，深埋在几百米的地下，经过了最严格的无害化处理。石碑是个标志，有两三头牦牛走来了，正在石碑周围悠闲地吃草，好像这里什么事也没有发生过，十分安详和宁静。

引人瞩目的是正对着那颗钢圆球的一面弧形钢板墙，钢板墙面有观察孔，立在一道较大绿草坡的中间剖面上。原来这绿草坡下面，就是

"两弹一星"科研工程人员的第一线操作间和观察室。他们正是从这厚厚钢板墙上的两个孔观察实验现场，聚精会神地收集着各种科研数据。尽管也有起码的防护设备，但要说不吃一点辐射，无论如何是不可能的。他们为了国家和人民的安全，置个人安危于不顾，就在这三排只有一人多高的水泥窝里，没日没夜地实验和研究，硬是获得制造"两弹"的一手数据。

水泥窝里的一切都还是原来的样子，世界上再找不出如此不加修饰的科技博物馆了。他们用过的仪器，就是在 80 年代草创的乡镇企业里，也难得见到。水泥墙面上的小屏幕不断播放着那时的黑白视频画面，在闪着微细雪花影子的现场记录片段画面上，科研工程人员的手上还端着老式的洗脸盆。那也是十分顶用的"尖端"容器。有的房间上了锁，里面大概有通向地下房间的楼梯，他们在下面休息、用餐，也在下面举行学术会议。

回到几米厚的水泥墙外，再看那块有着观察孔的弧形厚钢板，足有 50 厘米厚，那是唯一的一个进口大件，其实就是一面靶墙，冷爆试验的数据，是科研工程人员隔着弧形厚钢板直接换来的。

人们在无言地看无言地走，连最爱大声笑嚷的小孩子也不再出声，他们怎么会想得到，在他们还未曾降生的那个年代里这里曾发生的一切，但他们肯定也懂得，那些可敬的爷爷和奶奶，曾经在这里长久生活和工作。他们或者还不完全懂得这是为了什么，但会记住眼前的一切，终究也会懂得其中的道理。

在归途中，不知是谁又轻声哼起了《在那遥远的地方》，对这个熟悉的旋律，会有多种音乐理解，但在这里不全然是个人情愫的随意表达，有着另一种歌唱者已经感知和未曾感知的音乐形象。在那遥远的地方，有着更深沉更打动人心的精神在弥漫。

《在那遥远的地方》这首名曲，是藏汉歌曲风格交融的民歌，也可以视为那时的《湟水谣》。我们再次回到海晏迎宾"大门"的那面大墙下，并久久停留，盯着绘有"包忽图"的湟水源头图画再次仔细地看，湟水从金银滩边流过，汇入黄河，流过积石，跃出龙门，而 20 世纪金银滩留下的一幕幕，永远留存在民族的记忆里。从这里频频回看伸向远方的金银滩，金花与银花开得好旺。花吉祥，鹿也吉祥，吉祥的祝愿来自自信、自强和无私的贡献。

倒淌河的故事

2019 年 8 月

离青海湖不远，且去绕一圈，虽然不一定要到鸟岛去，但至少要看看青海湖边的油菜花。有人说大通河畔的油菜花更好看，但围绕青海湖北岸边的油菜花田，却更动人心魄。想想也是，在高原上最大的内陆湖边，金灿灿的油菜花开得一眼望不到边，那会是一种什么样的撩人景象?!

用"水天一色"去形容青海湖，仿佛已是用滥了的老调，但一时又找不到更适合的语言去替代。倒是由此及彼地对李白吟咏黄河的诗作平添了一种敬意。他并没有到过青海湖，小小年纪就从碎叶而来，对西北的了解虽然有着一种记忆，但东西地理落差之大，确乎有着很大的距离。他后来再没有回到西北，甚至也没有越过陇阪，自然也不会有对青海湖的诗情画意，但儿时的记忆似星似云，会在诗的梦幻中自然溢出，"黄河之水天上来，奔流到海不复回"，或是在思索一个主题，我从哪里来，又到哪里去，不断地向前行走，或者就是他的诗魂所追觅。

金银滩是金花银花盛开的地方，青海湖却是油菜花的家园，油菜花田裹着一碧无涯的湖水，白的云在天空中定格，蓝的天让湖水洗过，悠悠岁月悠悠的湖，圈着油菜花田的就是平展的湖堤堰。东南边依稀也有黄色，人们告诉我，那不是油菜花，而是湖边的一围沙丘，有人在那里滑沙。青海湖远有山，近有沙丘，还有多条入湖的河溪，再远处是明亮的雪山。这是西北高原上人们常能见到的自然景象。

油菜花是藏族农民和牧民自己种植的，他们是放牧能手，也是种地能手，现在还是招揽远方观光客的能手。在自家的一围看似无缝连接的油菜花田边，大大方方地微笑着，没有吆喝，只有身边的牦牛一二声地哞叫，是在帮着主人打广告。湖边留影是必须的，何况油菜花边的牦牛有黑的、白的、棕的和花的。一定要到花丛里去留影，也不会受到阻拦，但彼此对视一笑，也就小心翼翼地慢慢走，甚至跷起脚来，生怕踩坏了哪株盛开的油菜花。在此忽然有了对诗歌的一点感悟，什么是诗？有韵脚的不一定全是诗，或者就叫它们快板或者慢板之类的韵文吧。诗歌似乎需要一种意境和心照不宣的情调。我和其他游者一样，倍加小心地走到油菜花丛中去，留下了在青海湖边最值得珍藏的一帧影像。

青海湖与黄河并不相关。一个是咸水湖，一个是淡水河。它们真要有了来往，也就乱了套。流入青海湖的溪流有大大小小上百条，比如罗汉堂河、布哈河等等，近年来融水和雨量增多，湖水不断上涨，成为气候学家们预测西北气候变化的重要参照系。但其中最有趣的古地理变化，还是青海湖南岸的倒淌河与黄河的历史过往。它原来是黄河的一条独立的一级支流，在一次地壳隆起中改变了流向，一头扎入青海湖的怀中。说河倒淌，是黄河水东流，它却西流，按照黄河的流向，自然会被称为"倒淌"。但在中国西北地区，向西流向北流的河有的是，最著名的莫过于伊犁河，为何此河独名"倒淌"呢，说明它也东流过，后来的流向变了。

倒淌河在中国古籍里有一个颇有文雅气的名字，叫"柔莫涌"，它与一同流入青海湖的罗汉堂河、布哈河一样，其实也经历了同样沧海桑田的自然变化，但它更古老的名字不见了，变成民间口口相传的大白称呼"倒淌河"。

倒淌是人们对它与黄河、青海湖关系变化的由来已久的认知和关注。倒淌河长约40公里，发源于日月山下的察干草原。倒淌河的名字与东流黄河的地理方位有关，在青海的藏汉民族群众中，关于它的流向，还真的有着不同的宗教和世俗背景的一叠故事在流传。

一个故事是来自藏传佛教的，说青海湖里有泉眼，不知为什么被湮掉了，湖水开始减少，莲花生大师便引来四条河水入湖，其中就有倒淌河。另一个故事来自藏族民间世俗传说，说青海的龙王派他的四个女儿东西南北去引水，小四子最机灵，引来107条河，但完成不了父亲交代的要引108条河的任务，灵机一动，顺手就把本来东流到黄河的一条河流倒引到青海湖里。汉族人的民间故事里则念念不忘入藏的文成公主，说她在日月山上思念娘亲，不觉落下泪，变成小溪，汇入青海湖，所以那青海湖的水是咸的。这个传说倒没有别的意思在里边，其实是来自家中奶奶或姥姥常讲的故事段子。她们并不知晓文成公主是去实现民族和亲的有关使命，不免联想到总要出嫁的女儿或者孙女、外孙女，会流出思念亲人的泪，想象着文成公主也会思念自己的娘亲。传说总归各有各的传奇点，但龙王四女儿的故事最为灵动。

事情的原委，自然并没有那么多想象中的各种情节，倒淌河是在古代的一次地壳变动中，日月山进一步隆起，山体堵塞了它东向黄河的去路，也就开始向它同样喜欢的青海湖流了去。

为了看看这个充溢着传奇故事的倒淌河，我们还真的围着青海湖走了小半圈，经过在沙丘上开设的滑沙场，去到湖东南的倒淌河边。那倒淌河水还真的很清冽，一点泥沙也没有，静静地在流淌，像一条从日月山上飘来的丝带，柔和弯曲，掬一捧水润润喉，好甜好沁人心脾，味道并不比矿泉水差。说是咸的泪带咸了青海湖水，纯为子虚乌有。

倒淌河注入青海湖的"错果"也即"耳湖"。这里是青海湖南边的景区精华。游人太多了，也就没有湖北边油菜花堤那般的安静，"耳湖"中遍是游船，浅近处则是因势搭建的湖中便埂道，许多小孩子在浅水"大黄鸭"边嬉戏。有了流行一时的"大黄鸭"，青海湖出现了更为柔美欢乐的一面，也不负倒淌河"柔莫涌"的古名声。

柳湾啊柳湾

2019 年 8 月

很早就知道柳湾这个地方，但一直无缘得去，到了青海，不能不去探访它。柳湾是中国古陶最有光彩的一个地方，曾被喻为"彩陶王国"。

柳湾坐落在湟水河谷地高高的台地上。大约是青海的景程长，多数人为了节省时间，直奔大交通线而去，来这里的人也就相对少了一点。因为人少，交通也就更不密集，除了乐都县里 20 分钟驶来的一趟过路公交车，只有打的前往，好在路也不算太远，也就兴冲冲地奔了去。

没有门票，展厅也还足够宽展。从展厅拐弯上行，便是柳湾原始社会氏族公共墓地遗址。这个原始社会晚期的公共墓地，坐落在村庄后面的半山白土坡上，是马家窑文化半山类型的代表。据说，1994 年，有一位到柳湾为乡亲们看病的军医，发现一些农民家里有一些带有花纹的彩陶残片，于是向文物部门作了反映。随后考古探测启动，1730 多座古墓和 17000 件彩陶陆续出土，引发巨大轰动，柳湾墓地的神秘面纱也就此揭开。

但这个墓地的发掘，早在 1974 年就开始了，前后出土各种文化遗物有 3 万多件，以马家窑文化（包括半山类型和马厂类型）为主，也有齐家文化和辛店文化的叠存，如属于齐家文化的一只双耳陶罐，纹饰红黄黑曲折相间，雍容华丽，即便是后世陶艺杰作，也难以比其肩。

柳湾彩陶集制陶、绘画和雕刻为一体，造型多达 30 余种，如方形彩陶杯、提梁罐、鸭形壶等，还有彩陶靴子，那大约是用来储物的，但也为先民们较早的服饰提供了形制上的考察依据。彩陶遗存中最为迷人的艺术品，是那只中学教科书中印出的陶盆，其内沿绘有一圈女子牵手舞蹈的纹彩，画面韵律感很强，好似在跳锅庄。此外，则是云南地区现在都可见到的像皮鼓一样的彩陶鼓。上下有两个挂鼻，方便挎在肩上，挎者可以边舞蹈边敲击。看来，柳湾文化聚落的物质文明和精神文明至少在四千年前已经跨上了一座高峰。

进得展厅，第一眼就令人震撼，在两米高的玻璃展柜里，垒着一座金字塔形的彩陶罐小山，虽然是复制品，但气派十足。彩陶罐在外部幽暗玻璃橱窗灯光辉映之下，色彩鲜明。每只彩陶罐足有半米高，放着奇光异彩，那光彩似乎是从罐面鲜亮的颜色里沁出来的，似乎是本色。它们排列成金字塔形，好像刚出窑，带着温度和热气，仿佛并不是经历过几千年的地下埋藏。我不知道这里面有没有彩陶原作，但看看壁上悬挂的 564 号墓葬复原图，成排的随葬彩陶器，颜色也很新鲜。彩绘的光彩能够保留几千年而色泽如初，这是后来秦始皇兵马俑都没有完全能够办到的事情。他们究竟使用的是什么颜料，又是如何烧制出这些光彩鲜亮的彩陶器呢？

柳湾的主人，确定无疑是古羌族部落，他们那时已经摆脱逐水草而居的游牧生活，进入了半农半牧的聚落生活，因此也就出现了制陶业和其他手工业的专业分工。柳湾聚落墓地是一块集体公共墓地，并没有显示出明显的等级分化，但彩陶作为当时财富的象征，随葬的多寡和器型还是有区别的。半山白土坡上的 564 号墓是一个独葬墓，那带有平面金字塔形的随葬彩陶摆设将近 40 件，而且每只都很精美。那或是部落头人或者是一位祭师的墓穴。

柳湾彩陶的纹饰丰富，仅马厂类型就有多种，有圆圈纹，也有蛙纹、网纹、波纹、菱纹、贝纹、回形纹，相互组合起来，居然有 500 种之多的变化。部分彩陶的下部还有符号，如十字、一字、0 字等，是家族标记还是最初的文字，并不好判别。

一般地讲，原始宗教信仰和图腾崇拜的文化抽象，体现着原始聚落的社会文化进化水平，柳湾墓地发现的大陶壶、双耳罐，从某个程度上反映了这种状态，并引起了猜测和争论。从艺术构形上讲，这只大陶壶或是双耳罐上出现了人体像，披发大耳，细眼巨鼻，双臂前拘，神态安

详，有丰满的乳房，也有袒露的私处，是男是女，并不好分辨。有说是
女神，有说是阴阳合体，说这是远古生殖崇拜的具象，也是可以的。这
个人体像塑造在罐的上半部，罐是台体，像摆在台体上，可供四围膜
拜，所以推测说它是部落护法神和原始图腾，或更有些道理。原始图腾
形成了最早的自然崇拜意识，也形成了部落先民的某种凝聚集合力，是
古代先民能够在柳湾一直繁衍生息的精神依靠。

羌族有与藏汉语系民族的共同族源，这无论从语言学、民族学还是
渐成显学主流的基因学说来看，已经渐成定论，即使是西方传统历史学
家们，也不得不重新检索一部大中国的古代历史，在向上追溯中国古代
王朝的同时，破解着后来王朝给出的四夷观念，建立新的多民族分化融
合的史学新体系。

但要做到这一点并不容易，因为上古时代缺少文字记录，最为可靠
的途径是田野考古，不唯史书而更唯地下的文化记录，这是一个极大的
进步。为了那个原本不值一驳，并且被柳湾彩陶击碎的"中国彩陶文化
西来说"，长时间地去找证明根据，未必会弄清中国历史发展的真相。
"中国彩陶文化西来说"是百年前的西方学说。百年之后，西方学者也
会从新的事实出发，给出一些并不一定情愿，但又不得不面对的学术新
思考。食古不化与食西不化，同样糟糕，甚至完全依靠碳-14 年代测定
的权威技术，把中国西部看作后发展地区和中原文化的辐射地区，其实
也会出现某种偏差。重建中国上古史，需要学术思想解放，也需要新的
检验技术。苏秉琦先生的"满天星斗说"就是一个学术思想解放，但中
国东西南北的文化板块又是怎样对流放射的，同样需要去不断厘清。从
地理连通格局看来，河流特别是黄河及其支流，便是古代文化最重要的
流动融汇通道。这也是在黄河边行走，一定要在湟水上下穿行，并对柳
湾彩陶高看一眼的原因。

从某种感情倾向上讲，也可将自己看作是柳湾人的后代。或者也可
以这样说，现在仍然还有些朦胧的夏王朝时代，是中国早期民族和部族
分化融合组合的一个风云激荡的时代，也是华夏民族形成和定型的关键
年代。夏的主流人群源与流，充满了未知的秘密，比如中华大概念上有
华夏、诸夏之分，那或是古代"五服制度"的文化版图地理来源。但既

然曰夏，自有曰夏的道理。且不说大禹的父系来自哪里，母系很可能来自蜀羌临洮之地。南有长江，北有黄河，中国东西南北的黄河结合交叉部是华夏民族成长的重要摇篮。人们一直搞不懂，为什么南匈奴人和党项人进入关中，一定要打夏的旗号，而西去的大月氏在中亚建立的国家也叫大夏。如果说，华夏人在汉代发展为以王朝为名号的汉族，那么继续游牧的诸夏人，则应当是他们的同宗兄弟。因此，我们虽然不知道自己的身上是否流有柳湾人的血液，但他们的彩陶工艺不会不激起后来人更多的创造灵感，共同去营造"龙的家园"。

柳湾所在的乐都处于湟水河的下游，湟水从这里东流几十里，也就汇入了黄河。湟水是黄河的第一个大支流，发源于祁连山南麓的大通河也汇入了湟水。在古代，这里是一个宜耕宜牧的好地方，也是汉以后丝绸之路的一大主要通道和商旅集散地，现今依然是河湟富庶之乡。我不知道，"柳湾"的名称是不是来自湟水河湾里的排排柳树，但有水就有各种各样的柳。柳树妩媚但有柔性，遇水而生，发芽最早。谚曰："五九和六九，河边看杨柳。"柳树给湟水和黄河带来了生命和生机，也带来了一种永远的文化情结，柳树也许会在风中牵动别离之情，但显示更多的是绿色生机。我向柳湾的柳树道声再见，径直走向黄河北流东去的河湾里去。

天池和地池

2019 年 8 月

　　路经孟达，也是事先列入行程计划的，因为那里有个孟达天池。也许是因为对周穆王和西王母的瑶池传说故事浸淫太深，我对天池一直充满想象。印象中最有名的是长白山天池，此外则是天山博格达峰下的天池，还有一个天池在云南的阿伍山，一直没有机会去，再一个就是青海的孟达天池。当然，从海拔高度上看，青海湖和青藏高原的许多错，比如纳木错等等，也可以把它们当作是天上之水聚集的天池。但它们太大了，相对海拔差又很大，远不如高山突起而山上骤然间现出的一汪绿水更令人震撼，因此也还得中规中矩地称它们为海子、湖泊、淖尔、错或水泡子。

　　天池的地理定义是什么，没有去查，但我以为，须在高山峻岭之上或山岭之间，水面不能大到浩渺无涯，但要有足够的水深，有一定的相对封闭性，颜色须是浅蓝或者碧绿。符合这些条件的并不多，也就是上面数过的几个。

　　天池一般具有火山湖的特点，不干不涸，但不是因为湖底有所谓通天海眼，那多半是谬传，更多时候是有积雪融化等水的来源。当然也有火山喷发或地震后堰塞形成的，比如著名的东北五大连池，就有 14 个独立的火山锥，300 年前火山猛烈喷发，熔岩流溢阻塞了石龙江，形成了 5 个堰塞湖，因此被称为"五大连池"。但这并不算是正宗的天池，有的是火山口里积满雨水，可权当是天池的"小弟弟"。在那里，这样的"天池"原来有好几个，其中一个据说是农场要向火山湖要水，炸开了山体，水流尽了，池里的冷水鱼种也就成了绝户鱼。

东北地区火山很多，从大兴安岭、嫩江平原到长白山，可以划出一条火山的弧线。在高高的兴安岭上，还真有几个天池，只是"藏在深闺人未识"，交通又不方便，也就任其顾影自怜去了。

长白山天池就不一样了，我前后去了多次，总有些看不全看不够。一是做派大、体量大。长白山主峰白头山海拔 2691 米，多有白色浮石和积雪，有瀑布从天池西侧和北侧流出，形成松花江、图们江和鸭绿江的几个源头。一个天池养育了几条大江大河，也是一个奇迹。二是有性格。长白山天池的气候说变就变，方才还是一脸明朗朗的喜色，大大方方地让你盯着看，没有一点羞色，猛然间又发了脾气，扬起一把一把的风沙和一团一团浓重的白雾，严严实实地蒙在人的脸上，再不肯回头让你看一眼。不得不让人隔年再来，看看她会不会再给你一次面子。如果真给你面子，她就会随着天空云块漂移不断现出深浅不等的蓝色。

登长白山天池，不仅是为了看天池的颜值，甚而对传说中的水怪有所好奇，真正的感受在于登临过程。尤其在夏季里，从山下登上天池顶，惬意得很。那里的夏天就是平原地区的春天，山花遍野，各种落叶乔木刚刚泛绿。如果赶得巧，长白山杜鹃也会露出红扑扑的脸，让人不由自主地怔在那里。在通向天池的路上，春天是一组慢镜头，那里的春来得晚走得也晚。但是，通往天池的路，又是一条立体布景不断变换的路。如果从未到过雪线地区，那里是最好的一种浅层次体验。红松、白桦、苔藓、地衣，依次出现，到得山顶，只有粗粝的沙滩和岸边高高低低的灰色砂岩，然后就是上面说的没有准头的那一幕幕。

天山博格达峰下的天池我去过两次。记得第一次去，那里的原生态味还很浓烈，可以在岸边徘徊，在沟谷的松林里游荡，一切都在静谧中。在那里，要看的不仅是水，更要看雪山。雪山与湖水居然那么近，湖水明亮，天晴的时候微微泛蓝，淡雅的水色和银白的雪山相互映照，好像山水一体一色，只是体态不同，这是在长白山天池边看不到的。那里也有一组慢镜头，但仿佛是秋天里的镜头，凉凉的风，红红的太阳，让你感到一种说不出的爽气。但我有时也会想，那里或许也是眼前有景道不得，有画笔也画不得，不是因为有谁题诗在上边，而是无论是长白山的天池还是天山的天池，大概都是很难描摹的。尤其是背景宏大的天山天池，很难在颜色的世界里找到一种浓涂淡抹的相宜搭配。因此，很少看到直接描写天池全景的好画作，也很少见到特别成功的关于它们的全息摄影作品。也许可以航拍吧，但角度呢？

不管怎么说，它们都是令人感动的。尤其是记忆里长白山的白桦和天山脚下无处不在的新疆白杨，这些兄弟树作为天池的必要点缀，一直留在人的印象里。

现在又来到孟达天池，这个坐落在黄河上游的天池又是怎样的模样呢？孟达在循化县，离积石峡不算远，是黄河谷地北岸独立的一座山和封闭的水谷。山不算高但特别陡，只有山间的小路和后来安装的曲折栈桥可以上去。因此，上山还要靠力气很大的骡子。这里的旅游经济搞得不错，骑骡子上山一趟，单程需要几十块钱，不是很贵。为了省体力，我选择了骡子，那至少比在有些地方乘滑竿更让人心安。

刚下过雨，路有些泥泞，骡子走起来也打摆，但走了半个多小时，也就到了山顶。一路看去，这山密密凿凿的全是各种各样的树，有的认得，是青冈、松树、白桦和银杏；有的不认得。听赶骡子的说，这里有好多药材，但这是生态保护区，是不能随便采的。看来，这里人们的环境保护意识很强，老乡都明白孟达天池是黄河上游的一个生态屏障。

上得山顶就是豁然开朗的天池湖水，池边只有一条窄窄的服务平台，修筑在悬崖边，并不见有规模开发的迹象。上山见水，倒也畅亮。虽然孟达天池既没有长白山天池那么壮阔，也没有天山天池那么修远，但满山遍野的树，还有看得见的绿色彼岸，却有另一番风光。这里的夏天是一组慢镜头，同长白山永远的春色和天山永远的秋色形成一种微妙的反差。

看了看宣传栏，这个保护区是 1980 年建的，2000 年成为国家级自然保护区，天池面积约 300 亩，是一个天然的高山湖泊。在史书上，孟达在西倾山的西五台山。有意思的是，这个五台山也与佛教扯上了关系。西面的山腰上有三眼石窟，是西藏僧人拉隆·贝吉多杰（又叫拉隆毕多）修行的地方。这位僧人可不简单，9 世纪赞普朗达玛禁佛，他居然在大昭寺前射箭杀害了赞普朗达玛，后来此避祸，因此他也是一个少见的藏传佛教人物。说来也是，孟达所在的循化颇有佛教空灵之气，是十世班禅的出生地。这里有一个大的喇嘛寺庙。撒拉族、藏族、回族和汉族人在此杂居，有一种古来和谐的人文色彩。但令人动心的还是孟达的那一片绿，绿的山、绿的水，如果能从高空俯瞰，一定会把它看作是挂在黄河脖子上闪着水光的绿翡翠。

在下山的骡子背上我就在想，或者可以把长白山天池当成是一位纵横捭阖的女侠，把天山天池当成是飘然的素衣神女，眼前的孟达则可以说是一位身穿绿袄绿裤的小丫头，更讨人喜欢，也有人世间常见的淘气和乖巧。

看罢天池，又想起了"地池"。"地池"是我的说法，不见于资料。池塘很习见，可以人造，但也会因形就势自然形成，因此有一种特别的韵味。但一般的池塘面积小，最小只有一亩半亩。另一种深不可测的，或者称之为潭，往往具有岸陡而逼仄的水面特征，就像那李白歌咏过的深千尺的桃花潭一般。

为了观看心目中的"地池"，我曾经想到引动过杜甫和苏轼长歌短咏的仇池去。古今诗人们对古氐族仇池国的怀古诗歌有很多，其自然风光，曾经引得"诗圣"杜甫在《秦州杂诗二十首》里发愿，"何时一茅屋，送老白云边"。仇池山有很多泉水，也有逐级横流的石潭，但终未形成较大的湖池。倒是在南疆的于田，曾经见过一方"龙池"，是我心目中形神俱备的一个"地池"。古人说，蓄水为陂，穿地通水为池，这方"龙池"，还真的是从昆仑山麓穿地而来的。

于田的"龙池"，在发现有大量佛教壁画的达玛沟佛寺的北边，四围是偌大的一片胡杨林。这是一条水色微黑的狭长的湖，景象令人惊愕，斧劈刀切般的土岸直上直下，鬼斧神工，连那四围的蒲草，也都是刀裁一般笔直，齐刷刷地举着蒲棒，大概只有版画可以传达它的一二神韵。

于田古称"于阗"，是西域三十六国之一，一直被称为"金玉之邦"，后来归于和田。"龙池"位于策勒县和于田县的交界处，历来是个富水地区，因此也造就了南丝绸之路的诸多佛迹，首次发现具有中西混合文化特征的彩绘佛像的佛教圣地达玛沟在其南，向北则是神秘的圆沙古城。

"龙池"宽似一条河，长有数十里，池水一如和田墨玉。要说真有瑶池，我宁愿是在这里。这里有东去的大路，玄奘取经东归，曾在这里驻锡一年。"龙池"北望大漠，南倚昆仑，几十里外的昆仑山腰就是从古至今的大玉场。传说周穆王曾在此与西王母相会，西王姆赠给他几车玉。"龙池"湖边不时可以见到冲天而飞的青色大鸟，此景一定要化入穆天子和西王母合演的古剧布景，在意境上多少有些相合。

"龙池"中深不见底的水是哪里来的呢？人们或可从克里雅河的语义和已经沙化了的达玛沟找到线索。克里雅河的意思就是反复不定的河，河水从昆仑山流出，曾经泽被达玛沟，但达玛沟于今已经干得冒烟，那水潜行在地下再寻出路，也就造就了这方"龙池"。"龙池"的外围有大片大片的湿地，但比较散漫。这里并不缺水，只是需要一个更大的"龙池"来储存。

从"龙池"回来，不久便接到那里朋友的电话，问我能不能写个《龙池赋》，赋从未写过，但对"龙池"的感应还是有的，因此也就涂涂写写，兹将其文录如下，以作本文结尾：

《龙池赋》

唯我昆仑，覆被诸夏；苍龙既起，一脉兴邦。融雪汩汩，潜行广漠；汇彼龙池，深及百丈。春夏玉静，鱼龙击水；秋冬兼葭，白露为霜。红柳点染，神泉为镜；千年纪岁，大野胡杨。瑶池旧地，蟾归月乡；一曲白云，音远韵长。克里雅水，流湮不息；和阗扫泥，金玉之壤。北有圆沙，达玛南向；玄奘归国，篦摩是访。陀历古道，丝路通衢；大漠深处，爰有古桑。珈蓝密佈，文明交汇；尉迟画风，流溢东方。龙湖为池，胡杨为椽；人工天巧，出此煌煌。莫道大漠无绿，漫野满眼莽苍苍。

冯并丁酉鸡鸣前命笔遥拜

洮 河 记 行

2019 年 8 月

渭河是黄河的第一大支流，但属于黄河中游一段。在黄河上游右岸，最大支流是洮河。如果说左岸的湟水是黄河的长女，右岸的洮河就是她的长子。洮河"出生"的地方，也够有名气，就是不绝于史书的西倾山。《尚书·禹贡》就有"西倾、朱圉、鸟鼠至于太华"之语。鸟鼠说的是黄河中上游主要支流的发源地渭源，朱圉在天水甘谷，西倾山则在青海黄南藏族自治州境内。洮河的藏名叫"碌曲"，也即神水，在古汉语史籍里也叫"强水"，其上游水多沙少，下游经过陇西的黄土塬，逐渐变得浑浊起来。

临洮在洮河与黄河交汇处，是自古有名部族争战的战场，但也是华夏文明的重要发祥地和调色盘。《哥舒歌》里有"北斗七星高，哥舒夜带刀。至今窥牧马，不敢过临洮"，王昌龄的《从军行》里也有"前军夜战洮河北，已报生擒吐谷浑"，它们大约是唐诗中最有战事现场感的诗歌。王之涣的"黄河远上白云间，一片孤城万仞山"，那"万仞山"很可能就是洮河边上的黄绿丹霞山峰，而孤城羌笛也可能是来自临洮古城头上的悠悠笛声。边塞诗人岑参也曾在洮河放歌："无事向边外，至今仍不归。三年绝书信，六月未春衣。客舍洮水聒，孤城湖雁飞。心知别君后，开口笑应稀。"他在临洮住的时间不短，还写有《临洮泛舟，赵仙舟自北庭罢使还京》《临洮客舍留别祁四》《发临洮将赴北庭留别》。在岑参的时代，临洮是西域的大后方，是有尚武之风的河西走廊和河湟走廊的锁钥。它与临夏也即古枹罕都属于一等一的内边关第二线第三线。临洮在积石、炳灵一线，是丝路要冲，古称"狄道"。

我去临洮是在 2018 年的夏天，也是到甘南草原和黄河第一个大拐弯的归路上。到夏河的拉卜楞寺去，要经过临夏。因为紧邻着大河，又是夏河和黄河的交汇地，所以在很长时间里，临夏被称作"河州"。这里是甘肃省最大的回族自治州。从临夏去甘南藏族自治州要过冶力关，高崖笔立，附近就是太子山和露骨山。在冶力关，不用看地理标志就知道到了临夏与甘南两州的地理分界地，因为北面的村落里有清真寺，南面的山坡上却是藏式建筑风格的喇嘛庙。

拉卜楞寺是甘南草原最大的藏传佛教寺院，或者说就是一座佛城，规模气势比所在的拉卜楞镇还要大些。这是一个由多条街巷分割得很整齐的寺庙群，僧人有成百上千个。经过最大的一个经堂的前院时，那里正举行一年一度的辩经会。辩经会气氛倒自在，有主讲的大喇嘛，也有提问的，不时会有烧火的喇嘛送上牦牛肉包子，举手撒出，惹得小喇嘛跳起来接抢。因为听不懂他们讨论的是什么经义，我们也就从夏河东岸沿河公路南去了。夏河东边是一堵斜立的山峰，送我的司机说，每到浴佛节，山面会铺出一幅超大唐卡样的佛陀图，引来许多人观看。

过了一片草原，就是甘南最大湿地尕海湖，候鸟成群的尕海坐落在群山环抱的山冈盆地的洼凹里，大模样很像北京北海团城里的渎山大玉海，但超大、超阔。这里应当是一个特别的分水岭。夏河源在这里，洮河的一个支流也从这里流出。甘南草原的湖不多，除了尕海还有冶海子，因为地形复杂，每条河都有自己独来独往的流向。比如，天下黄河向东流，玛曲偏要向西流，你绕个大弯，我绕个小弯，但最后又在已经约好的地方去碰头。那句蛮有哲理味道的"山不转水转"的大俗话，在这里体现得很入骨。

甘南草原套着川西草原，再往南是郎木寺镇，白龙江穿镇而过，北岸是甘肃的赛赤寺，南岸属四川阿坝藏族羌族自治州若尔盖县的格尔底寺。白龙江现在是甘肃和四川两省的界河。在这里，长江水系与黄河水系井水不犯河水，各自上路，一直流到黄海、东海再见面。甘南草原委实是大山魂和水精灵一起游玩的一个大迷宫，洮河也就在这迷宫里游来转去，奔着西北方，一门心思去寻找她的黄河妈妈去了。

从玛曲回程兰州，我们没有走回头路，索性过陇南、到岷县，再到
渭源去，然后转向临洮，为的是那个鸟鼠同穴的神秘渭河源传说，也可
看看渭水和洮河这对姐妹是如何背对背梳洗打扮，分别上路去看望黄河
母亲的。在岷县穿行，行程匆匆，该看的没有看到，多少有些失望，但
又充满了希望。令人失望的是自然植被少了一点，希望是到处阡陌纵
横。这里是"当归之乡"，也是陇南定西最大的农业县，有一些地标产
品，包括蕨麻猪、黑裘羊皮、黑紫羔肉、野草莓、浆水梨，以及洮绣、
洮砚、洮河奇石。南宋时期的《古砚辨》中讲："除端歙二石外，唯洮
河绿石北方最为贵重，绿如蓝，润如玉，发墨不减端溪下岩，然石在临
洮大河深水之底，非人力所致，得之为无价之宝。"洮砚老坑已经没入
九甸峡水库库底，现在更是一砚难求了。

如果讲起地理标志和历史底蕴来，这里的丧葬文化留有古老的秦
风，倒金字塔形的秦公大墓就是在这里出土的，而秦长城的起始点也在
这里。这里的二郎山也叫"金童山"，它居然是千里岷山的起首。古村
落遍布，古渡犹存。当年杜甫从长安天水一路西行，入蜀经过的成县仇
池山，也离这里不远。尽管范长江在《中国西北角》中留有 20 世纪 30
年代中期通往岷县路上饿殍遍野的历史记录，但岷县也是西北的一处最
大鱼米之乡。洮河给它带来了水，也带来了如今依然繁忙的全国最大的
当归交易单体市场。

然而，这里的交通和城乡环境似乎还要继续改善。一些铁路在建，
高速公路也在修筑。历史上洮河流到这里开始浑浊，既带来了沃土，但
也在过度开发中付出了环境代价。洮河也有"V"字形河谷，在九甸峡
水流湍急，不易沉沙，但在平原的段落，流沙和泥土堆起，终究会挤占
经济发展空间。在两旁树木不算太多的大路上，也能看到整理河床的机
械挖斗。岷县人正在行动，他们从心里希望自己的家乡水常绿、山
常青。

从岷县通向渭源的路有些盘绕，虽然那里的山不像我在洮河上游迭
部县看到的那样大起大落，但也要经过许多高耸的山，包括红军长征途
中跨越的最后一道天险腊子口。腊子口只有一条路，真的是"一夫当
关，万夫莫开"，但挡不住有胆有识的红军，从山后绕到守敌碉堡的顶

上，塞个炸药包，长征之路通了，红色铁流浩荡北上，过六盘，到延安，开创了一个新的时代。在红色旅游浪潮的推动下，腊子口公路一侧建有较大的红色景区。到这里的人，从早至晚都不少，要不是急着赶路，我还真想在腊子口住一晚，领略一下红军智取腊子口的战斗细节。

山花满眼的盘旋路，将我们送上了马衔山和鸟鼠山起伏的山地里，又一直送到山下的渭源县城。渭源干净利爽，渭河湾盘绕在县城东，有许多小景点。正是瓜果初下时，北街头布满了瓜果摊，但不见路上有瓜果皮。那里的居民有着西北人特有的憨厚，一切交易都在缓慢的节奏中进行，也很讲环境卫生。我们吃了街头餐馆的一碗羊肉泡馍，很地道。

中午时顺着河流走去渭河源，沿路是绿的草坡，坡上满是北方常见的杨树。来到一片很大的湿地公园，一边是开阔的平台，有小的停车场，另一边是与渭河河川相联的一条河沟。沟边有哗哗声，但分不清是沟里的水声，还是风吹树叶的声音。平台上也有人来，但都是轻脚轻步的，好像是事先约定好的，谁也不会去大声喧哗。这里真的是《山海经》所言的"鸟鼠同穴之山，渭水出焉"的地方吗？鸟鼠山是中国文献记录较早的一个名山，是秦岭西延的突出部分，也是古代东去关中西到洮河河谷通道的一个分水岭。相传也是大禹治水继通积石之后第二个重要的治水目标，因此涧边建有禹王庙。这个禹王庙如今还在，但一看就是新修葺的。

禹王庙是渭水源的正式入口处，庙前是在临水沟沿一排小树里开出的林荫道，道路伸向一座对角排列的高山，山一角裸露出微红的山石，一角直裹着松树林，围起了一山浓绿，这就是鸟鼠山。山前的沟沿上围着绿色的铁丝网屏，一面大的牌子上赫然写着：水源重地，游者止步。侧耳听听，有水声，也有鸟叫声，但并不见鼠，也没有发现什么鼠洞。后来听当地人说，鼠倒是有，是在松树间与鸟一齐跳来跳去的松鼠。

从渭源到临洮也要翻越分水岭，垭口明显。流向洮河方向的溪流，走向也明显。溪在路边流，沟谷慢慢变宽变大，村庄出现了，木桥和果园出现了，沿着与溪流伴行的山坡公路，不到两个小时，也就进入了临洮。这条河溪怎么个称呼，没有问，但水流清澈。溪水哗啦啦地顺着并不陡峭的山势流下，这是洮河的一条小支流。

临洮灌溉农业发达。这里，冬天里有"洮河流珠"景观，也就是说，三九天不封河，但会流淌碎冰凌花，也算北方河之一奇。洮河全长673公里，流域面积2.5万平方公里，覆盖面不小。这里也有三条灌溉渠，其中一条56公里长，是从东汉时期就开始有的，这些渠在中华人民共和国成立后陆续加长，总长度达到180公里。洮河上下游落差两千多米，水利资源很丰富。九甸峡就有很大的水电站。

临洮也是座古色古香的城市，有著名的狄道文庙，也称"狄道学宫"。西北地区普遍关注文化教育，这从他们小学课程中设置描红课与珠算课可以看出来。

我在临洮文庙巷里走了好长时间，那里是临洮的城市古文化中心，也是居民的休闲之地。花园庙宇和古县衙门保存得很好，在亭子里、水池边，有不少市民在聊天看表演。对于临洮的文化底蕴，只要稍微了解一下，就会大为惊讶，就历史文化来说，在几千年的彩陶遗址之外，有齐家文化和寺洼文化遗址。我虽然没有多少时间去参观临洮的博物馆，但去过兰州的省博物馆，洮河流域出土的权杖暗示着这里不仅与中原文化有着相互辐射关系，也与丝绸之路的多向文化对流有着密切关系。

临洮南部和渭源的乡间，每年还要举办"拉扎节"。"拉扎节"古称"番傩"，敬奉自然神，这是多民族铸造的古代民间文化的活化石。可惜其节已过，只能听当地人说道和比画了。傩戏并非南方地区所特有，我在秦晋大峡谷的黄河边就曾见到过。汉族有傩戏，北方少数民族中也有，由鲜卑分化而来的北齐"兰陵王"面具，也是古代从鲁南开始流行的傩戏脸谱。傩戏脸谱是"硬脸谱"，一般用木头雕刻彩绘，套在脸上就可以演戏。北方的一些大剧种，包括京剧、秦腔的勾脸和脸谱，其实是一种"软脸谱"。

在将要离开临洮的时候，我去了洮河河口。洮河河口位于临洮新区和老市区的西侧，宽阔的河边广场紧邻更为宽阔的洮河。向河的一侧有沿河大道与观河平台，靠刘家峡水库大湖区的一侧是高高的堤坝，河流平缓浩荡，流入刘家峡水库，再入黄河。

临洮城区在东而河在西，城市中心"一头沉"，这是由已经变化了的水环境所决定的。一眼望去，沿河大道上有长长的观赏林带，城市建设不挤占洮河水流空间，城与河之间保持着舒展的间距，有利于洮河与黄河的汇合，也有利于这座千年古城的保护。旧景观提升，新景观也在出现，临洮在刘家峡水库的大背景下，显得更有色彩、层次。

黄河三峡知多少

2020 年 5 月

　　黄河有多少个河峡，从一般的资料上看，似乎没有人认真地统计过。在长江流域，除长江三峡之外，上游的金沙江虎跳峡也很有名，但已建成或正在建设水电站的向家坝、溪洛渡、白鹤滩、乌东德所在峡口的峡名，谁都很难一下子叫得出来。长江三峡自古有名，是古今入川的唯一通航水路，因此便成为长江峡口的地理象征。长江三峡峡里也有峡，譬如小三峡和乌江峡谷，也是峡套着峡，但一个小三峡和乌江大峡谷的名称也就带过去了。黄河的峡有些不一样，除了积石峡和三门峡古来有名，刘家峡和青铜峡在 20 世纪也借助水电站建设扬名于世，其余的大都其名不显，或者只有当地人说得出来，外界并不完全知晓。但自从西北旅游热兴起，道路状况迅速改善，很多"藏在深闺人未识"的黄河河峡，也渐渐为人所知，所谓"黄河三峡"也随之成为一个广告热词，频频出现在电视屏幕和地铁广告灯箱里。

　　但说来说去，这"黄河三峡"的模板，还是来自长江三峡的大概念，犹如一些地方自称"东方威尼斯"和"东方迪士尼"一样。难道说，它们从来就没有自己的性格和独立的价值吗？江峡与河峡一定要哥们儿相比试，倒也无伤大雅，但说起黄河的三峡究竟是指哪里，难免也会自说自话。

　　细细数来，若从黄河峡口的原发性及各自特色来看，比较有规模有气象的，上上下下至少有好几组。黄河第一个大拐弯的玛曲附近，就有阿尼玛卿山造成的黄河西流大峡谷和上游的许多山峡。贵德和共和之间有龙羊峡、拉西瓦峡、松巴峡和千佛大峡谷，再上面还有多唐贡玛峡、官仓峡、拉加峡、拉干峡、野狐峡、多石峡等等。贵德下游则有自古有名的积石峡。临夏永靖附近有刘家峡、盐锅峡和八盘峡，再往下便是青铜峡、石嘴子、"三道坎"。黄河第三个大拐弯处便是秦晋大峡谷。秦晋大峡谷的峡，当地人叫"碛"，是太行山中切割出来的一连串的大峡谷。说到壶口我不知道应当叫峡还是碛，但这只"壶"乃是天下第一奇"壶"，壶口澎湃激荡，黄云横飞，要是没有龙门以下的那只"大茶碗"接着，普洱茶色的黄水还不得溅到天上去？

接着，便是水势余威未减的三门峡和在中条山谷里猛烈湍流的黄河水。小浪底水库大坝建起来后，坝里的一组三峡也开始引起人们的注意。人们要到那里去看的，是每到汛前，泄洪闸大开三天，长龙飞腾几千米，又是一番人造的倾天壶口风光，然后再回船去看小浪底里最后的"黄河三峡"风光。

毋庸说，兰州附近的刘家峡、盐锅峡和八盘峡，从总体景观和开发的成熟度上看，均居黄河之峡首位。随着高铁的便捷化，人们会把眼光越来越多地投向那里。刘家峡的地理范围，也可以把积石峡和大河家包括在内，炳灵寺石窟所在的炳灵峡就更不在话下了。2004 年，刘家峡连同宽阔的水库一道被划为工业旅游示范点，别有文化内涵，同时也是一个重要的经济文化生态综合区。水域面积达 100 多平方公里，这样的峡、这么大的水面，在黄河上、在西北都是少见的。

刘家峡附近的黄河三峡，精华其实都在炳灵峡里。从文化景观上讲，刘家峡是炳灵寺石窟的大背景大内涵，在这里，刘家峡水库按照历史文化的地理延伸，划有三个湖段，分别命名为炳灵湖、太极湖和毛公湖。其中炳灵湖的名气最大，也是游人的重要目标。它有三个叫绝之处：一是建造最早的古黄河第一大桥就在这里，传说是西秦乞伏氏用三年时间营造的，原桥高出黄河水面五十丈，可见峡之深和峡山之高。此桥如今不存，但从炳灵寺石窟的台地上向东望去，对岸的桥基位置犹可见。据学者考证，此桥是在西夏军与北宋军交战时毁掉的，是西夏军所为还是宋军所为，并不清楚。隋炀帝平定青海割据政权，大军也曾浩浩荡荡越过此桥，再转入扁都口，渐次进入山丹与张掖，举行了西域多国

炳灵寺石窟

使节商人大会，为之后的盛唐再次开拓繁荣丝路交通打下了基础。二是炳灵湖有东西相望的石林，尽显丹霞地貌。丹霞地貌，中国南北东西许多地方皆有，但笔立如屏并耸立在黄河两岸的，只此一处，其分布达30平方公里之广。三也是最重要的一点，炳灵寺石窟是丝绸之路的东大门，是宋朝以前黄河东西两岸的重要通道。2014年，联合国教科文组织世界遗产委员会将炳灵寺石窟列入"丝绸之路：长安—天山廊道的路网"世界文化遗产，可见其不同凡响。东晋法师法显从这里取道南疆，到尼泊尔、印度去取经，他经过炳灵寺石窟时留有题记。西秦高僧玄绍更是在炳灵寺石窟里坐化的。因此，要说此窟、此桥、此石林、此段黄河，在古代很长一段时间里，是交通要冲和丝路重地，实至名归。

炳灵寺石窟与敦煌莫高窟、天水的麦积山石窟，是我国西部的三大石窟。佛教石窟是陆上丝绸之路的文化坐标。在我国，大的石窟石刻分布线，清楚地标识了丝路贸易内循环和外循环的道路走向。从北向南，有两条主线：一是大同云冈石窟到磁县响堂山石窟、浚县大伾山石像、巩义石窟寺、洛阳龙门石窟，再到重庆大足石刻和四川安岳石刻、乐山大佛乃至昆明的龙门石窟；二是黄河上游和支流上的石窟，如宁夏的石空寺石窟等。从东到西的一条线，从洛阳龙门石窟开始，出现有分有合的多条石窟分布带，如彬县石刻、须弥山石刻、麦积山石窟、炳灵寺石窟、马蹄寺石窟、敦煌莫高窟乃至克孜尔石窟等等。炳灵寺石窟最早的营造时间是晋泰始元年（265），其有规模的营建时代，应从西秦建弘元年（420）开始，因为研究者1962年在其中的第169窟里发现了有关窟里造像精确日期的墨写题记。

对于炳灵寺石窟，《水经注》卷二"河水"条也有详记。"河峡崖傍有二窟，一曰唐述窟，高四十丈；西二里有时亮窟，高百丈，广二十丈，深三十丈，藏古书五笥。""唐述"是古羌语的汉语记音，意为魔，因此尚未有佛教意识的古羌族人，便把积石山呼为唐述山，把黄河称为唐述河。到了唐代，其寺名一度改为灵岩寺。到了宋代，灵岩寺又更名为炳灵寺。"炳灵"一词也是藏语词的汉音译，并不是汉族神话里的炳灵巨神。因此，炳灵寺文化的特异之处，不仅在于它保留了各时期的石刻造像，也融入藏传佛教石刻的内容风格，与藏传佛教诸神佛有更直接的关联。萨迦派、噶举派和格鲁派都在这里留下了印记。尤其是在明永乐年间，宗喀巴的四弟子进京觐见永乐帝，曾到此弘法，有较大影响。清初的炳灵寺，还采用过活佛灵童转世体系，所以这里曾经是藏汉佛教历史文化的融合点。兰州白塔寺在炳灵寺的北岸，也属于藏传佛教建造风格。

炳灵寺附近的石林尤为可观，但多数只能遥望，一是石林在水，难以攀游；二是往来游船毕竟少一些，综合旅游设施也不多。要想到这形形色色的丹霞石林前仰观，还是一件不太容易的事情，而从炳灵寺去到"天下第一桥"遗址东岸，就更有点无法可想了。好在刘家峡大坝坐落在黄河与洮河交汇处，洮河那一边也有一座清泉流淌的吧咪山，是黄河岸边较大的丘陵绿地。吧咪山有棵百尺松，大约因为树体溜光，人们戏称它为"烧火棍"，不知它贵庚几何，但可以称为奇树。

黄河与洮河交汇处的刘家峡大坝有40层楼高。刘家峡水电站是我国在20世纪60年代自行设计、制造、施工和管理的百万千瓦级水电站。要是在泄洪时来，那排水排沙的气势也不输后来的小浪底。太极湖和毛公湖是刘家峡水库中的人工湿地，太极湖在黄河转弯处，生活着灰鹤、白鹤等候鸟。刘家峡还有恐龙国家地质公园，留有恐龙巨大的足印，有的恐龙足印长达一米五，足距近四米，那实在是一种难以想象的巨无霸，遗迹主要分布在盐锅峡上游处。

盐锅峡有岛，水边有笔直如裁的芦苇丛，是水鸟的乐园。在河的南岸也有两个奇观：一是一间开凿在高崖绝壁上的罗家洞寺，传说曾经有位来自尼泊尔的王子在此修炼，恐是把释迦牟尼的故事搬来了。二是岗沟寺每年农历四月初二、初三举行"花儿会"，是当地一大盛事。这里是西北民歌的一个赛场，除了花儿，汉族农民还会戴着脸谱演出傩戏、贤孝戏，正月十五要闹秧歌、跳财宝神。2004年，岗沟寺被列入联合国教科文组织民歌考察基地。

八盘峡在兰州西固区，是黄河上游西端，也是芦苇摇曳水鸟云集之地，它处于黄河和湟水交汇的台地上，水面开阔，可以开行百人小游轮，也是黄河上难得一见的水上运动场所。值得一提的是永靖，县城不是很大，但河水至清，河南岸是铁红色的笔立山峰，河北岸是一方不大不小的绿地，这里应当是兰州的"后花园"，可惜被修建的高架路划为两半。

从大势上去看，围绕兰州和临夏的黄河三峡，还是一个很重要的河峡系统，水势相连，但大坝林立，因此不若长江三峡那样紧密相接，这或者是一个地理缺憾。但人总归会有办法的，比如突出炳灵峡，与刘家峡、盐锅峡共同组成黄河三峡，而将八盘峡看成另一个独立峡口，兰州附近的黄河三峡，从相关性上看，也许会更加一目了然。

黄河上的三峡，其实不止这一处，兰州以上有，兰州有，银川有。在黄河中游秦晋大峡谷里，有更多的碛或峡口。在中游出口的小浪底库区里，还有最后的一组三峡，叫八里峡、孤山峡和龙凤峡。从某种视角来看，除去流经平原的黄河下游，黄河基本上是一条"峡河"。

"峡河"意味着什么？其一是落差大，水利电力资源丰富；其二是河流急，或者说在"峡河"密集时水流急，"峡河"相对稀疏时水流缓，"峡河"不易沉沙，"峡河"之外容易积沙。了解清楚后，治理黄河的工程设施如何摆布，心中会更有数。中华人民共和国成立之后，黄河上的很多"峡河"建设了大型水库，发电灌溉，治水治沙，取得了一系列成效。这是千百年治理黄河今日始有之大成果。

黄　河　路

2020 年 5 月

　　黄河流经的地形地貌复杂，道路和交通工具也复杂，不像现在，铁路和高速公路四通八达，以前很难去到的地方都可以去得。在黄河最上游的地方，昔日交通主要靠善于爬山的驴骡和牦牛，有条件的则是骑马走。但在沙漠里只有靠骆驼。骆驼脚掌大，可以分散负重压力，又耐得干渴，因此就成了"沙漠之舟"。无论在草原上还是在戈壁滩上，它都是与人过命的老朋友。

　　我在戈壁滩上生活过几年，对那里的骆驼、那里的路有些了解。在人们看来，黄河穿越的地带，不是高山就是沙漠，而最让人望眼欲穿的，便是绿洲、草原和突然出现的泉眼。草原的路是牛粪卷标出来的，沙漠的路是骆驼凭着方向感踏出来的，戈壁的路则是大风吹出来的。在戈壁滩，路只是一个方向概念，而非有形的路。

　　我生活过的戈壁滩在黄河的西边。在那里，路与方向是永远无法用肉眼准确去判别的，即使前面有浅山低谷，也会是一个模样，黑黑的、灰灰的，除非你经过一座曾经来过的敖包或看到过的一口泉，才会断定有没有迷失方向。那里的地名里，之所以会有那么多的敖包、那么多的在蒙古语里称为"布拉格"的泉水，也是缘于此。这些敖包和泉无一例外地冠有金色、银色、红色或黑色的名称，告诉你此时置身的位置和前面的路况。或者也可以这样说，戈壁滩上可以没有一棵树，但必须有敖包、有泉，前者是游牧者祭祀心灵的地方，更是把握走向的地标；后者则是生命本身。你不识路，骆驼和老马以及牦牛认识，它们才是真正的生物地理定位器。

在戈壁沙漠生活的第三年，我见到了真正的大戈壁、真正的敖包和真正的生命之泉。那是我第一次去到叫作巴彦诺尔公的一个小得不能再小的"集镇"。当时我要到一座金敖包和一个银泉子去，必须经过这个集镇。金敖包与银泉子在一条线上，在当年是由一条简易路连接的。

在戈壁小镇等过路的卡车等了两天，不是没有车，是很少，而且多数挤不上去。闲着无聊，就在周边走走。我知道"诺尔"就是湖的意思，但这里除了褐红色的几座石山，哪里有湖的影子？放眼望去，遍野是大大小小的砾石，颜色杂乱，在太阳的直射下，升起似有若无的烟光。在戈壁滩上，海市蜃楼很少见，但会出现风动的斑影，好像碎石也会蒸发一样。陪我转悠的同伴对我说，眼睛睁大点，说不定你会发现一块值钱的葡萄玛瑙石或一窝水晶。

据说这里是火山喷发地带，但火山早就被风沙刮平了，吐出的宝石就埋在地下或露出在乱石滩里。看看四周褐红色的山形，还真有些火山遗留的影子。想必是在遥远的年代，这里真有过火山和火山湖，如今风沙掩盖，玉石分离，藏在碎石滩的深深不知处。随意找了找，葡萄玛瑙石和水晶没有看到。同伴说，如果再向东北走，真有一个玛瑙湖，但这里是交通要道，经过的人多，想要捡到玛瑙，是不容易的。

等车等得心烦，索性换个走法，雇了三峰骆驼上路，虽然颠簸一些，但一天就可以走到。骑骆驼的学问可大了，且不说骆驼卧下站起时会把你猛地颠下来，就是行前准备工作也是一套一套的，要先给骆驼喂把盐，给它补充些钠，别看它的给养都储藏在背上的两座驼峰里，走那么长的路，出汗是必然的，钠离子的流失也是不会少的。

接着，就要准备我们自己的干粮。干粮没有多带，是两个"民勤馍馍"。这"民勤馍馍"好生奇怪，做时不放碱，看着像面包干，掰开有拉丝的绿毛，吃起来很润口，没有恶味，后来才知道那是一种益生菌。"民勤馍馍"或许同陕西的"羊肉泡馍"和"锅盔"一样，是游走西北的一种常备食品。

向导没有多带水，只准备了一小皮袋。我说，一路上吃少吃多好说，水可要带得够够的。他笑了，指指驼背上斜挂着的两个军用水壶说，那里装满了酸羊奶，保你一路上不饿不渴还不会上火。这酸羊奶有这么顶饥顶渴吗？我将信将疑。看我那不信的样子，他便说，你若不信，到时我的干粮和水全给你。后来的事实证明，他没有骗我，那两壶酸羊奶，在接下来的一天里，解决了全部给养问题。

闲聊中上路了，我们没有走简易公路，走的是戈壁滩里没有路的路。也许是出于已经养成的一种小情调，我不由吟出一声"一川碎石大如斗，随风满地石乱走"。那是边塞诗人岑参在走马川吟给主帅封常清的。带路的驮夫不知道我在咕哝些什么鬼话，嘿嘿地笑了起来。

走马川在新疆，眼前却是一条走驼川，中间还要翻过几道沙梁。没有一直吼着的风和扑面而来的沙，四围静静的，耳边只听到骆驼蹄下的噗噗声，偶尔还传来在晴空中盘旋的鹰的一声大叫。景色虽然单调，但眼里心里却很宽展，这天空是你的和我的，大地也是你的和我的，没有多少苍凉，只有一种寂寥的美在眼前。

穿越戈壁，终于到了金敖包和银泉子。那金敖包还真有金矿，旧时的矿坑边立有刻着已经模糊了的矿照的土照壁。银泉子流清泉，但含氟量比较高。还有多达 6000 幅岩画，反映了从古羌、匈奴、鲜卑到党项以及蒙古部落的原生聚落文化。面对这些厚重的史前文化，行程的艰苦被冲减了一半。

戈壁的路如此，城镇间的路也好不到哪里去，由这里到黄河边的银川，也是一条简易沙石路。坑坑洼洼像是"搓板"，坐着敞篷卡车，沙土满头满脸扬来。后来，简易公路渐渐多了起来，但交通依然不方便，去很多地方，仍然要靠骆驼。

在大且深的河谷里行走，同样有问题，大板车并不多见，毛驴、骡子和马，是旅人的标配。在黄河流经的高原河谷滩地上，长长的骆驼商队还是一景。骆驼客两三个，骆驼十几峰，驼铃声悠悠长长，打破了黄河两岸的寂静。在黄河上游的青藏高原上，更为常见的交通工具是牦牛，它们是"高原之舟"。

在黄河上游，有时也会看到行船，但基本是段落性的，或者要绕到对岸去，从渡口上等摆渡，但所谓"隔河如隔天，渡河如渡鬼门关"，要想到黄河对岸去，还要绕上绕下几十里。在这样的地方，人们可以隔着河两岸的"山脑子"去"信天游"，抛几声"花儿少年"或者对对"山曲儿"，往往又是只闻其声不见其人，唱曲的人永远走不到一起去。

在黄河上游能够平稳行船的，主要在贵德一带，下游在经过银川平原之北的"三道坎"后，水流相对平缓些，那里有一连串有着碛口名称的地名，一直到托克托的河口，是昔日船老大们的用武之地。这一段黄河虽然不见暗礁，却会遇到浅滩和沙坝，同样需要熟悉水情，也要懂得在什么天气里黄河会发洪水，何时会出现流凌。

在黄河上，最具历史沧桑感的行船工具，是羊皮筏子。它可以就地取材就地制造。相传当年成吉思汗灭西夏，六过胜金关，想着从西面包抄南宋的后路，大军从中卫渡河，借助的就是这种羊皮筏子。羊皮筏子在黄河上游享有很大的名声，但它的承载力有限。

在黄河中游的秦晋大峡谷里，素来是"天下黄河九十九道弯，九十九个艄公把船扳"，但要走水路，也是各走一段，过一碛再到一碛。最让人不可思议的是"旱地跑船"，比如壶口瀑布不可行舟，也就不得不在沙滩上垫着圆木滚动木船，一直滚到可以渡河的码头上去。行路难是古代诗人的传统诗题，用来诉说个人的境遇，其实是古代行人的普遍出行困境。

在近十多年的时间里，黄河上游的交通发生了巨大变化。2019年，我从居延海向东一路穿行，中途又在巴彦诺尔公停留下来。小镇多了三条街道，但过往的车辆明显增多，最惹眼的是正在施工的一条准高速路，上下四车道，正向我当年骑骆驼而去的金敖包和银泉子方向延伸。

岂止是公路，铁路也通向了戈壁。在2019年的居延之行中，与公路并行的铁路线上，一列东西向的火车在眼前驶过，那就是临策铁路线。但这不是这条铁路的开头和结尾，从策克开始，铁轨正向西在铺向黑戈壁。黑戈壁不是一个简单的地理符号，是20世纪初丹宾坚赞（人称"黑喇嘛"）曾经出没抢掠的地方。黑戈壁的打通，预示着戈壁的闭塞与神秘最终要落幕。用不了多久，一个车来车往人流不断的交通坦途就会出现在黑戈壁上。

　　谁会想得到，一百多年前瑞典探险家斯文·赫定骑着骆驼，带着一支骆驼队，从这里进入新疆，并发现了著名的楼兰古城。那驼铃叮咚的一幕俱往矣，一条笔直的铁路出现在亘古无人的戈壁沙滩上。至于青藏铁路、兰新高铁和中卫到西安的高铁，以及这一带的国际机场，已从根本上改变了黄河上游的交通格局。

　　现在，骆驼成了"沙漠游"的游伴，牦牛成了游人拍照的布景，羊皮筏子成了黄河湾里游河猎兴的玩具。这种切换，黄河两岸的人没有见过，黄河也没有见过。

黄　河　桥

2020 年 5 月

　　河桥是缩短大河两岸距离的唯一惯常的交通手段。在黄河上，也曾见到不少的新桥，但最上游的一座在曲麻莱。那里是黄河的一个"虎跳峡"，离黄河的源头约古宗列曲不远。桥有四五米长，河峡在地下，河流瀑布在沟里，并不是因为上游来水少，而是水从高处骤然跌落低处，切割出一个地峡来。走在桥面上，只听到哇隆哇隆的河吼声，看到不时喷溅的水珠，全然看不到黄河的"倩影"。桥的两边也有不少商店和来往车辆，那是黄河源上有特别气象的一座桥和高原集镇。

　　进入黄河曲，临山临河的大桥开始多了起来，最漂亮的一座就是玛曲大桥。它虽然不是什么斜拉桥，但也很壮观，水泥构架，有桥栏也有敦敦实实的桥柱，傍晚桥上亮起华灯，在晚霞初现时，凭栏极目远望黄河，金光闪耀，让人不由得哼起"来呀来个酒"那首女中音低吟的歌。

　　此外，还有尕玛羊曲黄河特大桥和唐乃亥黄河特大桥，都是现代建筑风格。黄河上的桥梁知多少，一下子难以数得清。给我印象最深也亲眼见到的，是这样几座：论奇特，积石峡大河家的铁链桥最奇特；论年代的久远与对古代丝路贸易和文化交流贡献最大的，是西秦时期的炳灵寺石窟桥；论黄河近代铁桥之祖的，则是兰州黄河铁桥（中山桥）和郑州黄河铁路大桥；论黄河上生命力最强的，应当是济南泺口黄河铁路大桥；论灵活性和随机性，还是东阿黄河浮桥和济南的济阳浮桥。此外还有位置上同样重要的三道坎大桥、三盛公大桥、包达大桥，黄河中游的府保黄河大桥、柳林军渡大桥和桑树坪特大桥、侯禹高速龙门大桥，它

黄河浮桥

们都是连接东西部的交通枢纽；遍布在河南的大桥就更多了。但在这些大桥中最有历史经典性的，还是兰州黄河铁桥和济南泺口黄河铁路大桥。

积石峡大河家的铁链桥不是用来直接过人的，而是吊系着上下行的船只，在两岸间拉动滑行定位的单索桥，说它有最早的缆车模样，也可以说得。船过桥本是奇观，在黄河翻滚的浪尖上连人带物地渡河，那情景要比其他地方的铁索桥不知要惊险多少倍。这个特别的铁链桥不知造于何时，现在已经不使用了，但它是黄河桥中的一座奇桥。

炳灵寺石窟桥建于西秦时期，主要是连接河湟商道，隋炀帝兴师灭吐谷浑和经略河西走廊时，大军便从此过，要不是北宋西夏交战时被焚，这个"天下第一桥"也许会保留至今天。因为炳灵寺石窟桥不存在了，清光绪三十二年（1906）开始营建兰州大铁桥，1928年改名为"中山桥"。

中山桥是黄河上唯一留存的近代桥梁，被称为"天下黄河第一桥"，是清末维新运动的产物，由当时的甘肃洋务总局聘请德国工程师勘测、美国公司设计、德国公司修建，但由中方管理，耗资白银30多万两。承建方保证80年桥体安全，但后来也受过损伤。中华人民共和国成立后，屡经修整，改进了桥体结构，并为了提高抗震和洪峰通过能力，将桥面提升了1.2米，如今已有110多年的桥龄。因为它是全国重点文物保护单位并入选"中国工业遗产保护名录（第二批）"，现在成为步行桥。这座桥使用的是五孔钢梁，每孔间距约46米，桥全长200多米。每逢节假日，桥上桥下，游者如云。尤其在夜晚，桥河灯火辉映，是兰州观黄河的最佳去处。

郑州黄河铁路大桥其实是中国黄河第一铁路大桥，开建的时间比中山桥还要早三年。它有102个孔，总长3015米，是同一时期最长的铁路大桥。它处在黄河与沁河交汇处，北岸有沁河大坝防护堤，南岸倚着邙山山尾，造价265万两库平银。郑州黄河铁路大桥也是外商设计建造的。因为设计质量问题和连年军阀混战，桥体几经破坏，1949年后加固维修，经受住了几次洪水的考验。1958年后新建了京广铁路郑州黄河大桥，1986年郑州黄河公路大桥建成，原郑州黄河铁路大桥被拆除，目前留有南岸 160 米桥梁，作为工业景区对外开放，并进入国内工业遗产保护名录。

济南泺口黄河铁路大桥也是 1949 年前跨度较大的黄河桥，全长 1255 米。大桥于 1909 年动工，1912 年年底竣工，詹天佑参加了桥梁选址和方案审定工作，由于桥基深埋合理，经受过百年一遇洪水的考验。1982 年，济南建成了亚洲跨径最大的斜拉大桥济南黄河公路大桥，在世界同类桥梁中排行第八。2018 年以后济南又开始建设齐鲁黄河大桥和凤凰黄河大桥。铁路桥和公路桥越建越有档次，路桥人为黄河增添了越来越多的光彩。

除了连通黄河两岸的宏大桥梁，东阿黄河浮桥和济南济阳浮桥也是黄河桥中特殊的长桥。2019 年夏天，我在去往聊城的路上经过东阿，见到了浮桥。东阿黄河浮桥至今已有将近 200 年的历史，一直在使用。在历史上，浮桥是京杭大运河会通河段被迫停运后的替代，也就是说，在会通河段不能有效运行的那段时间里，这里也出现了舍舟登岸的运输方式，货物经由浮桥从黄河东岸送达西岸，陆行 200 里，到达聊城和临清码头，再利用漳卫运河的船运，进入南运河，抵达津京。即便是后来，浮桥还是黄河在汛期前后的不二选择。当年的浮桥搭建在用铁链锁为一排的船体上，有可供驴骡上下的行道。东阿由此而兴盛，不仅成为浮桥大码头，也造就了东阿庞大的阿胶产业和品牌。因为过浮桥需要更多的驮驴，驴皮也多，用来制作阿胶的原料多且正宗。这一带，驴肉是常见的食品，与浮桥运输有很大的历史关系。

东阿的黄河河道宽、桥面长，一眼望不到头。马帮驴帮络绎而行的景象现在是少见了，代之以汽车运输。现代浮桥不用船体并联，换成了浮筒，搭建起来更方便，也有专业施工企业在常年招揽业务。据说，东阿境内的黄河浮桥有九座，为了保证安全也为规避黄河的洪峰，2019 年汛期之前，浮桥曾被临时拆去，但在 2020 年中陆续恢复，我经过的时候，有的浮桥正在施工。浮桥是黄河两岸物流的必要渠道，也是一种灵活的"水上公路"。

在黄河上游，也曾有过浮桥，在兰州，明初大将冯胜就搭建过"镇远浮桥"，前后存在了四五百年。那里至今还有被称为"将军柱"的石柱遗存。但总体上讲，黄河上游水流湍急，浮桥还是不多见的。

　　兰州是一座很有特点的城市。由于多种机缘，我前后去过五六次。最初去到兰州，有印象的也就是皋兰山、中山桥和白塔山，此外就是雁滩。早几年，白塔山上的绿色不多，只晓得到中山桥，必然要就势爬上白塔山，去看看那座埋葬着曾经为西藏融入祖国尽过力的西藏僧人的塔。在蒙元之初，卫藏地区掌握政权和神权的萨迦法王曾经派出一位高僧，到北方去拜见成吉思汗，不料中道殂于兰州。成吉思汗下令在兰州为他建了一座白塔，这就是白塔山的来历。白塔山山上有白塔，山下则有汉代的金城关和玉迭关。白塔山是兰州历史文化核心区。2005 年建成的文溯阁《四库全书》藏书馆，也在白塔山上，收藏有大量丝路文物的省博物馆则在七里河区。白塔山经过多年绿化，已是树高林密，曲径通幽。

　　兰州之"兰"或来自皋兰，有记载的"兰州"州称首次出现在隋文帝开皇元年（581）。唐武德二年（619）和乾元二年（759），前后两次定名为"兰州"。皋兰山大有林泉风光。最高处是营盘岭，与金城关相呼应，扼守着河湟河谷。"皋兰"似乎来自匈奴语的音转，如同"祁连"之于贺兰山的称谓一样。山有五泉山溪，植被颇佳，所谓皋兰山色之景，尽在于此，而司马光在《资治通鉴》中也有记载，皋兰山"桑麻翳野"。现在，兰州在此建设生态公园，森林覆盖率大幅提升。

　　在兰州，与黄河亲水，除了中山桥，便是雁滩。雁滩是由 18 个河心滩连缀而成的河中绿地，平沙落雁是其古景。如今有了道路栈桥与两岸街道相连，是兰州黄河上一道特别的景观，也是黄河里一座独特的公园。另外，在安宁区沙井驿报恩寺所在的凤凰山，可以临河下瞰兰州城。从报恩寺绕到后山，绿树成荫，华灯初起时，在这里看兰州城区的万家灯火和灯光辉映下的黄河，也会有另一种天上人间的感觉。

　　但是，兰州河峡深且众山环绕，令这座黄河上的大城，在自然生态上有些不平衡。东部中川国际机场和兰州新区位于历史干旱带上，景泰地区则与黄河相依相望而不得其惠。黄河在这里有长达 258 公里的流程。兰州北部边缘就是沙漠，这里有著名的黄河石林奇观，缺的就是水。没有水，发展就会受到制约。30 多年前，我见过一位从林业岗位上退下来的老局长，把铺盖一卷，住在一个荒山头，种树浇树，现在那里已是翠柳、白杨、侧柏、幼松满山头。但种树更要水，不从根儿上解决水源问题，绿几个山头，作用有限。不过，水从哪里来？祁连山的水显然不够，但眼前可见的黄河水也不是无限的，黄河已经拉巴了众多嗷嗷待哺的儿女，大家怎么忍心对她有过多过大的索求？因此，这里的水资源不足，一直让人挠头。

有时在想，要是有座"水桥"出现，既可让西北干旱带度过缺水关，也让黄河有余力可资，那该多好？！最宏大的设想自然是尽快实施西线调水，每年或可为黄河增调 170 亿立方米来水，补上河西走廊东部甚至陇东地区工农业用水缺口。

有一种有价值的试验，即"空中调蓝水"。据《瞭望》2017 年的一篇报道，中科院院士王光谦领衔的课题组发现，黄河上游每年空中水汽输入量约 8700 亿立方米，其中有 3700 亿立方米属于空中水资源，如果区域转化率达到 16％ 强一点，转化率提高一倍，也就会增加相当几条大支流的来水量。科研人员从 1997 年起，就在龙羊峡以上地区开展人工增雨试验，到 2011 年 15 年间共为黄河增加了 38 亿立方米的径流。这是一座天上的"蓝桥"。

此外就是节水产业，这是最有弹性系数的举措。如果能改变人的用水不思节水习惯，什么样的"水关"都可以比较轻松地闯过去。可以说，兰州之蓝，系于调水增水，系于"蓝水"，更系于节水。

黑三峡里南长滩

2020 年 6 月

黄河上有些特别的河峡，是人们经常听到但没有见过的，更少有人深入进去过，这就是同兰州"黄河三峡"完全不一样的"鬼门三峡"。"鬼门三峡"是老说法，是指从黄河兰州段起蜿蜒数百公里到黄河中卫段的一段峡谷区的流域。"鬼门三峡"自上而下分别是乌金峡、红山峡和黑山峡。其中，黑山峡起于甘肃靖远大庙，止于宁夏中卫小湾村，全长 70 多公里，峡谷深且水流急。黑山峡流经的景泰地区，有形成于210 万年前的"黄河石林"，黄色沙砾高崖仿佛是一排青铜古剑沉入河底，被河底的黄水染了一遍后又拔出水面，错错落落，倚天直刺，锋锷高达百米以上。这是一个自然奇观。

黄河进入黑山峡以后，古剑入匣峡中鸣，加上不时会有"黑风"（沙尘暴）穿过峡谷，又是另一种水流的"刀光剑影"。我不知道长江三峡中的"兵书宝剑"的名字是怎么来的，似乎带有关老爷读《春秋》的文雅气，这里则是程咬金的长板斧劈出来的。因此，除了爱冒险的"驴友"和有胆气的筏客，以及有家传功夫的老船工，很少有人去光临。这倒不是因为这段峡谷有一多半是"V"字形的深峡峭壁，水深浪急，小风自咆哮，而主要是河道里布满礁石和险滩。从峡中的礁石名称也可以知其大概，如"龙王坑""阎王砭""拦门虎""一窝猪"等等。有的也带有拟人色彩，如"老两口""七姊妹""三兄弟"，但他们和她们并不在河边作打鱼捞虾状，或者与河中行者打个招呼，而是常常不露声色地站立在河中，或者靠立在河道拐弯处，神情捉摸不定，任行者再是天生

甘肃黄河石林国家地质公园

的一种浪漫坯子，到了跟前，怎么也不会胆大起来。这里流传一个段子，说有位欧洲来的背包探险客，从靖远乘船进入"鬼门三峡"，刚到黑山峡，就遇到一块迎面而来的大礁石，情急之下，未听船老大招呼，一步跃上了礁石，自以为得计，不料船老大用竹篙轻轻一点，顺流避开礁石，留在礁石上的主儿急得直招手，但也只能等后船过来，再跳回船上去。

这段黑山峡，60 多公里中有 50 多个弯，几乎平均一公里一个弯，筏客和船夫稍不留神，就会撞上崖头。船工和筏客中流传一句话——"远见航道去无路，过弯转舵又一村"，那大概是文人编的。比较客观和接地气的是筏客们有"花儿"味道的话——"七姊妹者不下（音 ha），老两口子挂挂，三兄弟处安过，算是走出个黑峡"。20 世纪 30 年代，范长江写了《中国的西北角》之后，也曾来到红山峡和黑山峡，他在有关通讯里说，黑山峡山崖耸峙，其凶险不弱于长江三峡中的瞿塘峡。

在"鬼门三峡"，特别是在黑山峡里，沿岸山崖大多离水面高百米，除非是正午时分太阳光直射水面，上午和下午峡里很少见到阳光。气氛也就显得阴沉许多，不时还有穿堂"黑风"刮来，对面看不见人影。这河水里有一种老乡俗称的"鸽子鱼"，是黄河鲤鱼中的一个变种，因为常年生活在阳光不足的地方，鳞皮呈现古铜色。它们习惯在这样的环境里生存，鳍多划水能力强，即便是洪峰突起，将它们冲到下游，也要奋力游回。只是不知它们的卵产到什么地方，下游东岸也只有一条小小的支流。之所以被叫作"鸽子鱼"，大约是因为它们会认路，能找到自己的家吧。还有一种传说，说是误入峡里的鸽子因为峡高飞不出去，掉到河里化为鱼。这无疑是民间故事里的桥段。但"鸽子鱼"的出现，也说明黑山峡的水急浪大。

然而，这里也并不是人迹罕至的地方。虽然河道逼窄，河边没有路，但山壁也有简单的窝棚。有的地方有大小不等的河滩，炊烟袅袅一去二三里，还有狗吠马嘶的小村落，有拖拉机的蹦蹦声，偶尔也有从水泥路上传来的向玩耍小孩们示警的汽车嘀嘀声。在一些地方，岸边有滩，河中也有滩。在春天，这里也是一树梨花，几排杨柳；初秋里的小场面上，晾着红枣和玉米。多年前，我从河西的公路有意向里绕了一个弯子，在路口见到了洄水湾和青郁的山，但不清楚这里的情况，也不知外面的山，只感觉到安详静谧，要不是后来知道里面的河峡险峻，还以为是到了塞外桃花源的入口。

后来知道了，这里还真有一个别样的"桃花源"，只是住在里面的不是陶潜形容的"不知有汉，无论魏晋"的古老秦人，居然是躲避成吉思汗兵锋的西夏拓跋氏的一支后裔。这个"桃花源"里盛开的满树繁花，也不是粉红的桃花，而是雪白如云的梨花，这就是越来越出名的中卫香山乡南长滩的拓跋寨。

拓跋寨是黑山峡里最大的寨子，南长滩也是黑三峡里最大的滩。这滩不在河边，多半在河里，一小半连着岸，有小路弯弯曲曲，连着外部世界。每年梨花盛开，都要举行梨花节，几百亩梨花竞开，最爱穿红挂绿的拓跋姑娘在树下歌舞，到银川城里学过古筝的，还会像模像样地来一曲高山流水，高兴着呢。此情此景，我曾经在黄河上游的贵德梨园里见过，但那是在城里和岸上，而不是在黄河的黑山峡里。

这个南长滩属于中卫沙坡头区南部的香山乡，听听当地的村名，如三眼井、深井村、米粮川等等，就知道此地不俗。香山的降水量是蒸发量的 1/10，但土地资源比较特别，土壤里富含硒、锌等微量元素，昼夜温差大，又能铺沙保墒，生长在石头缝里的西瓜畅销全国，年产8000万斤，农民收入的80%来自西瓜产业。此外，他们的红枣与香梨也旺销市场。

拓跋是西北古代少数民族的一个汉化复姓，他们是北魏政权的建立者鲜卑族的一支，最早的崛起者就是拓跋什翼犍，曾经继位为被晋愍帝所封的代王，封地在今大同、蔚县一线。拓跋什翼犍在年幼时，被前秦苻坚掳至关中，放于蜀地，熟悉汉文化，苻坚亡后他回到代国，在参合陂大破后燕慕容垂30万主力，开始称雄黄河的"几"字形弯北，其孙就是北魏太祖拓跋珪。由于北方部族经常联姻互附，贺兰氏和党项诸姓也成为北魏皇族显姓，成为北宋时期建立西夏的党项人中的一支。他们在西夏亡于成吉思汗的打击之下，大部流散，或西迁南迁，但也有留守在黄河深峡里的。为隐匿，或为叫着顺口，姓氏简化为拓。我早年的一位同事就姓拓，但他不是中卫南长滩人。

　　对于西夏亡国后西夏党项遗族的去向，有说回到四川甘孜藏族自治州丹巴县，由此演化出"丹巴美女"的民间说法，但多数恐怕更多地融入了西北各民族。拓跋寨的先人，在千年之前留守在黑山峡的深处，其心壮其志也强，因此避难一说，也是随口一谈吧。2008 年，经国家有关部门认定，拓跋寨成为中国历史文化名村，这使他们有了新的精气神，已经进入小康的他们，正在奔向新的富裕目标。

　　他们大部分经营农业和林果业，当地的红皮软梨是地标产品，野生的酸枣像金丝小枣，也是优品。麻黄沟里有麻黄，地陇跟前有枣树，对面还有秦长城、古岩画、古水车和无名古树，因此也有不少经营旅游业的大户，自然其中也会有水上的船把式和气质豪放的"长滩"筏客。南长滩被称为宁夏黄河第一村、第一渡和第一漂，也来自这些浑身散发着英气的筏客们。

　　我见过的一位小拓，不仅会熟练地使用羊皮筏子，在黄河中流击水，也有制作羊皮筏子的家传手艺。我们在长滩河边划边聊，我拍拍手跟前鼓鼓的羊皮气囊，好结实。他笑着说："不是吹，五里三乡，数咱老拓小拓家的好，木棍子打不破，小心蹦上天。这么跟你说吧，什么气垫船，还不是从咱羊皮筏子来的？"说着说着，他讲起了羊皮的褪法和选料。那筏筒可不是缝制的，而是胶粘的，皮筒子要整体细细地剥离，一点也马虎不得，而且要选吃细草的山羊皮胎，别看山羊皮厚，整天爬山上石头的，带刺的草会划破皮肤，留下伤疤，说不准啥时会漏气。我说，有这么大的学问，你敢到黑山峡里去耍耍胆吗？他狡黠地笑道："谁说不敢耍呢，是没必要。黑山峡可是黄河上游最后一个能建高坝大库的理想坝址，蓄满水，有我小拓施展的时候。等它建好了你下次来，坐我的这个皮筏子到大坝头上耍去，要多美有多美。"

　　他还真了解黑山峡的事，黑山峡水流急、落差大，大到落差 104 米至 139 米，修水电站也会是百万千瓦级以上的。另外，黑山峡中的水比较清，河底有些流沙但不流黄泥，大坝建成后不会出现淤积，可以保证河床百年稳定。

　　他还说，很早就有种说法，黑山峡出口以上三四里有个大柳树，是大坝工程的理想选址，但上游的白银市靖远县也想建水电站。看来这里还有多级水电开发的可能性，总装机容量会超过 200 万瓦。让他这么一说，我还真的留意起来，黑山峡的脾气是有些坏，但水相很好，水质很清，也没有污染。这样看来，从贵德到积石峡再到刘家峡和永靖，一路上黄河水大体上是清的，湟水注入的一段有些泛黄，从景泰五佛乡过来，也经过一些黄土高坡，但有黄河石林挡着，泥土也就显见的少了些。那么，黄河是从哪儿开始黄起来的，是从前面的沙坡头还是更前面的乌兰布和沙漠流经区开始的，也只能各自评说了。

万斛沙前贺家园

2020 年 6 月

　　黄河水势从南长滩向北向西，再向东一扭，经过一连串的小"S"大"S"，五十里水路到中卫。中卫有个举世闻名的沙坡头，中卫也是宁夏乃至整个西北地平线上冉冉升起的一个明星城。这主要是因为它的区位优势和资源优势都明显。在东西向的丝绸之路经济带上，中卫不言，下自成蹊，只要看看中卫的铁路始发编组线路的纵横走向，就一目了然了。只因为它一直是明珠在土，默然于腾格里的天沙之中，但人们一旦发现，这颗硕大的明珠并不全埋在天沙里，而是在这分外亮眼的沙坡头上，也就出现了新的惊奇。

　　沙漠不具自然垄断性，但沙坡头的地理景观可能是世界上独一无二的。恐怕除了它下游几百公里之外的那匹"红牛"乌兰布和沙漠，其他的沿河沙漠也是无法同它相比的。如果说在这个世界上还有相似的景观的话，只能从尼罗河西岸去寻找，但那里除了金字塔，并不见什么非常雄伟的大沙峰。

　　沙坡头的出名也不晚，名声来自固定流沙的草方格沙障。有了草方格沙障，包兰铁路破天荒地通过了流沙的峰峦，走过了与流沙咬合的黄河。草方格沙障已经成为惯常的经典固沙技术，运用在三北防护林的初期建设中，甚至运用到穿越塔克拉玛干沙漠的轮台至民丰公路及轮台向南公路两侧，且都有杰出的表现。沙坡头和中卫人的贡献既平凡又伟大，草方格沙障被国际人士称为"中国魔方"。

　　中卫在历史上并非寂寂无闻，《山海经·西山经》就有记载，曰：

"崇吾之山……有鸟焉，其状如凫，而一翼一目，相得乃飞，名曰蛮蛮，见则天下大水。""崇吾之山"是黑山峡即祁连山余脉还是黑山峡山崖本身，并不明晰，但黑山峡里有"鸽子鱼"，那么有会飞的麻头野鸭子，也是不奇怪的。只是，"一翼一目"是怎么回事，它是古人观察的角度还是什么别的鸟，颇为费解。这一带的候鸟太多了，如会飞的凫乃至体型小些的"翼龙"子遗，它们会不会有过复杂的历史进化，谁也说不清楚。大地山峦的历史记录中，这里有过古人类遗址，三万年前的岩画分布在大麦地、照壁山和苦水沟，数量多达一万幅，比贺兰山寺口子的岩画还要多一些。这里除了明长城，还有秦长城遗址。1987年在西台乡狼窝子坑里，还发现了周朝或春秋时期的墓葬，以及数百件铜器和铜铁（自然陨石铁）相嵌器，包括兵器、马具和一般生活用具，这些青铜器也许同西戎的朐衍等游牧部族文化有关，但也间接暗示了《穆天子传》记叙的周穆王越过黄河，由此西行的地理路线的一种可能性。

中卫还有修建于汉代的美利渠，也即自元代起人们一直俗称的"蜘蛛渠"；还有成吉思汗曾经屯兵的营盘水，在西向的沙漠铁路上。这都揭示了中卫古老发展的历史演变。美利渠大约是汉元鼎六年至元封二年（前111—前109）修建的，有2000年的历史。汉武帝曾经徙70万关内灾民到宁夏平原南北屯垦，所谓银川平原汉渠的出现，也在那个时期。中卫人的方言，与宁夏其他地方也有点不一样，入声较多，也显示了这样一种历史迁徙状态。

美利渠在今黄河北岸，其名居然与《周易》相关，如"乾始能以美利利天下"。据清乾隆《宁夏府志》记载，渠的走向从石龙口到胜金关，后来淤积了，明嘉靖疏浚，康熙初又淤高，康熙四十五年（1706），渠身加深三尺，改为石砌，增加了复垦面积7500亩，皆为稻田。胜金关在中卫北山，与宁夏的三关口、打硙口、镇远关合称宁夏"城防四隘"。包兰铁路经过胜金关隧道。当年成吉思汗九渡黄河，也是从胜金关挥师经过，明代在这里设卫，同样是因为这里襟山带河，地理位置十分重要。

对沙坡头，有特别记载的是《明史·地理志》，称之为"万斛堆"，简称"鸣沙"，此段黄河也由此被称为"鸣沙河"。"万斛堆"，自然是形容沙坡头之多且大，但其沙何止万斛？鸣沙在沙漠里到处会有，不必少见多怪，但大河与大沙配在一起，顶起牛来而各不相让，是一个奇观，而这也是国际旅游专业人士作出的"中卫旅游资源具有绝对自然垄断性"这一判断的缘由。

我去过三次中卫。最早见到它的时候，还是一个小县城，无非是看看它建在山上的高庙和街里的文庙。高庙确实高，但小县城里有文庙，倒很少见。不过，中卫最有名的还是沙坡头的草方格沙障，是一定要去探看的。从小学的地理书上我就看过有关草方格沙障的画面和说明，至于黄河在这里的具体流向，以及沙坡头与黄河互动的地理结构，并没有深想。在那时的印象里，这是挂在腾格里沙漠耳朵上的"沙漠城市"，要不是黄河拦着，包兰铁路又经过，还不如把城市移到对岸的中宁县去。

中宁有很多看头，至少有玛瑙珠般的枸杞果，去看那里的枸杞园和挂果的枸杞树，再看果农如何采摘和晾晒，都是比较喜庆的场景。在那时，中宁枸杞知名度远远超过了县城知名度，以至于河南河北等中原省份也来引种枸杞，市面上出现了超大个的枸杞干果。后来又出现了黑枸杞，说是来自祁连山，花青素含量更高。这就让人搞不懂了，枸杞的等级竟然是按照花青素的含量确定的？我知道，不是哪里都有上品枸杞。中宁的黄河有条支流清水河，水清得可爱，但又苦又咸，人不能饮，但好的枸杞树，除了要浇黄河水，还要配灌清水河的苦水，否则很难成"正果"。我知道清水河是古称的西洛水或高平川水，也是黄河一级大支流。它的下一级支流，流经地方的地质情况不一样，水的矿化度也不一样，长山头一带的水矿化度最高，因此沿河的枸杞品质还是有差别的。

第二次到中卫，是在 20 年后，我在银川参加完中国—阿拉伯国家博览会后，乘着城际列车去了中卫。本来已经对银川的变化发展大吃一惊，到了中卫，则是惊上加惊。这哪里是我见过的中卫，简直是一个花园城市。中卫已经成为地级市，原来的中卫成了沙坡头区，这是早知道的，但城市建设脱胎换骨，让你不知到了中东的迪拜还是哪里。本来就路不熟，也就权当作第一次来，主要目标当然是曾经见过的沙坡头。

沙坡头在中卫的常乐镇上游村，到沙坡头的"沙脑"上，要经过新的市区和新的建筑群，更要经过一片人工花园和杨柳依依的河湖。给人印象至深的，是河湖中一座巨大的"敖包"，或曰圆形"金字塔"，那大概是中卫人心目中的沙坡头象征，但这塔样的山，远看是墨绿色的，细看有五色侧面，这倒是一座别开生面的稷坛，人称"金银岛"。

越过"金银岛"，便是久违了的沙坡头，草方格沙障在坡腰，但方格中的树，已有碗口粗。通向脑顶有车道，有新的仪门和景区建筑，也少不了一块块刻了字的黄河石耸立。登顶了，上面游人如织，好宽展，稍远的地方，还有骆驼、驴马乘骑和越野过沙车。一队去向通湖的游人，正在相互招手。我的心思在沙腰，这沙坡头似乎有些"固化"了，陡峭依然陡峭，有的地方还有绿网兜着，但不见流沙滚坡。沙坡头下是黄河，但有盘沙而下的大路和宽阔的岸坝，岸边就是一排筏客渡口，已有长长的游客队列等候。

再一次跨上暗红色的羊皮筏子，筏把式用短桨在黄河里轻快地滑行。前方是一座高高的跨河大桥，一列绿皮火车正从桥上驶过。这就是鼎鼎有名的沙坡上的火车。我从火车的车窗曾多次张大眼看过这段黄河，但从来没有从黄河上仰视过飞驰而过的火车。眼前的桥，眼前的河水，眼前的沙坡头，是一组如梦如幻的动态画面，看一眼就不会忘记。

整个中卫的地势是西南高、东北低，因此黄河在这里是从西流来，向沙坡头扔个"飞吻"，来一段"华尔兹"，又优雅地向东向北流去。沙坡头也有建设水利枢纽的规划，好像是国家西部大开发中的一个大研究项目，由于这里的地形有利，建设好后有可能增加100多万亩灌溉面积，那显然会给对岸素来缺少淡水的西海固带来福音。

"以美利利天下"，苟如是，"宁夏川，两头子尖"，怕要成为历史语言。"塞上江南"不再是枣核形，"两头子尖"会是一个大葫芦形，里面装的不是沙，而是糯米酿的醪糟酒。未来，这沙坡头上还会发生什么样的新鲜事，那草方格沙障只给了我们一个开头，"万斛堆"会堆出多大一座金山银山，前面还有怎样的挑战，可以尽力地展开想象。

第三次到中卫，是想解开心中一直存在的一些谜团，那就是沙坡头至少有上千年的历史，为什么一直横在黄河边，却无法堰塞河道？有人说，沙坡头的风刮起来很怪，到了河边，气流会突然倒卷，沙子自然会向上抛。但更多的说法是沙坡头人很早就懂得用草方格沙障固沙，但那些发明这种办法的人哪里去了，又是谁为修筑铁路的人提供了这样的治沙高招？

我避开了原来上坡的道路，在新修的河边与沙坡之间的道路穿行，再由电梯通道上到沙漠顶上去。中间经过的一方绿洲，赫然标着"贺家园"几个大字。令人吃惊的是，这里居然有许多明代种植的枣树，蓊蓊郁郁，从沙边一直延伸到河岸边。这个贺家园显然是已经辟为绿地公园的一个古老村落。正是由于这方绿地的存在，让沙坡头的沙子在黄河岸边停止了移动的脚步，成就了这千百年来的一幕地理奇迹。那么，贺家园的人现在到哪儿去了？最早发明草方格沙障固沙的是不是他们？我在枣林里穿行，确乎也在树林和沙崖前看到了已经被浅草密树掩盖的一些遗迹。

在靠河的台地上，我终于找到进一步的答案。一位汉子正在那里解说羊皮筏子的制法，说必须挑选两岁大的山羊褪出的完整皮胎，里层要抹十多遍麻油，确保筏子的韧性，经得起外力冲撞。看他讲得津津有味，我佩服地翘起大拇指问他贵姓，他说姓贺，是贺家园的老住户。他声音里充满了自豪，说这河里划皮筏子的"把式"和沙漠里放养经营骆驼的人，全是他们贺家园的人，偌大一个沙坡头景区，旅游公司管总盘子，贺家园人承担很多特色项目，这几年过得越来越欢实。说起草方格沙障的起始，他更是扬扬头说，那还用说，老辈子传下来的嘛。

告别沙坡头，心中感到一种欢欣，不仅为了沙坡头多年来的变化和名声，也为了贺家园的人杰地灵。

腾格里传奇

2020 年 6 月

在沙坡头，可以骑着骆驼到腾格里沙漠里的通湖去，那是与中卫一沙相连的一个沙漠湖泊，也是紧靠中卫的一方绿洲，有林场和草原。沙坡头面临黄河拐弯的特别情景，但隔不断腾格里沙漠地下的水流与大河的水脉，腾格里沙漠里的水也好脾气，远远好过她的那些风兄弟。她知道自己不会像她的风兄弟们到处去乱闯，也就在沙漠里自得其乐，招来众多的水鸟在一起嬉戏。这样的水泡和水泊，几乎在每座大沙山之间都有，就像是天上的星星，绿洲是她们飘逸的衣衫，披着红挂着绿，在沙声、水声、林涛声乃至熙熙攘攘的市声里起舞，天沙与地水的合奏曲在腾格里回响。

谁也不会想到，在类似通湖这样的湖泊四周，不仅有很多牧人，甚至会有重要的藏传佛教庙宇。它们往往也在湖边和泉眼旁，有的湖泉甚至与六世达赖仓央嘉措紧密联系起来。那里的寺庙也有过许多次俗称"跳鬼"的宗教仪式，经幡在风中飘着，斜拖在地上的铜长号在呜呜地响着，铜铙咣咣地敲着，在热烈的驱魔攘妖场面和设定情节里，演绎着藏传佛教里特有的魔幻故事。早些年，这些都没有了，那些不比京剧脸谱差的各色面具也逐渐消失，喇嘛们还俗的还俗，住家的住家，留下几个无处去的老喇嘛，在冬季微弱阳光照射的寺院角落里守着。现在不同了，许多修复的寺庙比先前还要壮丽。修寺的经费大半不需要主持们托着铜钵去化缘。僧众也多起来了，只要有佛学院的学习资格，就可进入，这同传统的度牒和"挂单"乃至受戒出家其实没有什么两样。一切恢复如初，腾格里湖群边的寺声和水声依然幽远。

　　我非佛门弟子，因此对于逛庙还是随兴的。几十年前在贺兰山林管所劳动锻炼时，贺兰山西麓的南寺设有固定的营林站，平时少不了到那里去传达一些必要的工作信息。一般是要住一宿的，闲时就到这家有名的喇嘛庙去转转。记得那被称为"广宗寺"的南寺大得令人吃惊，从南寺沟口的台地到沟沿，大殿和僧舍海海漫漫一大片，有的是藏式建筑，有的是黄砖绿瓦的歇山式内地建筑，听说足有 2000 多间。最盛时拥有数千位喇嘛，伙房里架设的大青铜锅就有一吨多重。人常说，天下风景僧道占半，南寺的风景深藏在山谷里，规模也不小的北寺也即福音寺，风景则显露在异石奇峡里的寺庙前。但那时南寺寺门紧闭，既看不到香客游人，也看不到披着紫衣僧装的喇嘛，只有倒在地下的经幢和大体还算齐整的琉璃瓦墙，所幸未毁成瓦砾，否则后来再恢复起来就难了。

　　广宗寺也有一个藏名，叫"丹吉楞"。说是早年间也曾毁损于兵火，后来修复了。南寺的营林员曾带我参观过广宗寺。说那里有过镇庙之宝——三寸高的一尊纯金无量寿佛金佛像，金佛像自然无由得见，但相传庙里埋着六世达赖的供奉肉身。虽说是入土为安，但这或许也是保护的一种方式。他原本被供奉在大经堂后的黄楼寺里。那不是寻常可见的塔院，是一个大的殿堂，两层楼阁，黄绿琉璃砖瓦装饰，一共 130 间房，前面 81 间，后面 49 间。

　　六世达赖仓央嘉措似乎与腾格里湖边的一座寺庙有缘分。六世达赖仓央嘉措的诗人情愫，使他身上带有更感人的历史色彩。他的曲折经历，大家都想知晓。这里若果是他的归宿，他如何从藏地来，又去过哪些地方，这一连串的谜，只有从零星传闻碎片里慢慢去拼接，既有偶然性，也有随机性。我曾想，阿拉善的藏传佛教寺院众多，似乎每个苏木甚至每个大的居民点附近都有，但最有名的有 8 座。其中一座就在腾格里，似乎是他终老的地方。

　　当时既无资料可查，也无从打听，即使碰到一些曾经的喇嘛佛爷，也是浑然不知。我相识的一个叫豪比斯的青年人，曾经带我去见昔日王爷府家庙的小活佛，谈起这事，也是不甚了然。闲时想起来，只能进行一些一般的逻辑推理，仓央嘉措既然是从西藏方向进入腾格里，路线必定会是由南到北，仓央嘉措之于阿拉善的秘密线头，或许就在腾格里的一个湖里首先显露。

"腾格里"在蒙古语中是"天"的意思，如同匈奴语将天呼作"祁连"一样。如果仓央嘉措没有死在被政敌押进京的路上，他的流亡之路会是这条天路？那么他的第一个落脚点在哪里？他又在哪口沙漠泉眼里掬起一捧泉水，湿润过干裂的嘴唇？

好在那里也有一个与我们业务有联系的林场，因此不久后，我也去到离中卫不远的沙漠盆地头道湖林场。有头道湖必有二道湖、三道湖和更多道的湖，想不到腾格里的南缘居然有那么多的湖泊，而星星点点的林场，就分布在这些汇水盆地里。仓央嘉措的秘密也许就隐藏在一座汇水盆地里。

每个林场都有自己引以为傲的东西。在头道湖林场，工作人员带我去看一种神秘的树种，叫什么没有记住。后来有人专门考察过，似乎也没弄清这几十棵树的种属。那不是沙漠里常见的树种，大枝大干会开花。问起来历，说是建场以前就有，当地的牧民说是"神树"，是二百多年前一位从西藏来的大活佛种下的。他们指着湖水东南边不远的一座喇嘛寺庙说，活佛当年就住在那庙里，也圆寂在那庙里。后来，活佛圆寂后的肉身，被迎到后建的贺兰山南寺去了。

我不敢相信这是真的，但眼前的树、眼前的庙，不是幻觉。在林业"同行"的陪同下，我到了那个老寺庙。庙不小，叫承庆寺，湖是三道湖，也叫淖尔图湖，这地儿叫超格图呼热，是腾格里的一方小绿洲，离中卫城不远，后来成为阿拉善地区有名的孪井滩生态区的一部分。

这里或许就是劫后余生的仓央嘉措的最后落脚地，但他当时使用的法名，肯定不是达赖的法号。他来这里，不是孤零零一人，有 12 人跟随。他或许走过阿拉善的三点一线，即从最早的头道湖昭化寺和我见过的承庆寺，去过定远营，拜访过阿宝王爷和道格欣福晋，即民间俗称的"佛手公主"，目的是求建昭化寺，这个临近承庆寺的昭化寺，有着关于他的更多传闻。

多年之后，遍寻仓央嘉措的有关资料，也证实了我那时的部分猜测。仓央嘉措是门巴族人，在前几世达赖里，除了四世是土默特的蒙古族人，别的都是藏族人，唯有他是门巴族人。他是按照教内规则，由当时的法王"第巴"桑结嘉措寻访认定的。1697年坐床，但在1706年23岁时就遭受了厄运，在内部斗争中被递解，在茫茫夜色里消失了。此后，谁也找不到他的踪影。

关于仓央嘉措的结局，一直有多种版本。有说他在纳木错遇害了，有说他在五台山的藏寺终老，但最多的说法是他乘着夜色逃跑了。是有人暗中营救，还是出于本能，都只是一种猜测。至于后来到了哪里，有说他去过格萨尔的故乡和更东边的峨眉山，有的说他到了尼泊尔后又回来。去格萨尔的故乡和更东边的峨眉山，也许更可信些。仓央嘉措出生在一个信奉红教的家庭，在红教势力范围里，可以更安全一些。那么，他最后怎么辗转来到腾格里沙漠深处，又怎么如传说中在淖尔图湖边长留了下来呢？

仓央嘉措的遭遇，或者起于他的感情生活和诗歌创作，但那是由头，复杂的教内外派系斗争决定了他的命运。那时，进入西藏的拉藏汗与选中仓央嘉措为灵童的法王"第巴"桑结嘉措争斗，以至于"第巴"桑结嘉措给拉藏汗下了毒，自然被后者处死了。覆巢之下岂有完卵，仓央嘉措不会被拉藏汗告御状，也会遭受别的不测。在仓央嘉措看来，"第巴"桑结嘉措是他的恩人，按照当时的规矩，法王是选定达赖灵童的第一执行人，而达赖又是选定"第巴"转世的责任人，所谓达赖与班禅互为师徒，也与法王有互选灵童的关系，但最后的认定权，在清朝皇帝的金瓶掣签中。仓央嘉措似乎已经认定，"第巴"桑结嘉措的转世就在腾格里方向，因此他必须到那里去寻访。

他在腾格里的第一个落脚点，是一个叫朝格图呼热的地方，离他后来驻锡的承庆寺不远。那里原来有一座小庙，由朝格图老夫妇看守，因此该地一直以朝格图命名。后来正式建寺，一开始也叫朝格图庙，后来就承旨定名"昭化寺"。仓央嘉措与朝格图老夫妇谈经论法，说他看中了这个地方，觉得适合建寺，实际上更重要的是便于在这一带寻访"第巴"的转世灵童。灵童果然被他寻访到了，那就是被他悉心培养并送到藏地深造的阿旺多尔济，阿旺多尔济就是后来修建贺兰山南寺并做了住持的活佛。

昭化寺的建立，无疑是他在腾格里重建藏传佛教王国的第一步。他拜访阿宝王爷，并在后者的批准下，在朝格图家址上建庙，同时频繁举行法会，他的真传弟子阿旺多尔济学成归来，也在这里陪同老师。后来南寺落成，这里的大部分僧众都到了南寺，因此昭化寺不仅成为南寺的属寺，其实也是南寺的前身，同时也是仓央嘉措圆寂后肉身的第一个寄存地。

然而，仓央嘉措头上一抓一把的小辫子，还是传说中放荡不羁的世俗爱情的模样，但这又是怎样一股燃烧不息的爱的火焰，把他烧成那般模样，以至于拒绝了他的老师五世班禅为他摩顶所施的比丘戒？要知道，没有这个仪式，他永远成不了达赖。他给五世班禅重重跪下，发出"不自由，毋宁死"的毒誓，而这场面真真确确地记载在有关五世班禅的传记里。究竟是什么，使他伤心欲绝以至于处于癫狂状态？

也有传闻，仓央嘉措圆寂之后，他的心传弟子在整理他的法物时，在他的胸前心窝的衣襟里发现了一束长长的秀发，那便是传说中玛吉阿米留给他的最后纪念。这纪念似乎一直在他心窝里和他的诗歌意境里。但玛吉阿米这样一位使仓央嘉措不惜抛弃荣耀地位的美丽姑娘是否存在，其实是无迹可寻的。有人说玛吉就是"未嫁娘"的意思，但一生未婚的女子多的是。也有人说，玛吉也有"私生女"的意思，但那又有什么呢？对于玛吉亚米，似乎有更多的传闻。有说她与仓央嘉措在布达拉宫幽会，被铁棒喇嘛跟踪暗杀了；有说她被玷污后远嫁了，而那束秀发就是决绝之物。做活佛就要付出爱的自由的代价，这或许是仓央嘉措无论如何难以接受的人生难题。

细读仓央嘉措的情诗，你不难看出，一个有专一感情的诗人是如何歌唱的。这是一个优秀的诗人，有着一直燃烧不息的激情之火。尽管我们目前只能把玛吉阿米当成是仓央嘉措的爱的符号，但仓央嘉措似乎并不是人们想象中的浪子，也不是不顾一切莽撞的小青年。从他在腾格里许多处事的细节传说里，包括很早就开始一步步筹划新的佛教王国就可以看出，他还是一个思考周密的智者。对于仓央嘉措，我们应有更立体的评价，不仅包括他的诗，也包括他超脱的人生智慧。承庆寺是他亲自主持修建的寺庙，或者更符合他经历大难而身犹在的一种心境。他受到朝克图老人的盛情接待，或者出于淳朴的感情回报，帮助后者建立了昭化寺。一个承庆，一个昭化，显现了他那时的心情。希望世俗感情能与宗教哲理统一起来，这也许是他最真实的意愿。

信仰什么很重要，但如何信仰和信仰的内容、具体形式同样重要。也许我们还能发现一种"水信仰"，沙漠里有水有寺就有人群，也有生生不息的文化。

比如在腾格里深处的寺庙里，常见白度母、绿度母的画像和唐卡，往往是人们留足更久之处。不仅是因为她们汉译的名字传形又传神，形象也是那么秀美、温馨，像是在远方念着你的大姐姐，也像是你记忆中年轻母亲的某种神态；也是因为她们在有关经文里，有着一种对人生的最终关怀，像草原观世音菩萨的化身。文成公主也曾被奉为绿度母（也有说法是白度母）的人世化身。在白度母、绿度母的咒语里，没有更多的说教和暗示，只要心气合一地念念，心理也就平和了许多。或许那是一种自我心理暗示治疗，但哪一种病痛和哀伤又同自我心理过程变化没有关系呢？

我更喜欢听喇嘛们用男低音念诵的"白度母心咒"和"绿度母心咒"，舒畅的共鸣和有韵律的声音，本身就是一种心灵的慰藉。据说，现在梵呗音乐也开始流行了，有一位叫桑吉平措的青年歌者，被称为"天籁王子"，我还没有机会在现场听到，但我相信那不会是乱捧。男高音女高音固然好，但浑厚的低音更显珍贵稀少。后来在哪里也听过一位年轻的喇嘛念过"白度母心咒"，那优美的男低音，真有些出自天籁的感觉。

佛教，无论是藏传还是汉传，都有世俗的一面，否则就少了信众与"粉丝"。有时候正常的世俗气，会让你找到浸淫在生活原态的感觉。一次我到阿拉善的北部去，在与巴彦淖尔交集的地区有座阿贵庙，居然是藏传佛教中比较古老的红教寺庙，以莲花生大师为本尊。阿贵，山洞也，不会有大的风景，但它让我想起在西藏林芝南山曾经看到过的一座红教寺庙。那里的喇嘛是住家喇嘛，活佛也是坐家的活佛。主殿是一座木的佛塔，佛龛里有许多莲花生的塑像，也有酥油灯盏，但不是特别多，一圈既俗也僧的人席地而坐，个个都像"自在佛"，而通向庙门的台阶上则是两个显眼的生殖图腾柱，大大方方地立在那里，浑不似密宗欢喜佛那么隐秘，那是一种原始自然宗教的遗留。因此，看到红教寺庙，有时也会突然想起从红教地区走出来的仓央嘉措，他的表现，为什么会那么不寻常？

然而，我更多的心思是在腾格里的泉和湖。我想，那里的湖水泉水也许会与地面上的河流暗通，虽然肉眼找不到其中明显的连接线，厚厚的沙丘又阻挡着水汽和云气，但有道是"抽刀断水水更流"，那沙漠不过是自然给大地披上的被子，穿透这层厚被，谁知道它们彼此的水灵气会怎样接近。在腾格里的朝格图呼热，我就见过一眼水冒二尺的喷泉，哗哗地流淌到淖尔图湖即三道湖里。临近中卫市区的通湖名字叫得好。通湖，通湖，不管通向哪里，又是怎么一个通法，它们的气息终究与大河是相通的。

在中卫沙坡头的几天里，我也曾骑着骆驼去到这个通湖。在驼背上摇晃，眼望着无风时柔软的沙和沙丘上的草，蓦然忆起多年前在塔里木轮南油田里见到的一个"实验小温室"，也想起新近传播的一则新闻。那"小温室"里红红的番茄，就是用沙漠里的地下水浇灌的，果实虽小，但红得可爱。员工说，塔克拉玛干沙漠底下有的是水，只是矿化度高些，处理一下，完全可以种植蔬菜。听到的新闻里则说，塔里木沙漠之下是个地下海洋，至少有几百亿立方米的储水量。腾格里的下面，会不会也是一样？从攀上高沙丘的骆驼骑峰上瞭望，不远处闪着银光的便是湖盆和水线。再回头望望来路上的沙坡头，那分明就是"腾格里海"与黄河之间的一道大沙坝，坝里坝外看似两重天，但确是同一片大地、同一条水脉。黄河在腾格里的边上已经流出了新传奇，还有什么更传奇的场景会出现？

　　在东边的草方格沙障和一排排杨树间，一列火车从胜金关的隧道里驶了出来。胜金关，以前不知道它为何有这样一个漂亮的名字，现在似乎有些懂了。胜金就是胜过金子。沙坡头的草方格沙障聚的是金，沙坡头大桥下的黄河也在流金淌银，腾格里沙漠在沙坡头驻足，"万斛堆"前有金玉。西北风沙千古事，居然在胜金关前开始安静了下来。

天上沙和沙里水

2020 年 6 月

　　腾格里南缘的水，也让我想起它的北缘。听人说，腾格里深处曾经有个大的"青玉湖"，是与黄河相连还是独立的湖，只有专家们知道。相传在整个腾格里，天幕上能看到多少星，地上就会有多少湖。有的有名，有的无名，而月亮湖是近十多年来出现的一个新湖名，有点像宁夏石嘴山的沙湖，骤然间名声远播，成为一方盛景。

　　月亮湖名字叫得既传形又传神。在沙漠里，湖水往往会形成在沙丘背风一面，沙丘是月牙形的，湖水自然也会是月牙形的。最有名的就是敦煌的月牙湖。但是，阿拉善的月亮湖并不是一个细长的月牙，即使在湖水少的时候也是半个月亮，在湖水多的时候则近于一轮明月。这或许与地形有关，但也与湖底有泉有关。水从沙漠深处不断涌出，形成了湖水自身的深度和张力，也就按照她自己的意愿，演出她想演出的阴晴圆缺。

　　月亮湖是它的开发经营者宋军起的名字，原来的名字谁也叫不上来了。宋军是我很早认识的一位企业家朋友，他是安徽合肥人，毕业于江西工业大学。也许是与戈壁有缘，一到沙漠的湖边，他就情不自禁地下了"海"。他说，这里是另一个水世界，得在这里做点事。他独自一人跑遍了半个戈壁，看了梭梭林，又去看沙漠湖里的芦苇丛，走来走去，骑驼闯进了一片人烟罕至的沙漠，最后他在发亮的湖水前呆住了。回到北京后，他到处筹资告贷，一定要在这里建一座从未有过的沙漠休闲园。我以为他只是心血来潮说说，不料几年时间，还真的建起来了，游客纷至沓来，成了沙漠休闲的第一家活体广告和旅游经营开发实体。

开园的时候，我有其他事情绊腿，没有去，但挡不住好奇心和宋军的盛情邀请，后来颠颠地跑去了。月亮湖与我见到的湖有些不一样，确乎是大半个月亮爬上来，从高高的沙峰上向下望，四面是弧形的沙丘，但西面和东面高度明显不对称，这样一种不对称，造成了月亮湖的浅弧线，让她能够舒展柔软的肢体，向浅绿的芦苇沙滩伸去。

进得营门，是一个沙生植物标本博物厅，里面有不少他们从沙漠里找到的奇形怪状的胡杨木、梭梭木和沙枣树的树干，但都是经年的枯木。休闲园有花有草是常理，为什么一进门要搞出这些东西呢？我猜度，那意思是，别忘了这些树木是怎么枯去的。水是生命之源，如果不在意这个生命之源，也就保护不了这一汪明月般的湖水，最终也会像它们一样凋敝和消失。

然而，这厅的墙面上又糊得是什么呢？我摸了又摸，感觉不是市面上的硅藻泥，而是一节一节的芦苇和贝壳的化石镶出来的。这可是就地取材的一个神来之笔，无异于要告诉人们，这月亮湖有前身有来世。在更为古老的年代里，腾格里沙漠也许就是那个青玉湖，到处是湖海湿地，到处有绿的芦苇和褐色的湖蚌，鱼儿也不会少。但它们最后灭绝了，遗骸遍地，黄沙为伴，让你很难找到它们的踪迹。我知道，沙漠之水，常常被黄沙埋在深深的地下。据专家测算，紧靠黄河西岸的乌兰布和沙漠，大漠下有 100 米含水层，储水量达 57 亿立方米。与腾格里沙漠比邻的巴丹吉林沙漠就更奇了，居然有 113 个海子。有一个叫庙海子的咸水湖边有碗口粗的泉眼，那湖中有一个水柱如脸盆大的"趵突泉"。还有一个叫 101 泉的湖区，其中一个"磨盘泉"，水流居然出现在一块石头眼儿里。有专业研究者曾经给出结论，巴丹吉林沙漠下有河网，河网水来自祁连山的融雪与融冰。在腾格里，至少有 422 个大小湖盆。这里的降水量也没有想象的那么稀少，年降水量为 100 毫米至 200 毫米。

生命顽强，生命之水更顽强，它们总会在沙丘下找到自己的一方家园。它们会时不时地从沙漠底下探出头来，睁开秀眼，窥探着世界，而这大大小小的沙漠湖泊就是它们的明眸和微露的皓齿。

内蒙古巴丹吉林沙漠宝日陶勒盖

腾格里沙漠

在月亮湖，我踏过在湖畔绿色芦苇丛里延伸的木栈道，眼前的水是幽蓝色的。对岸边缘的一片，好像有着白石的湖基，岸边是绿草滩，要走好远才能见到沙丘和游弋的骆驼。如果水再大些，湖水漫过草滩，这湖一定是一轮"满月"，要与天上的明月好好比一比。

进入月亮湖的路是沙峰连绵的"路"，他们不知从哪里找来十几辆老吉普，让人感受一下沙漠之路爬高翻低的惊险。但这样的创意我在沙坡头上也见过。沙漠越野，往往带来情绪的最大刺激，有心脏病的不可造次。就这样，一个又一个的沙漠营地在沙漠湖边出现，拉练者沿途捡一些干牛粪和枯枝，再用三块石头架起野炊，用自带的水，熬汤的熬汤，煮面的煮面，那就是一顿美美的晚餐。

然而，让我难忘的还是沙漠湖泊里的生命，除了不会出声的春草芽，更多的是会鸣叫的水鸟，有的能叫上名来，有的叫不上来。比如在巴丹吉林沙漠北部有个湖，湖边有个达里肯庙，庙里有 8 座佛塔。庙旁的浅草湖非常吸引人。那是初春季节，芦苇尚未抽芽，湖边的绿草努力露出尖来，蓦地一声水鸟叫，一只灰色的长腿鸟闪着翅膀冲过来。谁也没惹它，干吗要发脾气呢？原来，离人不足一米的草茬上滚动着黄绒绒的两个团儿，是脚胫微露红色的两只雏鸟。那大灰鸟以为有人要抓她的孩子，才有那样的动作。人屏气站住，小鸟叽叽喳喳地滚向大鸟，大鸟哇的一声，好像是责备小鸟乱跑，又好像是对闯入者示威，然后就带着滚滚爬爬的小鸟，向还有冰凌碴的湖心走去。从那时起，我对野湖野鸟有了兴趣，每到春天，芦芽刚刚冒出，总要出去找找，看看会不会再次遇到同样的一幕。也因为有了这样的兴趣，我就渐渐认识了一些候鸟。

我在沙漠的湖泊里见过野白天鹅，也见过野黑天鹅，绿头麻鸭子就更不稀罕了。最稀奇的是，看到一对土黄色的幼鸟，当地人管它们叫作大土黄鸭子。回来后我与学生物的同事讲起，他说莫不是见到了丹顶鹤？我说别逗了，头顶没有红。他咧咧嘴笑了，你不知道吗，年幼的丹顶鹤是土黄色的，顶上没有红。你不是念过崔颢的诗"黄鹤一去不复返，白云千载空悠悠"吗，年幼的黄鹤飞走了，长大飞回来就成了丹顶鹤。它自己变了，你却不认识，说是"杳如黄鹤"，这个外形变异，古人不懂。真是长见识了。

从那以后，我对沙漠里的湖和生命多了一层了解。自然，黄河上的湿地与沙漠里的湖是不一样的，候鸟的种类也是不一样的，生物系统区别也大。有的鸟喜欢在淡水湿地安家，有的却要在咸水湖里过夏。所谓盐湖，年龄更为古老。有些封闭的湖来水少，出口也少，蒸发量更大，年复一年，也就成了盐湖和碱池甚至是芒硝池。沙漠里的湖往往含盐量大，一脉淡水的黄河与它们和平相处，但一般很少会面。盐湖大多有独特的颜值，有很大的观赏价值和工业价值。盐湖的水虽然牛马骆驼都饮不得，但有很宝贵的化工原料。这种湖也不一定是候鸟长途飞越的临时落脚地，但也有自己的生命系统。比如青海湖的湟鱼是一种少鳞的裸鱼，虽然与黄河鲤鱼同属一个族系，但早已出了"五服"。离黄河也就百十公里的吉兰泰盐湖，就生有一种发红的水草，还有一种少见的卤虫，有人以捞捕卤虫为业，捞捕一斤能卖 100 多元。在青海，与黄河一直远距离打招呼的柴达木盆地，有美丽的茶卡盐湖，旭日初升或者是晚霞余光里，彩虹四起，犹如孔雀开屏。公路修在盐湖上，火车也跑在盐湖上，它们与黄河一样，都有自己的生命轮回，也有春夏秋冬中的千姿百态。

在黄河弯里，包括外弯、内弯和那个大大的"几"字形弯里，盐湖还真不少，只是规模不是很大。从陕西定边、宁夏盐池算起，榆林神木与鄂尔多斯交界处还有红碱淖。定边属于老区，那里有 10 多个盐池，最大的是花马池，有名的大青盐就出自那里。在当年延安的大生产运动中，为纾解边区的财政困难，花马池立有功劳。相传这里原来的湖更多些，有的是淡水，但一匹花马出现，跳入湖中，白花花的冰变成盐，这方人也就有了生计。这个传说很美好，但我以为，这里的湖水，除出自本地的山泉，最大的可能是来自远古的黄河。花马池的南边，还有面积约 32 平方公里的红碱淖，周长 50 公里，平均深度 4 米，是中国最大的天然沙漠湖泊，也是国家级湿地自然保护区。红碱淖如何形成，我没有研究过，但它有 7 条季节河注入，水质微咸，是一个潜在的渔业养殖基地，也是世界最大的一处遗鸥繁殖栖息地。它也有传说，说那是昭君的眼泪汇成的，但显然与青海的日月山倒淌河一样，是一种另类的传说。它的年龄与鄂尔多斯台地一样的古老。可以说，花马池和红碱淖是散落在黄河"几"字形弯里的两颗明珠。

萧关在哪儿

2020 年 6 月

    王维最让人神往的诗作，是《使至塞上》。"大漠孤烟直，长河落日圆"，这长河指的是弱水还是黄河？我以为是黄河。这不仅是因为王维的诗眼博大，具有长焦远距的镜头感，也因为他走的是萧关道，而萧关道就是黄河支流清水河道。王昌龄也有萧关诗："蝉鸣空桑林，八月萧关道。出塞复入塞，处处黄芦草。"（《塞下曲四首》）"萧"有芦蒿的意象，人们行走在河边，无边的黄芦，风萧萧草萧萧，也有一种"风吹草低见牛羊"的感觉。萧关不仅是古时人们出塞入塞的必经之途，也与黄河的一级支流清水河和二级支流泾河有着分水而流的关联。分水岭就是有名的六盘山。泾河源头在萧关道上端、六盘山东麓的老龙潭以上，那里是给使者和客商们中途洗尘的一方天池。我曾经猜测过，王维奉旨到燕然都护府去，大概是从中宁和中卫转道的，但这只是诗歌带来的想象。中卫后来有胜金关，通向大漠腹地，应该会是那时出使西域的路径选择。当然，古人也可以从古凉州进入居延，但王维的出塞诗里似乎没有凉州的意境，劈头一句"大漠孤烟直，长河落日圆"的画面，不能不让人生出一种临沙临河遥观远方景色的纵深感。诗歌的妙处就在于能够使人见景生情，所谓王维"诗中有画，画中有诗"的评点，在这里也得到再现。

    顺着清水河谷，去探寻枸杞分布轨迹，最远可以到固原开城清水河源头黑刺沟脑，从那里开始，既可以寻找萧关另一头的遗迹，也可以顺道访问须弥山石窟和老龙潭。有一次去平凉，在那里看过崆峒山后，我曾向固原的方向走去，也是为多看一次须弥山石窟，再琢磨一下王维诗里萧关的位置。

石窟佛像是丝绸之路的陆地标志，崆峒山是西去陇阪的要冲，须弥山是北上河朔的转接点。在我的印象里，多石孔和石洞的崆峒山是青白色的，须弥山的砂岩却是赭红一片且似乎没有一点杂质，在这样的岩石上开凿佛窟和雕刻佛像，与西北众多石窟有些不同。不同在哪里，一下子说不清，但去得多了，也就有了一些观感。

一是须弥山的石刻多，既不像敦煌莫高窟和克孜尔石窟泥塑彩绘更多一些，也不像麦积山石窟多为石胎彩绘，同时也不太像重庆的大足石刻，那里是立体雕、深度浮雕，这里的石佛石像更多是单体和立体的石雕。须弥山现存洞窟 162 座、雕像 500 多座，有很多是分布在露天和半露天的独立山体上，最高的有 20 米。其窟其像分布，因山就势，作自然状。

二是须弥山石窟在主题立意上不太一般，更反映了佛教对世界构成的一种想象。须弥山也叫"弥楼山""妙高山""安明由山"。在佛教教义里，山的最高处住着帝释天，山腰四围就是"四大天王"，外围则是七香海、七香山，然后是四大部洲。这样的内容，在其他石窟寺院里很少见到。虽然这里有北魏的石像，也有隋唐和北宋时期的石像，疏落安排的分布格局，显示了一个时期相对集中雕刻的可能。它的开凿年代与云冈石窟几乎同时，但石窟少而独立具象多。

有意思的是，这里居然生有菩提树，也即南方可以见到的朴树，但叶子略小些，显示了江南为橘江北为枳的类似生态变化特点，但也体现了南北佛教文化之间的联系。

须弥山石窟不是孤立的，邻近的彭阳县有无量山石窟，它们是一条商道上的"姊妹窟"。在关中通往河朔的路上，居然有这样规模和别样状态的石窟雕像，可见这条商道的重要性。1920 年发生的海原大地震，对须弥山石窟造成过较大影响，它们能够比较完整地保存下来，实属不易。

对老龙潭发生兴趣，或许是来自小时听过的"柳毅传书"。这个神话带有一定的童话原色，对少年人很亲和。后来我还听到一种说法，说是"柳毅传书"故事原生地在扬州，龙王角色换成了东海龙王。但我一直觉得，那是古代说书人移植去的，因为故事明明讲的是泾河老龙和他的女儿，而且龙女被罚在沙滩上牧羊，这一大群绵羊，也只能在塞下塞上才会有。

泾河在六盘山东麓发源，泉流汇集，形成很大很深的一个潭，水清澈，周边长满了树木。它所在的地方，是北方少有的阴湿地区，说是不宜务农，其实是缺少相应的开发思路。在这样一个水源充足的地方发展农牧业，自然不应该如黄土塬上那般的旱作形态。

泾河是黄河的二级支流，向东流向泾阳。李商隐做过泾阳节度使王茂元的幕僚，后者将女儿许给了他。泾阳还是关中晚清女巨商吴莹的发达地，她是慈禧的"义女"，因此有很大名声。泾河在关中的高平汇于渭水，造出了谁都知道的泾渭分明的成语，虽然它只是黄河的二级支流，但名声同样不小。

须弥山石窟，在固原西北百十华里的黄铎镇，应该也是清水河水系流经的地方。但在同一条商路上，萧关究竟在哪里，却又使人茫然。萧关遗址所在，有一打子说法，至少有六盘陇山说、瓦亭关说、固原石门关说、同心红城水古城说、海原李旺说、环县说等等，仅固原一地就有开城说、古城说和十里铺说，各有各的分析。但这种分析和争论，似乎忽略了历史时间带给地理空间的变化因素。在古代中国的"关中四关"即函谷关、武关、大散关和萧关中，唯有萧关遗址有这么多的不确定性，其原因，大约是因为历朝历代对西北的直接控制版图不同，关口设置也不会是一样的。在这样的情况下，按图索骥寻找萧关遗址，也就会五花八门。人们比较在意的，其实还是王维和王昌龄诗里给出的那个唐代的萧关。

从这个角度看，六盘陇山说中地理范围过大过空泛，环县说反映的大约是北宋仁宗后的情况；瓦亭关说和固原石门关说，倒也庶几近之，但石门关是固原自身的七关之一，不会与名声更大的萧关随意混淆。如果说萧关关城在须弥山石窟所在的黄铎镇，须弥山石窟在王维和王昌龄的诗里几乎没有一点反映，这在信仰佛教禅宗的王维来讲，很难讲得通。因此，寻找唐代的萧关，还要循着清水河谷的黄芦草，向清水河一线的固原西北方和海原县李旺镇以及同心县的红城水古城方向去，更合逻辑一些。

萧关设置的时间是很早的。《史记》中就对始皇巡陇西、北地，出鸡头山，过"回中"有过明确记载。鸡头山就是六盘山，也叫陇山，回中则是回中宫，在那时所称的"回中道"上。司马公特意提到了朝那湫，朝那湫是不是老龙潭，未可知，但可以称为"湫"的较大水面，除了老龙潭，这一带似乎未见其他大的水面。

"朝那"是匈奴语的音译，在当地汉语方言里别有读法。西汉在这里置县。1983年才从原固原县分立出来的彭阳县内有秦长城。在彭阳县县城西北16公里处清水河北岸，有一处有四个城门的古城遗迹，残留的城墙有1至13米高，外围尚有壕堑。1977年人们在此处的废铜烂铁回收市场发现了铸有铭文的"朝那鼎"，还有北山汉墓群，朝那古县城的位置开始锁定。但到了西汉文帝时，这里发生了北地都尉孙卬战死回中宫被焚事件。汉武帝六次北巡，也到过这里。后来它被称为"朝那驿"。唐代诗人卢照邻在汉铙歌鼓吹曲《上之回》中讽喻，"回中道路险，萧关烽堠多。五营屯北地，万乘出西河"。这是唐代诗人第一次明确地将回中和萧关联系起来。但朝那县址是不是这里、何时迁废，依然不详，可能是修建须弥山石窟的北魏年代，但从严格的意义上讲，萧关是一个比较有弹性的地理文化符号，在唐代应该会有比较明确的地理指向。

然而，唐代的萧关未必就是朝那驿。据《太平寰宇记》和《元和郡县图志》所记，唐神龙元年（705）在蔚茹水（即清水河）西设置萧关。神龙既是武则天的年号，也是中宗年号，此时已经进入盛唐时代，萧关只有前置的可能而不会后移。那么王维所指的萧关，显然应该在清水河的下游地区。最有可能的地点，不在海原县的李旺镇，便会是同心县的红城水古城。

李旺镇在海原县东部清水河上，历来是清水河谷的交通要道，现今的宝中铁路也在此地设站。这也是一个节水灌溉的农业开发区，是西海固农产品集散基地。李旺镇有很多土堡，最引人瞩目的是一处河边台地上高大的土墙，类如关墙，唐代在这里是否设有萧关县和古驿，并没有确切的记录，这里到彭阳古城镇的距离超过八十里，但萧关道脱离不了清水河的河谷地的道路，应当是明确的。

同心县红城水古城更在西边，那里与中卫、中宁也更近，在古代只有一两天的骑程。海原县的李旺镇与同心县的王团镇相邻，同心古城数量之多，堪称全国之最，大大小小十三座，虽然土城居多，但墙体高大，现在能够看到的有宋代的金鸡城、西夏的韦州城和下马关城、元代的预旺城和明代的韦州新城庆王府。此外就是汉代始建唐代扩建的红城水古城。红城水古城坐落在下马关附近，红军长征经过这里，留下的标语被当地群众用墙泥保护起来，这是一个极为重要的红色教育基地。

在清水河谷行走，不尽然是为了寻找唐代的古萧关，更多的是看清水河流域乃至西海固的历史大变化。不要以为这里只有干旱的荒原，清水河也串起了很多堰湖，湖中居然会有五彩的鲫鱼在游弋。它的矿化度虽然高一些，但并不是到处咸苦，这里降水量低，因此总体上属于干旱地区，但清水河也有甜水源，人们都知道的"喊叫水"，其实也有两面性，一面是盼水盼到大喊大叫，另一面又是迎水的欢呼声。这股在清水河流域有着极不寻常传说的黄土泉眼，流溅着不可能发生但又必然要发生的关于水的希望，那就是在历史上最干旱的同心县西北部，有一股长流不息的泉流，从地下三尺处涌了出来，而这泉，演绎着穆桂英战马刨出的传说故事。现在，为了更好地利用黄河水，改苦换甜，"喊叫水"的水统一由中宁来筹划，一股更大的来自黄河的水流通过扬黄灌溉工程，新建了近十万亩高效节水田，还有万头肉牛养殖场。在清水河的来路上，王昌龄眼中所见的"处处黄芦草"，已经开始成为塞上风景的历史点缀，河有了新的色彩，树有了新的生机，曾经干旱的黄土高坡开始变绿了。

在清水河边行走，虽然没有找到唐代萧关更为确切的信息，但也已经听到关门口古老吱呀的开门声，更看到了萧关道上的一路风景变换。尤其是第一次踏上古朝那旧地彭阳，居然看到了黄土高坡上的层层梯田。我见过江南和西南地区的梯田，但没见过西海固的梯田。这里的梯田，有的古已有之，大多数则是最近二十多年里新出现的，如"鱼鳞坑"里长着树苗，长着庄稼。西海固有很多很多这样的梯田，既意外也不意外。往日苦涩的清水河流去，提灌的黄河水流来，荒山开始绿了，金色的秋天也跟着来了。这变化看似是慢慢的，但也是真确的。

在那里，我又一次听到关于"水窖子"的故事，但不一定都是在诉说吃水难和用水难，而是对"水窖子"有了新的想法。一位年轻的村主任就对我说，"水窖子"是个宝，它把雨水收集起来，把用不了的清水河水和黄河尾水存起来，就是一个小小的"水银行"，零存整取，利息滚起来大着呢。我懂他的想法，骤然间也想到吐鲁番的"坎儿井"。干旱地区有干旱地区的用水智慧，"水窖子"和西北常见的"涝坝"一样，有自己的调节功能。如果黄土高原上有更多的"水窖子"，甚至也同"坎儿井"一样，可以明渠加暗渠地流动起来，那又会是怎样的一种景象呢？

曾经的"喊水人"，最知珍惜黄河水。曾经的萧关道，黄芦不复见，处处有禾苗。萧关在哪儿，其实并不重要，重要的是，萧关道上的生态在变，人的思维也在变。

新的红黄蓝白黑

2020 年 6 月

　　过了中卫便是青铜峡。这是黄河上游最后的一道大峡。青铜峡的名字古色古香，峡也尽显古鼎气。这里有黄河最早的闸墩式水电站青铜峡水电站，属于黄河第一期水利开发工程，1958 年开建，1967 年运营，1978 年建成，以灌溉发电为主，也防洪防凌。它的最大功劳，是结束了两千年汉渠、唐徕渠有渠无坝的历史，并开发了东西总干渠，成倍扩大灌溉，直接灌溉面积达到 500 多万亩，巩固了"天下黄河富宁夏"千年不动摇的地位。

　　青铜峡市是新兴工业城市，有西夏时代建在青铜色悬崖上的 108 个藏式佛塔群，还有黄河滨河铁桥，以及新建的地上地下 11 层的黄河楼，有电梯可登临，一览水库、黄河山光水色。这里还有一座黄河园，是黄河上中游的新景观。

　　在青铜峡与中卫的连接处是石空镇，那里有俗名大佛寺的双龙山石窟。它有可能是唐代遗存，因为泥塑胚像比较多，原来有大佛洞、卧佛洞、观音洞、龙王洞，似乎是不同年代的寺窟，也反映了多种历史宗教信仰交织，但大半入于流沙，面上比较完整的是民间称呼的"九间无梁洞"。随着清理挖掘，也许会有更多的发现，可以找出黄河上游地区佛教文化的联系和演变。

　　从青铜峡以下，就是西北的一个财富源和聚宝盆——银川。银川定名比较晚，在我的推测里，与兰州"金城"称谓不无历史比较关系，同银川古党项首领西迁则有更直接关联。"银川"作为城市的初名，大约最早见于清乾隆时期的《银川小志》，但那时并没有成为正式的城名。清朝沿袭明制，称之为宁夏府，民国初年改为朔方道，1929 年成立宁夏省，1954 年并入甘肃省，1958 年成立宁夏回族自治区。

宁夏包括其首府银川，历史经济人文发展源远流长。在 3 万年前，这里就有水洞沟旧石器时代遗址。殷商时代的既往史不去说，公元前 221 年秦灭六国，这里的黄河一线地区就被纳入北地郡，汉武帝在北地郡北部设立临戎、三封和窳浑以及沃野镇的同时，在此建立吕城和饮汗城，这是银川建城之始，因此它拥有 2000 多年的建城史，几乎与兰州金城同时。北朝设怀远郡立怀远县，唐高宗时因水患，故城废去，西迁新址，一直到党项李元昊建立西夏，银川升格为兴庆府，其西都则是武威。元代为宁夏府治，一直延续到民国初年。

汉唐的历次较大农业开发活动，使这里出现了西北最为完善的水利设施，包括秦渠、汉渠、汉延渠、唐徕渠，从而形成了西北最大一处水作农业网络，以至于黄河上下游的许多人不无羡慕地说，"黄河百害，唯富一套"。千百年来，银川平原一直是黄河上游农业水利技术最领先地区，也是历史上西部开发先导地区。

我曾在银川工作过两年，对 20 世纪 80 年代前后期银川的旧城、新城和新市区有深刻记忆。一开始的总体印象分两面，一面是川区小康鱼米之乡，一面是城市规模小一些。那时正处于改革开放初始阶段，银川旧城最亮眼的是小鼓楼和南门楼广场，最高的建筑是中山路百货商场。这商场有二层，但因为间架较高，从外部看高度三层略欠一些。有旧城也有新城，格局与早年的呼和浩特相似。新城曾是清代绿营兵驻防之地，一条街走到头，就是 20 世纪 60 年代兴建的火车站。新市区则是几片楼区。那时流行一个老段子，叫作"一个公园两只猴，一个警察看两头，翻浆路上两滴油"，讲得虽然有些过，但也庶几近之。当时的公园里也就只有两三只猴。从旧城到新城的唯一公路，是一条翻浆公路。没事时人闲谝，说银川城里的房顶能跑马，虽然有些夸张，但也反映了一些现实情况，一是街窄房子密度大，二是这里的降水量少，房顶一样齐平，根本就不需要马脊梁、鱼脊梁式的屋顶。那时没有无人机航拍，要是有，说可以跑马，不由你不信。这些老段子并非都带有恶意，只不过是希望有变化有发展罢了。

好在银川的治安一直很好，干部和居民关系和谐。此外，很多移民带来了多元文化色彩，无论是久住的还是新来的，要走的还是要留的，见几面就熟络，人际关系很友好。从 20 世纪 50 年代起，银川地区较大的移民浪潮有过三次，第一次是从北京来了一批，主要分布在银川的贺兰县，这些人和他们的后代说话至今还带着浓浓的京味儿。接着就是上海来了一大批文化人，包括有名的《西风》杂志主编、上海的长篇小说家等。我的邻居就是从上海来的巴金的亲弟弟李彩臣，是宁夏人民出版社的业务骨干。除了上海来的，还有来自四面八方的"三线"建设工人和技术人员，前前后后有十来万，银川的工业底子也就是那时打下的。第三次则是浙江来的一批知青，他们有的到了六盘，有的到了永宁，他们来锻炼，但也给宁夏带来了新活力。文化艺术机构里有很多人是从北京来的，比如宁夏话剧团著名话剧演员巍子，石嘴山京剧团索性搬来了中国京剧院四团，除了大名角李万春，元字辈的老戏骨也不少。在这样一个前有河朔文化、丝路文化、多民族文化相交融，后有京沪吴越现代文化不断注入的西部城市里，文化色彩几经沉淀和调色，加上西部大开发和"一带一路"的总体带动，人们一致认定，这个西部的凤凰之城会一鸣惊人。

贺兰山确如一匹骏马，轮廓雄壮，它的东麓有苏峪口、拜寺口双塔和西夏王陵。银川老城中有承天寺方塔、清真大寺，郊野有"七十二连湖"之称的众多湖泊。现在则有在这些湖泊基础上建设的大小西湖、阅湖等，黄河上还有横城古渡。这个"塞上江南"也许并不像江南的水乡那般细腻，还带有自身的西部气质，但大手笔勾勒中不缺山光水色的细节，有时更像一幅大写意画作或者不同颜色板块点染的层次分明的油画，显示了黄河带给它的另一种耀眼和丰满。

另外，黄河也给了银川格外的关照呵护。黄河给她准备的嫁妆，确乎要比其他姊妹多。也许，银川平原就是黄河母亲怀中迟迟没有断奶的幺女，快出阁了，还惦记着别忘了给她带上奶瓶。这里有记录的水灾，大约只有唐高宗时代的一次，可谓后福绵绵。这里也很少有白毛风灾，因为有贺兰山挡着。没有贺兰山，也就没有这样美丽丰饶的地方，所以乡谚和歌谣里唱得很得意："宁夏川，两头子尖，东靠黄河西靠山。"所谓表里山河，可以在这里找到注脚。

我离开银川，一晃就是三十多年，再次回去，很多地方已经认不出来了，我经常走过的新华街、中山路还在鼓楼交汇处，因为道路扩展了，鼓楼现出了从未有过的临高感，昔日躲在逼仄街面的飞檐高阁，骤然间凸现，这不是视觉的变化，是老城建设整理带来的立体感观。公园绿地大了几倍，而且再不是一处，在昔日带有野水家渠味道的唐徕渠、新城西边的西干渠之外，新的湿地公园一个一个出现。但令人震撼的还是新市区荒滩上出现的国际会展中心、人民广场，以及具有丝路贸易特色的现代"大巴扎"。一年一度的中国—阿拉伯国家博览会在国际会展中心里举行，说这是西部"丝绸之路经济带"上最有特色也是最有影响的经济交易会，应该谁都认同。

宁夏有自己的历史品牌，也有自己的现代品牌，这个现代品牌就是与阿拉伯经济世界接轨的经济展会。历史品牌，是从古代到近代一路积累的农牧业劳动结晶，人们常讲的"红黄蓝白黑"，就是一种生动的概括。"红"就是名动天下的中宁枸杞，"黄"的是甘草，"蓝"的是贺兰石，"白"的是九道弯弯的盐池滩羊皮，"黑"的则是广东商人最喜欢的黑色发菜。但人们也渐渐发现，这样继续去概括自己的品牌营垒还是有些问题。比如发菜，出自植被比较稀少的西海固，但挖走发菜，破坏了植被，除非有人工培育养殖的办法，否则发菜产业是无法持续发展的。甘草也是一样，上好的甘草根生长在一米以下的黄沙里，为了一棵甘草，要损坏几平方米土地，这个生态账和经济账又怎么去算呢？"白"也有危机，少男少女都爱时尚，九道弯要能被年轻人喜爱，设计师们还要再费些气力。于是也就剩下一"红"一"蓝"，这个品牌的龙门阵又要如何维持下去呢？

其实是用不着犯难的，这新的"红黄蓝白黑"的品牌，新一代宁夏人早就陆续培育起来了。约略数数，"红"的除了玛瑙珠般的枸杞，还有贺兰山近年形成的有市场影响的红酒产业；"黄"的则是新兴的沙产业和黄河滩种养业；"蓝"还是贺兰石，但要加上蓝天和荒原上新出现的蓝色湖水；"黑"的是煤化工；"白"的是新兴的乳制品工业。说起食品产品，还有称为"红肉"的食用小牛肉，"黄"的有油炸馓子和油香，"蓝"的有蓝莓，"黑"的有芝麻，"白"的则是莲湖大米。

贺兰山红酒异军突起是一个传奇。贺兰山前碎石满滩，从未闻有过多少树，也没有见过葡萄藤，更别说听过赤霞珠之类的红酒葡萄品种了。但不到几年，这里硬是成了可与法国波尔多一比的红酒产出地。它们都处于北纬38度半，但贺兰山红酒带处于贺兰山东麓，西风不会来袭，砂砾均匀、灰钙土质，昼夜温差大，干爽的气候，是最佳酿酒葡萄种植地。需水的时候，黄河水从西干渠流来；不需要水时，水就退到下游的沙湖去。从2012年前后开始，贺兰山前出现了红酒潮，潮不退潮常驻，法国的酿酒专家频频来考察，一位泰国华侨陈启德也提着行囊奔来了，一口气租下了十万亩砂砾地，引进了酿酒葡萄种株，一年扎根，三年挂果，酒庄也纷纷出现了。宁夏的企业家来了，各省的企业家也来了，还有法国的、奥地利的，各路红酒人不约而同地会师贺兰山下，前后出现了几十个酒庄和上百家酿制营销贺兰山红酒的公司。青铜峡的甘城子，似乎是贺兰山酿酒葡萄的原产地，从这里，酒庄排到了银川经济开发区。烟台张裕公司也同奥地利的酿酒世家摩塞尔家族进行技术合作，联袂进入贺兰山，打造了一家大型酒庄。

在银川，参加中国—阿拉伯国家博览会之余，很多时间都花在了一家家酒庄，不为多喝酒，就为感受贺兰山下的红酒文化气氛。红枸杞也来凑红火，旧红加新红，"宁夏红"红了西部的半边天。

新兴的沙产业也在宁夏兴起来了。比如，沙漠探险和小孩子们最喜欢的沙游戏，就是沙产业中的一项。沙丘旅游可以在中卫沙坡头尽情领略，但这漫漫黄沙同河水，在另一种情景中有意无意地结伴而来，也就出现了沙漠旅游的第三态。

"沙湖旅游"是第一个开先河者。"沙湖"出自黄河西干渠的退水，其旅游模式的创造者姓李，名字现在记不住了，但我知道他是来自陕北土生土长的一个"老水利"，没有什么学历，同水头渠尾打了一辈子交道，但一时间也成了宁夏轰动一时的名人。处理水头渠尾，其实是一件既无可奈何又遭人不待见的事，整天要去寻找哪个沙洼洼，可以收留谁都不要的尾水。他发现退水洼里芦苇长得旺，鸟儿也来得勤，而且因为在沙漠里，原本生在水边的一丛丛芦苇，刚扎根就被继续流入的黄河退水飘移离岸，出现了大大小小的"芦苇舟""芦苇岛"，不断重新组合，与华北有名的白洋淀的苇子丛完全不一样，独特的地理、独特的苇丛，吸引了有独特兴趣的游人。

沙产业的内涵要比我们平素理解宽泛得多。除了明显的旅游业，从造林植树改田换土再到沙生食品制造，产业链很长。沙棘果是金黄的，沙棘固沙之外，果实富含维 C，新的饮料产业也就出现了。

宁夏人有很强的色彩感，"红黄蓝白黑"是产品和品牌的颜色比喻，但也可以从一个侧面透视宁夏产业的发展潜力。"红黄蓝"是可以调出万般颜色的三元色，"白黑"则是一种底色光影。不用去看更多的产品，循着宁夏人"红黄蓝白黑"的老话头一一看去，你就会看到未来更不一样的银川平原。

黄土梁子上瞭黄河

2020 年 6 月

　　在银川待的几天里，我抽空去了一趟阿拉善左旗，去寻找我四十多年前大学毕业后第一处工作岗位和第一次独立安家的哈拉乌林管所。哈拉乌林管所在贺兰山西麓下，山的那头是苏峪口林管所。哈拉乌林管所的业务早已从营林兼伐木转向了营林，故人已不在，房子也换过了，但当年的马鹿鹿场还在。在那里，没想到还遇到了当年一起工作的小技术员"糊糊"。见面少不了回忆，说到当年一道进山，一道登上贺兰山黄土梁子，从黄土梁子上第一次瞭望黄河的情景，情未能已。"糊糊"是外号，好像爱睡觉，但睁开眼，满脸阳光一副机灵相。当时他是正式职工，我是来锻炼的。因为正常的宿舍住满了，报到以后，我被安排在"工"字形办公房角落的一个小房间。

　　当时林管所的房子还是很新的，坐落在哈拉乌北沟的台地上，周围全是树，有白杨，也有柳树，柳树旁有一条小溪流，流水潺潺，流入一方小"涝坝"，接着又向山梁下流去。"涝坝"是西北常见的微型水库。"涝坝"里多是山泉水，可以当作饮水的"旱井"，也可以浇灌小菜园。后来知道，"涝坝"水很珍贵，是阿拉善左旗巴彦浩特镇的水源地之一。贺兰山东边的旱塬台地上，还有一种降雨时用来积水的"水窖子"，是一口地下深井，用防渗的胶泥涂抹四壁，外形看似带着井盖，但天不下雨，也会干涸。"涝坝"让我第一次知道了水的贵气，第一次对干旱地区的多种围堰和穿井技术留意起来，也第一次有了想去看看黄河的强烈冲动。

　　但当年真还有点"少年不识愁滋味"，看着眼前的风景，路程的困顿和满眼的戈壁沙滩全抛到了脑后，要不是已到秋天，说不定就顺着小溪钻到山里去了。当时难得下了几场雨，戈壁上有了些湿气，而贺兰山却是云雾留居的地方。早晨白雾均匀散开，午后却是一团团的白云从沟壑里冒出，给山外人抛几个媚眼，又缩回脸儿去。傍晚又蒙上青色的盖头，悄悄溜出，有时还会送来清凉凉的风和微微的细雨。看云看不够，索性从屋里找来一把小凳子，呆呆地盯着，这白云怎么出来，又怎么回去。我们不停地讨论着白云的去向，白云的落脚处会不会在贺兰山的主峰黄土梁子上？

　　贺兰山古称卑移山，与鲜卑贺兰氏有关，后来又叫阿拉善山，但"阿拉善"应该是"贺兰"的音转。《元和郡县图志》讲，灵武西九十三里有山，"树木青白，望如驳马，北人呼驳为贺兰"。

　　我很想攀上贺兰山的主峰黄土梁子，但没机会。哈拉乌林管所以营林为主，有时也会采伐一些枯立木，或者给过于稠密的沙松"间苗"，作为盖平房的椽檩，送到城里的物资局，补贴营林费用的不足。

　　林场职工来自四面八方，有东北人，也有上海来的"阿拉们"，最多的还是甘肃民勤来的林业工。医务室有位老医生，说是在马鸿逵军队里当过中尉医官，是个起义的军医官人，后来埋头看病。有位车倌，是个"尕老汉"，我们第一次上山坐的就是他的车。你要解手，他也不停鞭；你解了手，他让你追着车跑。也是的，这林管所百十多号人，没有自己的卡车，只有他赶着一辆"三套马车"，那霸气也就大了去。但他却振振有词地说，你不这样跟着跑跑路，怎么能爬得上山去？

　　东北来的女技术员是达斡尔族人，爱说爱笑，一看就是热心肠。她的老公，大家都叫"陈老师"，是从东北林校毕业的资深技术员，人很精干，会打猎。也许因为这里是林区，山上除了有鹿、青羊和獐子，还有狼，听说有人还见到过土豹子，所以特批了一支枪。大雪封山的时候，经常看到他扛枪上山，身后是经常围着他转的"糊糊"，但我好像很少看到他们提着猎物回来。我有一次故意说他打枪没准吧，他并没生气，只是摇了头说，山里有的是蔫头蔫脑的山鸡，它咕咕叫，你忍心去打？

营林作业一般是在晚春和初夏，从冬天到春天是最闲的时候。闲来没事，就看着师傅宰羊。那可是技术活儿，要一刀解决，让羊少受些痛苦。最难的是收拾内脏，弄得不好，到处沾的是羊粪汤，那你就别想吃羊杂碎了。做饭的师傅是位老林工，处理一只羊只要十分钟，而且内脏处理得很干净。他得意地说，这不算本领，真正的水平，用一碗水就可以洗出一个羊肠子。因为水金贵，你不能海着劲地用。但他也感慨地对我讲："要不是你们想吃羊肉，我才不干这个活呢，你不知道，我可亲眼见过，在草原上宰羊，难的不是怎么宰和如何收拾，而是怎样瞒着放羊的老额吉，那些羊是她们看着长大的，就像是她们一手抱大的孩子，怎么能说宰就宰了？"

我没有那样的亲身感受，买了一只羊，犹豫了再犹豫，还是请师傅将它宰了，头蹄下水和皮张作酬劳，算下来才10元钱，但我那时的工资只有46元，怎么去比价且不管它，请到同来锻炼的大学生和下班后留下的工人，美美地大吃了一顿手把肉。剩下半只，没有冰箱，我就挂在了门窗上。不料半夜里来了一只狗，我听到动静，推门出去，但已经迟了，只剩下一只后腿在门框上晃荡。遗憾是遗憾，但那是我一生中吃过最鲜美的羊肉。

忘了是哪位朋友在一次席间说起，阿拉善的烤羊是一绝，要用当地的扎干柴烤制一天，味道类似北京的脆皮烤鸭。他还说起其中一段掌故，说是乾隆的一位格格下嫁给阿拉善王，用餐时老是想起北京的烤鸭，于是请来了师傅，参照烤鸭的一些制法烤炙，也就有了阿拉善烤羊。后来我有机会吃过一回阿拉善烤羊，确实是皮脆肉嫩不一般。尝过阿拉善的烤羊，别的地方的烤羊也就不在眼里了。朋友还说，那位格格是"佛手公主"，是手指短些，还是有什么残疾，并不清楚。后来有机会查资料才知，公主下嫁的确有其事，是不是"佛手"，似乎说法有异。但阿拉善王确乎是与清皇室世代联姻，末代阿拉善王达理札雅迎娶的是载涛贝勒的女儿金允诚。金允诚很有文化修养，在阿拉善办过第一个女校，还留有一本《爱吾庐诗草》。而这一切，又是我后来认识的一位叫豪比斯的小青年偷偷告诉我的。

豪比斯高中没毕业，一直在家里待着，打扮很特殊，穿着那时根本没有见过的黑色立领中山装，那大约是他曾经领有"台吉"封号的父亲留下的。他对我似乎没有多少戒心，闲聊时常讲一些王府旧事，我也乐意去听。后来听说他学习工艺美术去了，他身上有种特立独行的气质，会有成就的。

　　好不容易等到春暖花开，终于要上山了，临行前我努力想象着深山里的景色，包括师傅们讲过的"横山倒""顺山倒"的号子声。他们说那是安全生产的基本要领。妻子不能进山，好在山下还有许多职工家属要看病，闲不着，她有些怏怏地对我说："替我去山里看吧，别忘了捎回一枝山丁香来。"

　　我随着抚育队上山了，带工的是会打猎的那位陈老师，结伴的自然少不了"糊糊"。一路上到处是紫的丁香和黄的黄芩花，一只高大的马鹿探了探头，又倏地不见了，这样且走且看，很轻松地走到了作业地。

　　这是一片沙松林，一坡一坡，一直到四围的峰顶。最上面就是黄土梁子。我们在一块山间草坪上搭帐篷，但支架和床要按陈老师几天前就号好的树砍来做成，帐篷和锅碗则是驴子一道驮上来的。工人们动作麻利，不到两个小时，十几顶帐篷就搭好了。这样的松树床我从来没有睡过，它是用小原木拼起来的，上面铺了一层松树枝，铺盖一展，好舒适。炊烟升起来了，除了主食和野菜汤，居然还有炒紫蘑菇和拌沙葱。紫蘑菇只在这里和这个季节里有，沙葱则是从山下带来的，生在沙漠里，比韭菜还要鲜嫩。"别以为滩里山里什么都没有，你个老九吃过沙米糕和锁阳吗？""糊糊"摆起了权威，我只能反击说："我老九，你就是老十。"

　　工前的一夜睡得香极了。此后的一个多月里，我学会了用斧，学会了怎样才能"横山倒""顺山倒"地喊号子。有个事一直不得其解，那就是山下看到的白云，分明是向山里飘，但在山里却找不到它们的踪影。一天中午，山里又要下雨了，先是一团团白气蒙盖了驻地的草坪，一米之内看不见人。但云雾很快化作雷鸣和闪电，直直地打在草坪上。我和"糊糊"一开始躲在帐篷里，后来又禁不住跑了出去，任由雨水洗脸洗头。看着我们的疯劲，工人师傅们只是摇摇头。他们告诉我说，那一团团白气来的地方，就在黄土梁子上。

金秋已近，丁香花早已谢了，上山的作业终于快要结束了。我用属于我的那把砍山斧，砍了一截酒杯粗细的丁香木，用刮刀做成五寸长的擀面棍，一直留存到现在，每年春节包饺子，就用它擀饺子皮。

本以为到黄土梁子去是奢望，并没有太多想，不料在下山的前两天，"糊糊"告诉我，领队的陈老师不知怎么猜到了我的想法，说明天一早，就带我们登黄土梁子去。

黄土梁子并不难登，只是沟壑比较弯曲，一个上午也就登了顶。这是一方浑圆的高山草甸，周围的松树纷纷退后。西边是来路，东边的梁坡下，一层层低的山梁还是树，料不到山外看着不起眼，山里植被竟有这样的层次。陈老师告诉我，这黄土梁子就是宁夏银川和内蒙古阿拉善盟的分界处，也是前后山两个林管所的交界处。正是正午时分，目极度很高，他指着山下时隐时现略带弯曲的亮线说，你不是想在贺兰山上看黄河吗，睁大眼，那银光闪亮的一条就是。我看了又看，天上是几片白云，谷地是村庄。从这么高的山上瞭黄河，这个机会很少人会有。我们坐在草甸的一块石头上，一直看着，不由想起王之涣的诗，"黄河远上白云间"，那黄河蜿蜒流过的影像也就刻在了脑海里。

看得眼酸了，太阳过顶了，要顺着山沟回去了，不曾想出现了意外的一幕：一只青羊被惊动，从沟拐里急不择路地冲了出来，大约它已经受过伤，跳拐艰难，一头撞在石棱上，倒在了沟里。我高喊起来，陈老师与"糊糊"应声赶来，第一句就问我："是你打的?"我说不是，我哪有那么大的本事。陈老师松了一口气，看了看这只羊说，脑子转筋了，受了重伤。

青羊眼见活不成，最终成了改善伙食的一道菜，但我没有心思多吃，它毕竟是死在我面前的。但也为自己开脱，算了，在黄土梁子上看见了黄河，毕竟还是有些此"登"不虚吧。

从定远营到孪井滩

2020 年 6 月

　　我在贺兰山西麓的巴彦浩特住得时间比较长。这里过去叫定远营，名字有些来头，据说是由岳飞后人陕甘总督岳钟琪在清朝时参与修建的一座边塞小城，一开始是一座军事要塞。这一带水土甘美，可牧可种，贺兰山里松满眼，戈壁滩里盛产红盐，西接河西走廊兼通哈密，北控狼山，附近有大大小小多处山口。在这里建造营盘，再理想不过了。取名"定远"，也许来自汉代班超曾被封为定远侯的典故。

　　这里是与古丝路相关联的重要节点，同时也是进藏出藏的要道。雍正初年，青海地区曾经发生过罗卜藏丹津叛乱事件，已经开始在阿拉善游牧的固始汗（又译"顾实汉"）后代和罗理嫡传的阿宝，在平定青海叛乱中发挥了重要作用。和罗理从世系上讲，是成吉思汗二弟哈布图·哈萨尔（又称"哈布图·哈撒儿"）的后代，王府建在这座军事要塞里，王府、营寨也就合二为一了。这里留有"先有定远营，后有巴彦浩特"的说法。

　　定远营所在的阿拉善左旗巴彦浩特镇，是随着民间贸易的扩大而扩展的。有意思的是，这王城外也有三道桥，头道桥是护城河，接下来就是二道桥和三道桥，河沟两边有居民的住家和店铺。我刚来时，这里的餐馆很少，只有卖臊子面和凉面的两家国营食堂。现在当然完全不一样了，想吃什么就有什么，阿拉善成了贺兰山西的草原都市。

　　巴彦浩特有"塞外小北京"之称，这不完全是自诩。因为巴彦浩特的建筑尽量向京城看齐，有王府，有家庙，有后花园，有标准的四合院，还有贵族们出进居住的胡同和后面的营盘山，甚至城郊还种植了从北京移来的水蜜桃和蜜杏树，成为戈壁滩上最早的园艺场。此外还有被人称为"老陵滩"的王陵。在人们的印象里，蒙古人向来实行一种不留痕迹的土葬，但阿拉善王的葬仪与清室相同，在贺兰山下建立了祖茔，很像是清东陵的小翻版。

我曾经进过王爷府的家庙延福寺，也是前面说到的青年豪比斯带我去的，他说那里的小活佛与他同岁。牧民对小活佛的敬意还在，但没有多少佛事可做，到寺里不时地照看一下，也是一个习惯。寺里的主建筑并没有被破坏掉，但无人照料，一些康熙乾隆年间的青花瓷器碎落一地，也无心去收拾。王府花园则被一家地毯厂占据，厂区里只看到一方开着野花的花池子，那是旧物。

定远营南城门那时还在，门楼坍塌了，但白黏土夯出的城墙，还是比较完整的。大约是我到这里的第二年，不知是谁的主意，嫌定远营的城门碍路，一夜之间就拆了，开了一条过卡车的沙石路，要不是细心看，谁也看不出这里曾经有一座定远城门。王府城里的胡同还保留着，院落里还住着人。这一次回去，定远城门重建了，桥也翻修了，三座桥旁边是一家挨着一家的店铺，定远营不再是我曾经印象里的定远营，甚至出现了一个未曾想到的定远营。城门修好，王府也腾退复修，以前冷清得有些瘆人的营盘山，成了绿树环绕的大公园和游艺场。但最令人惊异的是老陵滩四周的变化，那里原有一条乱石横走的大石沟，但新的楼和新的环城公路，向着昔日哈拉乌林管所方向延伸，两边是草原和花塬。熟悉的白云依然从山里流出又流回去。

记忆犹新的仍然是那个"涝坝"和那股山泉水，有"涝坝"就会有一片小绿洲。从银川一路延伸的公路边，就有一个腰坝滩。腰坝就是道路中间的"涝坝"，腰坝滩是当时那里最大的绿洲，有二三百亩地，后来成为路标，但现在它的南面、北面和西面，比它大的绿洲多了去。老朋友们说，你要看新的更大的绿洲，就得去李井滩，那里现在是腾格里最南面的生态试验区。

李井滩离中卫黄河边不远，在头道湖的南边。头道湖临近中卫，从1994年开始，那里依托中卫的四梯级扬黄灌溉，进行了农牧业开发试验。在李井滩，可以种树种草，发展沙产业，优化沙漠铁路的交通环境。李井滩是因为有孪生双井得名的还是"乱井"的音变，谁也不会去深究，但这里地下水位高，是没有疑问的。在这里进行开发试验，有一定地理区位优势。这里原来就有一个面积不小的头道湖林场，于今的树林更密更绿了。我曾在中卫逗留的时候看过，如今小镇变了模样，新修的林荫道也很气派。草浪起伏，但最多的是绿色的"苦豆子"、开始泛黄的玉米和紫红花穗的红柳，草方格沙障里的"锦鸡儿"花也很亮眼。

有没有别的感怀，那就看你怎么去看了。人的审美也好生奇妙，有一半是自己的，另一半却是别处借来的。谁不喜欢绿的草红的花？但喜欢是喜欢，能不能持续地喜欢，却要有理性的判断和合理的决策。我曾听说，李井滩的开发也有自己的瓶颈。比如如何进一步形成新的农牧产业格局，取决于它与黄河水的供求关系。当地提出的新思路是，一要调整种植结构，重点发展棉花、油葵和优质牧草产业；二要强化节水灌溉技术的普及。当地对李井滩的未来有着更长远的打算。沙漠农牧业开发有前景，但如何持续更要紧。沙漠有自身的成因和发展历史，一旦形成之后，又成为自然生命系统的一部分，你可以让沙漠改变容颜，出现更大些的绿洲，但沙漠并不会彻底消失，除非发生巨大的地理生态改变。

在李井滩，有人说起过腾格里沙漠西头的红崖子水库。那里的水也引自黄河，曾被称作"逆天工程"，但水面后来有些缩小，因为按照目前黄河水的绝对数量，陆续补给是个大问题，水库蒸发量大于来水量，能不能一直润泽民勤的农田和农庄，还存有不确定性。据有关专家统计，黄河的地表水开发利用率已经超过 80%，但全国有数十个有一定规模的城市和几百个县区需要黄河直接哺育，她能够一个不落地顾过来吗？

民勤是河西走廊濒临沙漠的一个绿洲，有石羊河水流过，但人口密集、水源不足，加上巴丹吉林沙漠的推移，它一直面对严酷的自然挑战。黄河母亲希望她的儿女都能吸吮到她的乳汁，但都够吃吗？在历史上，民勤就是挂在巴丹吉林沙漠边上的屯垦区，依靠祁连山流来的石羊河生存发展。在黄河上游水源还没有更多增加的前提下，节约和统筹黄河水资源是根本。

民勤人看到的更多希望，是按照中卫人创造的草障"魔方"，与沙酣战。大大小小的沙生植物带护卫着农田，为沙生产业和沙生农业的发展廓清道路。他们会有自己的未来，但要付出更艰辛的努力。

老磴口老碱柜

2020 年 7 月

要想在银川直接看到黄河，得到河东机场的黄河大桥桥头上。那里原来有沙沟，不过现在也开始绿了。河东有唐肃宗登基的灵武古城，那里有一家全国最大的煤化工企业。

三道坎是从银川北去黄河流经的一个低的峡口边的街区，由黄河大桥接通京包铁路和包兰铁路。这里虽然有山峦高地，但在贺兰山的最北端，属于丘陵地区，现在是内蒙古乌达市的一个临黄的街区。它的东边是黄河环绕的海勃湾，南边是因"山石突出如嘴"而得名的宁夏石嘴山。三道坎是"乌金三角"（晋陕蒙三地交界地带）的西部顶端，向东和向东南就是神府煤田和宁东煤田。石嘴山附近的贺兰山里蕴藏的无烟煤，传统商品名是"太西煤"，本地人则称之为"钢碳"。在 20 世纪，"太西煤"出口到国外，小孩拳头大的煤块，要用纸包着装进木箱。要说乌金，那才是真正的乌金。

石嘴山原属旧的惠农县，黄河环流，有"北武当"在此。黄河流过了石嘴子进入三道坎，下游再没有明显的山峡，但在河东的海勃湾地区，有黑虎山、大藤峡，东倚桌子山，可能是黄河切割鄂尔多斯台地形成的隆起，河湾比较陡峻。这里是黄河上游险峡的"强弩之末"，从这里开始，大河要经过很长的一段沙漠和半沙漠区，进入一个生态脆弱的自然地理段落。

从三道坎沿黄河北去 60 公里，第一个既大且小的"码头"，就是老磴口。为什么说它既大且小呢？因为说大是做过县城，在 20 世纪 30 年代也有过一番热闹景象，说小是 50 年代中期撤销了县制，成为农不农牧不牧商不商的集镇，由阿拉善左旗来管辖，但因为这里是阿拉善左旗最接近黄河的地方，因而叫作"巴彦木仁"。"巴彦木仁"在蒙古语中是多河水的意思，也可以作富饶来解。在蒙古语里，似乎并没有黄河之"黄"的完全对译词，大约河水的黄与不黄同牧业没有更大关联，水资源丰富不丰富，倒是一个认知标准。但在这里完全可以当作黄河来翻译，要把这个小乡镇称作"黄河小镇"也无不可，而更北面的巴彦淖尔市，自然也可以解作是黄河套里的河网和湖网地带。在内蒙古草原和戈壁滩上，叫"巴音"或"巴彦"的地方很多，但各有各的具体资源指向。

我大学毕业后第一个正式工作岗位就在巴彦木仁，是到戴帽子学校去教书。我带的是一个初中班。学生总共 21 人，除了汉族的孩子，还有回族和蒙古族的孩子，其中蒙古族孩子汉语水平高一些。这里除了原住民，还有很多支边人员。苏木卫生院袁大夫是从东北通辽来的，医疗经验比较丰富，就是长年没有"进步"，家里负担又重，逢酒必醉。一次晚上喝多了，不知谁劝酒时将他的上衣拽出一个口子，也就半醉半不醉地掉起眼泪来，后来索性放声痛哭起来，拉着对方说，在这里工作了10 年，就挣了这件"挂子"，非赔不可。第二天醒来没事了，还是照常上班，看病看得还是那么认真。另一个是姓刘的山东卫生员小伙，背着药箱，经常往牧点上跑，没事的时候就划着一条小船，到河湾里去捕鱼，每次都会有三条五条，分送给大家。好像蒙古族牧民是不大喜欢吃鱼的，也许是因为有羊肉吃，或是担心鱼刺扎喉咙，又或是一种生活习惯，反正那是我吃正宗黄河鲤鱼吃得最多的一段时光。小刘有时还会捕来黄河鲇鱼，味道更鲜。我的学生待我也不薄，周末放假回来，不是塞给我一把沙枣，就是几个锁阳。教学的日子虽然有些单调，但与年龄不是很齐整的学生在一起，由于大家脾性不一，也别有一番滋味。

我的家门口离黄河只有 100 米，吃水要从河里去提，但要澄清一个晚上。巴彦木仁就在黄河边上，这使它成为阿拉善草原的一个地理文化异数，既是阿拉善与黄河最亲近的地方，也成为屡有行政变动的地方。20 世纪 20 年代，这里单列出一个县，叫磴口县，50 年代后包兰铁路修

内蒙古阿拉善沙漠公路

通，这里似乎少了水运的交通必要性，磴口县也就迁到下游，成为巴彦淖尔的一个县，巴彦木仁则成为阿拉善左旗的一个苏木（乡），年纪大的人仍然将其称为"磴口"，但前面会加上一个"老"字。

当年冯玉祥"五原誓师"后挥戈陕甘，经由这里，在一片黄沙和黄河的交错里看到了商机。他知道，离此处不远的吉兰泰盐池盛产红盐和花碱，那些货物要寻找一个集散地，南边贺兰山麓的太西煤是罕见的煤种，俗称"钢碳"，北边南边的前后套又是西北最大的粮仓，虽然他的国民军不会在这里久留，但他向成立不久的南京国民政府提出了建议，在这里设立了磴口县，第一任县长就是他的一个老部下。后来宁夏的马家军也插了进来，这里也就成了多种政治和商业势力角力的一方水旱码头。

仔细观察，黄河流经这个地界，形成牛胃似的一个大湾，水面开阔，河道收窄处正好伸出一个小的半岛，确乎是一块资源集散地。想当初，河湾里百船齐泊，骆驼队西来东去，狭窄的台地上商号林立，造就了一时繁华，就连河对岸也出现了"碱柜"也即碱业公司，碱业为河对岸带来"老碱柜"这个有些特别的地名。

但这都是听人讲的，在我来的时候，这里已经凋敝得令人难以置信，只有一眼看得到头的一条土街和街后一眼望不到边的沙梁。我们的学校和住房是新盖的，但流沙已经堆上后窗，那个民国建筑式样的盐业所，门楼还在河边硬撑着，里面是居民的临时住所。

在偌大的黄河湾里，只有一条较大的木船，是来往于老磴口和老碱柜的私人旧渡船。到老碱柜赶火车，只能清早过一趟，傍晚过一趟。扳船老汉总是很忧心，谁能来接替他扳船。他只有一个女儿，嫁给了公社信用社的吴姓小伙子，家里家外找不到接船的人，没有经验的毛头小子不敢托付，也只能无可奈何地反复咕哝：等着吧，等我"扳"不动了，你们就自己下河游过去吧。

只要黄河不发大水，河边的风景还是很好看的，有一排排的柳树，还有扬着灰白穗子的芦苇和沙坡上冒出的沙竹子。沙竹子平滑溜直，好像外贸公司的人常常来收购，说是可以做帘子，在日本是抢手货。春气大起，沙梁上的白刺一蓬蓬地绿了，冬青也有了绿汪汪的精神头，有时还会发现毛茸茸的小树苗顶出来，青灰青灰的，说是梭梭的小树苗，但第二年就枯萎了，然后再顶出一批。生命力很强的，则长得有模有样。我在近河的沙丘上看见过几只河龟，有一次还看到一窝河龟蛋，小小的，皮很薄，一捡就会破裂。

　　然而，让人想不到的是，虽然这里街景冷清，满眼黄沙，但河滩地里长出的庄稼旺。这些河滩地少说也有上万亩，河湾里玉米株长得高人半头，小麦也有齐腰高。即便在老磴口的河湾和街角上，也有不少小菜园子，那足有半斤重的番茄不知是哪里来的品种，金黄金黄的，吃起来又沙又甜，之后我很少见到。杨柳树密密匝匝，豌豆角、圆葱头、胡萝卜一片连着一片，看着就想采买，就连河对岸老碱柜生产队的瓜田里，瓜儿也纹路分明，种瓜人得意地说，人都说北边的华莱士（一种蜜瓜）好，我们这里同样不赖。这些树树草草瓜瓜菜菜，好像要尽力弥补眼前的荒凉。

　　但是，一入初冬，庄稼收了，草也收了，眼前的景色又全变了。呜呜的风吹和扬沙不说，先是黑色的凌块骤然塞满了河道，接着大河就凝固了，但河面上也有冰块叉起的空隙，可以看得见里面的流水、听得到流水声，人们管它叫"亮子"。这是踏冰过河最危险的地方，要是滑下去，谁也救不了。每到这个时候，渡船也就被拉到满是冰凌碴的河滩上，孤零零地任由风沙吹打，谁也不会去理会它的存在。黄河边的场景变化大抵如此，而巴彦木仁的荣辱衰败都记录在季节的轮回里，但这又是地方变迁史里不可避免的一章。

　　一个小问题曾经在我的脑里盘旋不去，就是后来的磴口也好，现在的老磴口也罢，为什么都要用一个"磴"字冠名呢？或许与马镫有关，但这里几乎没有马和铁匠铺，骆驼也不需要钉驼掌，因此只能在"磴"字台阶意义上找答案。但这里沙多石头少，台阶又在哪里呢？

　　我曾经在沙窝里转悠，发现过石化的芦苇节管和河蚌的壳，说明这里的黄河曾在西面，在沙漠的围困下改道东移了。继续向北去寻找，依稀有了线索。老磴口北邻的乌兰布和沙漠是一片红色的沙漠，被称为"红色公牛"，这里的红可能是从更北边的敖伦布拉格大峡谷山体沙化而来的，那是一个丹霞砂岩发育的地方。从那里向东不远处，有一个有着长长石磴的古方城，留有一个遥对老磴口的南向大城门，显然是一个古堡。那就是有学者考证过的汉代出现的鸡鹿塞。城边便是已经干涸的休屠泽，休屠泽和匈奴休屠王，历史谜团居然会在那里，但鸡鹿塞的古名以"鸡鹿"名之，也在暗示，这里曾经是农牧交相杂错分布的地区。鸡鹿塞也是窦宪大破北匈奴的一个出击点，曾是历代匈奴王们的夏宫，中国历史地理学家侯仁之在考察汉代塞上垦区历史时，已经确认了它的存在，这磴口或许就是曾经北向鸡鹿塞的磴之口。

有说法讲，王昭君曾与呼韩邪单于在鸡鹿塞住过八年，那似乎不大可能，因为王昭君出塞的第二年，呼韩邪单于就去世了，之后便是遵循匈奴的风俗而一嫁再嫁，终老于塞北草原。而《汉书·匈奴传》也明确记载过，南匈奴的王庭在包头固阳方向的光禄塞，光禄塞就在战国时代出现的高阙塞的北面。昭君出的是哪个塞，虽然有定论，但鸡鹿塞是连通狼山和汉代北地郡的枢纽，也是东西匈奴的分界处，同时也是汉代置县屯垦的地方，嫁到南匈奴的王昭君，未必就没有到过和经过银川和彼时的老磴口。因为从汉代以来，一直到盛唐，出萧关到胜金关，再经由秦渠汉渠所在的银川平原抵达鸡鹿塞，走向阴山南麓，或西出居延，是一条更经济更好走的路线。

但这毕竟是历史细节，更要紧的是老磴口的过去与现在，以及人与人之间那道永在的风景线。按理讲，曾经热闹过的县城，在白云苍狗变幻中消失了，人气和人的心境也会随之大变。表面上是这样，但又不尽然。人多有人多的风景，人少也有人少的风景。比如老磴口街上很难见到人，但不管熟不熟，见到了都会打招呼。我们到达的第二天中午，扳船老汉的女儿就给我们送来一盘韭菜炒鸡肉，说怕我们来不及开火，其实她只在接她老父亲扳船归来时与我们打过一个照面。在这里，我也差点遭了大难，是老磴口人帮助化解的。一次冬天里回家省亲，不曾想归来后，烟筒被麻雀窝堵塞了，炉子生火烟排不出去，差点一氧化碳中毒，要不是发现得早，大夫们来得快，不知会是怎样一个结果。另一次则是冬天天未亮赶火车，差点踏入"亮子"，最后还是由熟悉黄河的扳船老汉护送过河，想起来后怕，但也感到有助。

从大体上看，巴彦木仁的人口越来越少，但人文色彩却很斑斓。这里有汉族、回族和蒙古族，其中一些蒙古族人信仰伊斯兰教，我有位姓谢的学生就是一个。我一开始以为只是个别情况，因为平常大家都穿一样的人民装，没有见谁头上裹着长巾，但那卷头发、蓝眼睛、高鼻梁和高高的个子，一看就不像是一般的蒙古族人。后来知道，他们除了不信传统的藏传佛教而信仰伊斯兰教外，在别的文化上与阿拉善一般蒙古族人几乎没有多少区别，同样说阿拉善蒙古方言，同样在节日里要穿蒙古长袍，也要扎蒙古腰带。他们的宗教风俗同回族人也大同小异，但有自己的礼拜寺，既不是信仰伊斯兰教的蒙古族人，也不是回族人，是阿拉善蒙古族人里特有的一支蒙古穆斯林。

他们在巴彦木仁有两个聚落。他们究竟是怎么来到这里的，说法有多种。一是固始汗的后代和罗理从新疆经过青海，再进入阿拉善游牧，15万人马中就有来自新疆的伊斯兰教信仰者，主要是胡、左两姓。二是和罗理的儿子、康熙额驸阿宝入青海平叛，带回一批东乡族、撒拉族人，其中有谢、安、乌等姓氏。此外还有哈密说、哈萨克斯坦说等等，但多批次进入并融入阿拉善蒙古族生活的可能性更大，也不排除其他来源。因为从阿拉善开始建旗起，他们就一直生活在阿拉善东北部，从巴彦木仁一直向北，人口不断繁衍，放牧地被总称为"开伯尔滩"。这个开伯尔滩不禁使人联想到阿富汗与巴基斯坦交界处的那个开伯尔山口。当然，在蒙古语中，"开伯尔"也有土地松软的意思，大抵同这一带的地理地貌相像。开伯尔滩也称"伯克滩"，梭梭树多，沙蒿、万年蒿更多，沿黄河有不少湿地，芦苇长得一丛又一丛。

他们的性格一般都很开朗。我的那位学生的父亲每个月都要来看他儿子，也总要到我家里来坐坐，天南地北地聊上一阵子。有谁需要骆驼毛绒，他也悄悄地给代购一些，从不爽约，也不多收钱。他说，从爷爷那一辈，他们就从吉兰泰拉骆驼驮盐到老磴口。铁路通了以后，驮盐的营生没有了，也就在牧业生产队放骆驼。他的蒙语流利，汉语也说得好，有些走南闯北的见识，但他更希望看到老磴口再次热闹起来。

在老磴口，有多个民族成员的家庭很常见。有一家，爷爷是伊斯兰教蒙古族人，奶奶是回族人，妈妈却是甘肃民勤来的汉族人，这样一种多元民族文化融合的家庭结构，同曾经的商业姻缘是分不开的。

即便在特殊的年代里，老磴口的一些商业基因和文化基因也没有随着水旱码头的消失而完全消失，不时在街景凋敝的影子里晃动。除了那只私人渡船，还有一位老太太，在国营供销社对面摆了个小杂货摊，她既非农牧业人口，吃不了"五保"，又没儿没女，只能做些小买卖。上级部门也试图去管，但摆还是在摆，街上的人也常在她那里照顾些生意，进货时，扳船老汉也从来不要她的渡船费，但没等到改革开放，她就去世了。

老磴口衰落了，但还有很多老人在坚守，并且经常不无夸耀地讲说昔日老磴口的荣光。那位扳船老汉年轻时就做过船把头，在等待渡客的间隙里，也会比画地讲哪里是大码头的位置，哪里又是他的小船队停靠和栓船的地间儿。他说他在这段黄河上至少走了一百多个来回，运碱、运盐，装驼毛，码"钢碳"，上到三道坎、平罗，下到西山嘴子和西包头的磴口，一直到托克托的河口镇（现为"河口村"），哪里有滩，哪里水急，闭着眼都知道。说到得意时，还会吼一声黄河的老船歌，"黄河流来弯套着弯，流到西山嘴子黄呀么黄河弯"。从他的讲述里，我第一次知道，从三道坎开始，黄河有古老的航道，水路八百里，一直有季节性通航。

好长时间没有再回老磴口了，有一次意外见到长大后也到了北京的姓谢的学生。他说起，那里的人口现在开始多起来，沙漠也开始后退了，不仅出现了新的移民村，也建立了新林场和菜园，河滩边的农田连成一片，一条从敖伦布拉格大峡谷和鸡鹿塞方向而来的高等级公路也在修筑中，经过老磴口通向了吉兰泰盐池。他还有些神秘地对我说，听说吉兰泰发现了大油田，预测比渤海油田的油层厚一倍。哦，莫不是老磴口转身的机会要来了，那老碱柜呢？该来的总是要来的吧。

沙枣花与梭梭

2020 年 7 月

　　黄河及其支流所经地区的植被，一直是人们关心的一个焦点，黄河进入银川平原，流到内蒙古河套地区，要经过二三百公里的无山地区，西有人称"红色公牛"的乌兰布和沙漠，东有毛乌素沙漠和库布其沙漠，都是生态脆弱地带，水土流失较为严重。所谓黄河之黄，在这一带看得很明显。这里虽然不是黄河沿岸水土流失的唯一严重地区，但这是第一片大的泥沙来源。说到黄河之黄，其本质上是水土流失问题，引起的后果就是下游出现悬河，洪水大时，容易溃堤决口，引来更大的水患。所以，水土保持和生态建设一直是大家关注的焦点。

　　20 世纪末，一部电视纪录片引起了巨大社会争论，如果只着眼于对大河上下水土流失的警示，倒也可以"殇"几句，但借着大河的颜色变化做文章，说黄河文明必然衰亡，源自地中海航海的所谓"蓝色文明"代表着未来，显然是在玩弄文化和文明的隐喻概念，逻辑表浅且紊乱，让人看后哭笑不得。比如说，古埃及也曾是地中海中的一流文明古国，那尼罗河文明算是蓝色的还是黄色的，而古埃及的人种又应该归入白皮肤还是黄皮肤呢？

　　河水的颜色，向来有着复杂的成因，比如降雨与来水的冲刷力，带起多少泥沙；再比如过度开发会不会引起自然植被的锐减，又会带来什么样的变化后果；还比如人的工程行为，如何去把控水沙关系等等。在这方面，中国自古以来的治河专家都很有办法，他们在治理河水中充满了智慧，虽然也出现了一些河口沙壅问题，他们没有条件推进水土与植被的良性互动，也没有可能逐步消除泥沙所引起的黄河悬河问题，但却一直在努力。因此，历代历朝的治水能手都得到了应得的尊敬。我曾注意到一个普遍现象，即古人在祭祀人的时候，除了祖宗和老师，基本全是同大禹和李冰一样的治水能手。

对于黄河最上游的水土流失，有从源头开始保持水土平衡的迫切性，而这也是在三江源设立自然保护区的主要原因。如何全面保护我们的母亲河，在自然生态和水土关系上取得生态平衡，并不是一个点和一些河流段落的特殊问题，这是一个大的治理保护系统问题。在这方面，人们可以把控的和最有长远效益的现实手段，是保护植被，并在保护之外还要恢复、种植和不断地去养护。治河需要更为宏大的青山绿水视野。

2018 年，我去"天下黄河第一弯"甘肃甘南藏族自治州玛曲县，牧民就对退化草原进行了有效治理，他们不只是保护自己的牧场，也在保卫黄河。草原退化很容易，让退化的草原重新焕发生机却很难。飞机撒播固然很现代化，但一场风来，种子很可能不在你预想的地方发芽。不过，牧民是有办法的，过去是铲草坯盖土房，草地上到处长了"牛皮癣"，于今土房换瓦房，拆掉旧草坯还给大草原，草坯上撒草籽，风很难刮走。为了保险，赶着牦牛去踩踏，三踏两踩加上牛粪尿，草种没几天就发了芽。

种了草还要种树，而种树学问更大了去，城市里的景观树不一定能选种，看着漂亮，但耐不得风寒。草原有草原的树，河滩有河滩上的草，沙漠戈壁有沙漠戈壁的苗，这大河上下地理地貌复杂，种什么、在哪里种，只有当地人门儿清；什么树苗活得好、长得旺、留得住土、吸得住水，什么树苗才是黄河岸边天生的好树苗，他们更知道。没几年，玛曲县退化的草原开始绿了，他们根本不用为黄河水变浑去担忧。

西北人都知道，有水就有树，有树就有绿洲。所以，人们把新疆看作是绿洲的故乡，但在黄河上游，大大小小的绿洲有的是，大绿洲是县城，小绿洲是乡镇，再小的绿洲是村屯。在河湾夹缝里生机盎然存在的大小绿洲里，有着更多的本土树种。有的不一定是原生的，但有适应性。依依杨柳，在黄河中游护堤上是好树种，但在上游，不在河川地里种植，活不长。松柏耐得住寒冬，但栽在星宿海边照样难生长。但它们的家族很庞大，总有一些最终能成为乡土树种，有些南边和东边来的树种，或许看着娇嫩，但会在适应中变异，变得更有生命力，根也扎得更深更长。

戈壁滩上也有山榆，但往往都要长在泉眼旁羊圈边。至于那个"生而千年不死，死而千年不倒，倒而千年不朽"的胡杨，由于不在古河道里生长，不会蔚然成林。我曾在戈壁滩上的一座山坡下，见过亭亭如盖的一株大山榆树。春天里微绿的树叶，带着鹅黄和微微的褐紫，树干足有十丈高。但我也知道，这样的大树也不是哪儿都会有的，一碗泉伴着两棵树，往往会有百里皆知的大地名。

山榆是戈壁滩上的帝王与王后，那树冠就是他们的王冠。小一点的树，就是他们的白马王子。秋天里，他们相互扬着一把一把的榆钱，随风飘落，好像到处要去播种生命，但要生出更多的王子王孙，却没那么容易。每逢看到山榆树，我就会想起那句老话，风水，风水，风与水是黄河沟壑自然出现的一种乡土贵气。这种贵气不是哪个地界儿都会有的。

适合野外生存而不大讲生长条件的，是西北多见的沙枣树，别看她个头不大，那可是沙漠地里的妖精，长年披着一袭绿中带银的灰衣衫袍，春来头上插满小黄花，让你闻香而来，不知是要勾引蜜蜂还是哪个怜香惜玉者。夏末初秋，又捧出一串串小红玛瑙珠子，是让你看呢还是让你尝一下沙涩酸甜的生命滋味？她也带着刺，虽然不像玫瑰和月季花那样刺儿多，但莽莽撞撞地去接手，会扎得人心疼。她的果实，果肉要比果核少得多，好像味道全在皮上，不可以尽兴地大快朵颐，但尝过后口留余香。沙枣树老了也会风韵十足，膝下围着一大帮如同她的"闺女树"，成片成林。她们是黄河边沙生植物园里的领军树种，是黄河河曲里最有气质的一帮"娘子军"，英武中带着娇媚。但在一般情况下，她们更喜欢独处。

与沙枣常在一起的同伴，是柠条和花棒。花棒开出的花不大不小，红彤彤的，被人称为"沙漠里的小姑娘"，这小姑娘也是固沙能手。它们都是灌木，根系发达，需要相互抱团才能敌得过四周不时流动的沙。

要说耐旱，其实还要数锦鸡儿、马莲、沙棘和苦豆子。锦鸡儿也是灌木，同柠条一样，是一种西北特有的藤类，能保水土还披红挂绿，花开一团火。马莲可是黄河滩上常见的兰花草，又叫"马兰"，因为太多见了，也就显得不金贵。马莲一开一片，蓝得亮眼，见过马兰花开的喜色就会晓得，为什么陕北的信天游里把最俏闺女叫作"蓝花花"。至于沙棘，也叫"酸溜溜"，是上等的饮品材料，更是固沙树种。

要说奇特，黄河边的浅沙丘上，居然生竹子，但这竹叫"沙竹"，可以长几尺高，没有节，日本人特稀罕，因为那是编帘子的上好材料。要说顶饥顶饿，还有沙米草，用沙米作凉粉，比川北凉粉和湖南的米豆腐还要爽口。

最奇的是，黄河两岸沙地上生长的沙葱，腌制起来，要比韭菜鲜嫩出味，还没有异味。蕨麻也即人参果，味道也是没得说。从河西走廊安西一直生长在黄河岸边的锁阳，犹如南方的红苕和北方的地瓜，既是珍贵药材，也可以生吃，涩涩的甜甜的，这是除了西北其他地方都没有的"沙生水果"。其实，同是内地常见的瓜果，黄河水直接浇灌的，更有风味且更大更好吃，比如贵德的香梨、黑山峡的软梨等等。在炳灵峡，我还吃到过一种小孩拳头大的杏李，酸甜可口，据说是因为日照长，昼夜温差大，那是真的，但黄河滩上的土特别肥沃，也是真的。

红柳在后河套多见。生在黄河的河滩地里，最多的还是芨芨草，一蓬蓬、一丛丛，一长就是半人高，又固沙又固土，有自己很大的生长地盘和局气，水来了，休想动它脚下的土，风来了，也轻易吹不走它身旁的沙。它的竿和叶太长太韧了，马儿骆驼的牙也嚼不动，但可以用来编出漂亮有扫劲的大扫帚。但凡有它的地方，就是一个固定的隆起。我们的固沙神器"草方格沙障"，创造的灵感是不是来自这里，或者是它们的姊妹植株，我不知道，但它们的保水保土功力，惊人地相似。

在黄河两岸地理环境更为恶劣的地方，还有更为奇异的两种树，一种是不知如何归类的梭梭，或者叫"扎干"，另一种是滩生野冬青。梭梭一名胡桐，可以说是一支保持水土的"特种部队"。有趣的是，这梭梭不仅靠自己深深的根维持生命，也会通过叶子吸收空气里的水分而营养树干，犹如丹砂岩上的石斛和南方习见的榕树，有自身独特的生命系统，因此生命力之顽强，是一般人难以想象到的。这支"特种兵"几乎布防在大半个戈壁里，穿着海军的迷彩服，守卫着辽阔的海疆。然而，或许是塞上的居民越来越多了，相应的生活能源结构调整又没有及时跟进，易燃也有足够火力的梭梭木，也成为一些人家不花钱的燃料。如果到远处的居民点去看，房前屋后到处堆满了干枯的梭梭柴，怕是两三辈人都烧不尽。有的梭梭居然是一个人抱不起的大树桩，面对此情此景，不知让人说什么才好。

但这只是事情的一面，更重要的一面，是梭梭附加经济价值引出的不同价值评估。也就是说，你是要用梭梭林来防风固沙保持水土呢，还是看重它的另一种附加商业价值。在梭梭深深的根部，寄生着号称"沙漠人参"的肉苁蓉，那是一种与冬虫夏草名声差不多的中药材。如果看重的是后一种商业价值，种植梭梭也就是种肉苁蓉，可以拿来换钞票，但换不来梭梭的后续生命。因为那肉苁蓉不是被动地寄生在梭梭的根部，它与梭梭根连在一起，是梭梭的附加器官，器官被刨掉了，梭梭也会慢慢地死去。种梭梭是为了它生，不是为了它死，如果只是为了肉苁蓉，大可不必去做种植梭梭的文章。因为它是保持水土的"特种兵"。一定为了肉苁蓉而去种梭梭的，尽可以在自家屋后辟一个药用植物园，别拿滩上的梭梭开玩笑，也别给水土保持者心中添堵。至少要想到，挖掘埋藏很深的肉苁蓉，必然会把锁在地下的沙土大量翻落在地表上，土地不沙化又会怎样？种植梭梭不是难事，梭梭的天然更新能力很强，它的习性同所有黄河上游植物链上的植物一样，只要扎下根来，就不会改变主意。它们有惊人的生存力、适应力和自我繁育的更新能力，又不要你特殊关照，顺其自然，一切运行得都很好。

我一直记得，多年前我到过一片近百万亩的梭梭林滩，青苍苍的一片，好壮观。那里有专门看林的牧工。他看我游来转去，有些警惕，一直跟在我左右。我笑着说，别跟了，你看我空手空身的，哪像是拉梭梭柴的。他也笑了，说林子大了什么鸟都有啊，人家雇他看，就得认真看。骆驼和牛不能进来，羊要分季节。他说他是河南来的，是临时帮工，但帮工也是工，关键是看住乱挖肉苁蓉的，一个也不能放过去。我问，这些梭梭树都是种的吗？他说，也不全是，多数是自生自灭，但灭的赶不上生的。你只要不乱来，就少不了这片林子的一根枝子。他讲的很有道理。几十年过去了，不知那片梭梭林怎么样了，是越长越旺了，还是被肉苁蓉拖累了，这是很难估摸的。我希望那片青苍苍的梭梭林常青。我还记得，临别时我问过看林牧工一个自以为有趣的问题，凡树都有年轮，在这拐七扭八的老扎干上，看不清纹路，怎么去判别它的年龄呢？他摇摇头说不知道，得问懂它的人，但他认为，各有各的生相各有各的缘，一方水土有一方的理儿。

一般来说，梭梭应当属于小乔木，但也有长得很粗很大的。忘了在什么地方，曾经看到过七八米高的梭梭树，苍干虬枝，那是不是有几百年的一棵老梭梭树？每逢想到那棵巨大但仍然部分活着的梭梭，我也会不期然地想到从哪里听到的，说巴林国的沙漠里有一株 500 年的"生命之树"，引起了世界性轰动。但在黄河上游和中国西部的荒原上，500年以上的大树有的是，尤其是胡杨树，也包括那棵老梭梭，它们在"天若有情天亦老"的时光节奏里，与天与地共度沧桑，而年轮对它们来说，实在只是一个微不足道的参数。我经常忆起，在梭梭林里徜徉，像是在疏林野外里散步一样，没有幽林密布的压抑，只有透出蓝天的疏朗。梭梭的叶非阔非针，也不似侧柏，完全是一副沙地相，尤其是小树，很像是泛青的柳枝头，十分青翠，也像是穿了条的青蒿在风中摇曳，自由自在地生，自由自在地长，只要你不去伤害它，它会慢慢撑起大河上下的这片天这片地。

我赞冬青君红柳

2020 年 7 月

在老磴口的黄河对面，有一大片冬青滩，在包兰铁路碱柜站的东边。冬青有乔木也有灌木，这里的冬青是身影瘦小的灌木，但不怕风雪与沙暴，生长在几乎很难见到苍松翠柏的鄂尔多斯台地上。冬天里风雪吹过，大河上下顿失滔滔，唯有冬青，带着一片绿意，迎风挺立在大河两岸的荒原上。

说起冬青，它的家族谱也太大了一些。我在黄河岸边见到的是灌木，南方更多见几米高的乔木，如梅叶冬青、榕叶冬青、灰叶冬青还有大叶冬青等等，大叶冬青叶也就是好多人喜欢饮用的苦丁茶。在一些盆景园或花卉市场里，我也见过不少半乔半灌的冬青盆景，虽然也千姿百态，但展示的是另外一种病态的扭曲美。在北方的很多城市，在小区的围墙下，或在道路的上下分界树池里，常见翠绿的一线树栏。这些树栏，除了可以挂网的月季花枝，种植冬青树更多一些。人们似乎很在意冬青的冷暖，为了防止大的寒潮袭击，往往给它们蒙上厚厚的绿外套，其实这并不是特别需要的，冬青也叫冻青，越冻越青。

记得我在老碱柜车站河对面居住的一年里，曾经在大冬天里越过封冻的黄河，去到东面的冬青滩上去。这滩一直延伸到鄂尔多斯台地的千里山和平顶山麓，一丛一丛的冬青在开阔的高地平原上长得旺盛，让人看到冬天的绿草原。除了绿的冬青，还有白的草丛，想必那就是古诗人吟唱过的落叶白草。凡是白草丛生的地方，都有固定的小沙丘。那小沙丘就是它们的领地，也是阻遏流沙的立足点。有趣的是，凡白草丛的隆起处都有绿色冬青树，在白草丛凿好的小沙丘下草窝子里。窝子里一般都有雨水化冰的印迹，绿色的冬青棵子与白草在这里似乎达成了默契，共同守卫着它们最后的家园。

白草似乎有多种。《汉书·西域传》描述鄯善古国时说，"地沙卤，少田"，"多葭苇、柽柳、胡桐、白草"，颜师古注白草"似莠而细，无芒"，这白草同我在黄河岸边见到的不是一种。白色枝干，夏天里翠绿的叶，一蓬蓬，带着刺，俗名"白茨"，当地牧民管它叫"哈闷儿"，学名是"骆驼刺"，"哈闷儿"大约也来自蒙古语。因为它有刺，因此有人打趣自找扎心事的人说，"包饺子包哈闷儿，要找刺"。白茨扎人，骆驼也不敢吃，但它好存活能治沙。它与冬青一刚一柔，正好是天生一对的风沙护卫。

冬青滩的风很大，气温也很低，我穿着老羊皮大衣，脚踏着高筒毡疙瘩，也都感到阵阵寒意，但晾着胸的白茨，蒙盖着怀里的黄沙丘，不让它们随风乱跑。那一棵一棵的冬青，也显露着碧绿的水色，给荒原带来几丝暖意。环顾近处无山，从黄河西岸乌兰布和沙漠闯过来的风沙，飞到白茨和冬青脚下，也收敛了威风。有许多沙粒还乖乖地凑到它们的脚下，再不想着去流浪。这样一种沙地生态，表面看似小沙堆起伏，其实已经固定，这是老天爷安排的一种草方格沙障。

转过年的夏天，我又去过一次，那是从黄河渡船上过去的，白茨好似长疯了的米兰，但结小红果而不开米色的细花。那红色的果，咬开来是一包纤维，自然是不能吃的。沿途看到的冬青似乎更绿了，枝干和翠叶在原野上翻飞。这里的黄河水，在汛期里虽然很黄，但塌岸垮坝的事发生的并不多。冬青和白茨有什么样功劳，谁也不会去细数，但明摆着大有关联。

再次去这里，是近年来的一次故地重游，这地方变得让我一下子认不出来了，居然到处有阡陌纵横的瓜园、果园，但那熟悉的冬青和白茨沙丘不见了。好不容易找到一片，但夹在新起的葡萄园里和瓜田垄亩之间。我不知道该怎么去表达自己的感想，是为之激动，还是有些失落呢？按说，荒园变良田，是应当为之高兴的，但是，眼前的一抹绿色却也带来一丝不安。除非河西岸的乌兰布和沙漠已经开始消失，风沙再不会飞来，但如果沙源仍在，这里的植被状态却发生了改变，随着一年一度的金秋欢笑声落下，在长长的冬天里和"春风吹破琉璃瓦"的季节里，这里会不会出现另一种黄沙乱飞的景象？

这一次，我还沿着黄河西岸的河滩路，去到乌兰布和沙漠的边缘，去看我教过的一位学生，他已经成为一位村委会干部，拉着骆驼来接我。这个坐落在大沙漠和黄河之间的村落是一个较大的河滩绿洲，在沙丘半月牙的月钩尾上。我在那里住了一宿。傍晚从沙丘斜处走上一道沙梁，在沙梁顶上，看西边沙海里的火烧云。火烧云下的乌兰布和沙漠更红了，风平沙静，暮霭沉沉，遥望西北方，发暗的红色沙海伸向远方，彼时的氛围还是宁静的。我的这位学生说，要不是有眼前的黄河，沙丘下的这个小村庄是不会有的，这里有大气候中的小气候，人们在不断地种草种红柳，河滩地里的收成一直不错。

说起对岸的那片白茨和冬青，他沉默片刻，也叹了一声。他说，前些年也有人提出过河"抢种"些地，但他不主张这样做。要知道，这里生态脆弱，收了今天保不了明天。他说我在这里的那两年，他曾经提过，大人们在西北百十里地外发现过古人的大腿骨，后来考古的说，那就是汉代屯田的地方。他这么一提，倒引起我对后来查核过的历史资料的一些思索，比如汉武帝元朔二年（前 127），这里曾经设立临戎、三封和窳浑三县以及沃野镇等。其时黄河主河道或在更西的地方，所谓后大套要比现在大得多，乌兰布和沙漠也没有后来那般一片连着一片，但这些古县一个一个都像楼兰一样最后消失了。沙进人退，是古代沙区的最终命运。在大的气候和水文格局发生根本改变的情况下，过度开发的历史后果和教训，是需要永远记取的。

话头转向对岸的白茨和冬青，他同我的看法一样。那是自然界的生态制约。谁也不会对新的农业开发发出反对声，但从冬青满眼、白茨满眼到阡陌纵横，究竟会带来什么样的历史轮回，似乎要更长远地去思量。这一段大河，在很长时间里，已经成为黄河流沙的新的起源地，水土流失有所加剧。这从河水的颜色越变越深可以看出来。所以，在适当开发建设新的葡萄园或瓜果园的同时，至少要留有一个较大的冬青白茨保护区，在黄河中上游乌兰布和沙漠与毛乌素沙漠的夹角之间，这也许是更大布局的自然的"草方格沙障"。

但他也说，一方水土一方植被，在他们所在的乌兰布和明沙梁下，白茨和冬青还是敌不过大风沙的，最硬气最管用的是红柳，它是沙边水前最有本事的防沙治沙能手，根系发达有韧性，花开时一片红云，比内地的三里杏花五里桃花好看得多。"我们这里就有十里桃花一线林，明天带你去看看。"

红柳在西北水沙交汇的地方很常见，是灌木，树枝是红的，扬花时的花穗尽显明亮的玫瑰色，红得耀眼。它在河套地区一带几乎到处都有生长，融入人们的日常生活。河套老乡那句"吃白面，烧红柳，围院盖房没个够"，就是家常炫耀话，但人们喜欢红柳，不仅是因为它过去在西北人的生活中不可或缺，而且它对河套灌区的水土保护也立下了巨大功劳。尤其在流沙袭来的大河拐弯处和沙水结合部，它是农牧业生态安全的保护树和保护神。

在离开乌兰布和半月牙沙丘下的黄河小村前，我看到了那一线和那一片红柳林，在沙丘边，在人家院落外。红色的红柳似乎要与红色的乌兰布和沙漠相互对视，看看谁比谁更红，谁更能镇住对方。

西 向 居 延

2020 年 7 月

从乌兰布和沙漠的沙间道路向西望，越过沙峰，有不少名之为湖的低洼地，那里也许有过黄河水的驻留，但身世往往很曲折，经历的沙尘暴也更多。在银根—额济纳旗盆地和巴彦淖尔地区交界处，就有玛瑙湖。原来也有水，但肯定不叫"玛瑙"这个名字。水没了，露出一大盆被水冲洗过的鹅卵石，包括玛瑙石，也就被人叫成"玛瑙湖"。那或许是什么世纪的一个火山湖，已经被岁月扫平了，露出了一盆细碎的石头，引来一些"拾宝人"。

也有没什么人气的湖和洼地。如在额济纳旗东南方的"拐子湖"，我曾从其侧边经过。那可是沙尘暴的一个大源头。20 世纪 50 年代，那里建起了气象站，出现了久违的绿色。这个气象站的位置非常重要，要想准确预报沙尘暴，"拐子湖"这一环缺不了。有了气象种子在撒播，就会有不断扩展的绿色，"拐子湖"的生命不仅会重新回归，也会变成另外一个模样。

从"拐子湖"侧身而过，就可以到居延。不只是王维在《使至塞上》中有过"属国在居延"的书写，也因为这里总体上南高北低、西高东低，假如弱水不是三千而是三万，保不齐也会有流水东来，会不会通过一个一个的盆地向黄河靠拢，人们只能从远古的历史镜头中去想象。也许，在未来盘活西部水流中，南高北低、西高东低的地理走势会有用武之时，山不转水转，毕竟是天下至理。

2018 年，我终于从河西走廊乘坐旅游大巴，去到居延。归来时回到黄河的第二个大拐弯处。"居延"大概来自匈奴语，因为这里曾经居住过匈奴的"朐衍"部落，"居延"有可能是一个汉语音变。在《水经注》里，居延一线有过"弱水流沙"的称呼，甚至史书里不乏老子骑青牛出关没于流沙的记载，但老子为什么会从中原来到流沙的地方，这个流沙又指哪里，从来言之不详。也许是故乡在那里，也许是一次不同凡响的游历，大有胡气的李姓人想着要寻根，也就留下一篇伟大的《道德经》，欣然西北去。但究竟有没有到过居延，谁也不知道。

"弱水流沙"不是水流沙而是水流沙间。弱水即黑河，是我国仅次于塔里木河的第二大内陆河，流到末梢，出现了如同罗布泊那样的一个游移不定的湖。这湖在那时是十分巨大的，也会造成芦荡没野的水乡。只要看看方圆千里一片盆地相连的地理地貌，大体可以得出这样的判断。

若说罗布泊成就了楼兰一时的灿烂，居延也曾造就"黑城"一时的辉煌，只是时间稍晚，但持续的时间却更长。从河西四郡（即汉武帝在河西走廊设置的四郡——酒泉郡、武威郡、敦煌郡、张掖郡）的地理方位去看，说居延海是北海，亦无不可。那时的五湖四海，除了湖河有专名，海则多指地理方位。

居延历来是走向西北的捷径，不仅可以屯兵也可以屯田。霍去病四出居延，志在必控。汉武帝以后河西四郡初立，这里置有居延县；在唐代，又成为凉州之下的属国属地。此后的主要篇章，就是西夏王朝的经略。西夏失居延而灭国，这里又成为元朝的亦集乃路。马可·波罗去元上都，经过这里；清朝末年首次发现楼兰古城的斯文·赫定也曾骑着骆驼，从这里走向新疆，转向楼兰。这里是北方草原沙漠"丝绸之路"的要津。

居延海引起人们更多关注，一个原因是它是土尔扈特东归英雄的前哨地，或说土尔扈特阿玉奇汗的弟弟按着惯例到西藏礼佛，回路断绝，就被清廷安置在这里，这是额济纳旗的由来。后来万里归来的大部人马，则主要分布在新疆巴音郭楞州，包括天山上那个天鹅湖。额济纳部落人数虽然不多，但很受敬重。额济纳与阿拉善在清代是互不统属的特别旗，但它们有部落之间的"姑表关系"，都属于西部卫拉特蒙古系统，方言不同，服饰有异，流行的长调也各有特色，但关系很密切。那位有名的女歌手德德玛，就是额济纳土生的歌唱艺术家，她的儿子也是小有名气的摇滚音乐人。另一个原因则是，在一个时间段里，黑河断流了，居延海也干涸了，说是"弱水三千，只取一瓢饮"，想多几瓢，其实也难。第三个原因就是古丝路的现代复兴。高速公路和铁路向这里延伸，按照昔日草原沙漠之路的旧踪，去修一条从北京到莫斯科与欧洲的高铁，也会是迟早的事情，而居延海也会再次成为重要的新国际地标。

记得我在阿拉善工作的时候，也曾溜去居延海，看远影要比近影多。有劝阻者说，那湖快见底了，不看有念想，看了会失望，但我还是去了。不过，我没有到旗府所在地去，也没有去看几道桥里的胡杨林，而是直奔西居延海。果如劝阻者所言，原来水量较大的西居延海已经变成无数个相互分割的小水泡子。西居延海与东居延海也分离为"苦海"和"草海"，而且眼见得连这种状态都有些无法维持。遥想文献中所记居延水盛时，两湖或者还有北边的小湖是连在一起的时候，那是何等的壮观，自然变化是那样的无情，失望的心情自然无以言说。

听说东居延海已经开始恢复元气，西居延海的水也在看涨，这是从2002年开始的，是黑河中上游改变拦截漫灌陋习的一个成果。我是从张掖去的，可顺道一睹酒泉卫星发射中心的风采，也有弱水一路伴行。一天以后，也就到了弱水中段的甘肃金塔县，从那里拉开了居延之行的帷幕。

金塔有一大片胡杨林，胡杨林长得旺盛，但河水到处横流，对耐旱但喜水的胡杨来讲，这当然是最理想的生存状态，但它们真需要那么多遍地横流的水吗？那余水最终会散流到沙的漏斗里去，十分可惜。这大约是黑河系统整合中留有的一个不经意的"尾巴"。但这里毕竟是胡杨与人亲密无间的一方乐园，如果只是为去看胡杨林，这里已经够刺激了，何况这里还有以往在西北见不到的许多花草，够人留恋一阵子。从金塔开始，路是弱水边的路，胡杨是伴行弱水的胡杨，从车窗边望，一条绿线分外显眼，绿线是胡杨，下面就是弱水。

大漠里的河与峡里的河不一样，与草原上的溪流更不同，没有那么多曲折，也不会有弯弯的"牛轭湖"。无须跑去看弱水，只要看到胡杨的绿线，就知道河在哪里行走。那一直目送的胡杨树，像是一队一队的骆驼客或是护卫弱水的一排卫兵，目不斜视地走向远方。水在流，车在走，一列火车也急速地在它自己的轨道上赶来，驶向一处散落着白色黄色建筑的浅草滩。那里就是人们都知晓的酒泉卫星发射中心。说是酒泉，其实离酒泉还远，它应当是居延和弱水的骄傲。

正午时分，额济纳旗府达来呼布镇到了。我放下行囊，急忙按着路人的指点，去到野生胡杨的大生态园。这里是达来呼布的重心，无论从园门外繁华商业街的市声里，还是从园内到处可见的人群的惊叹声里，都能感受这"胡杨王国"带来的情绪律动。见过胡杨林，没有见过因胡杨而生、因胡杨而兴的一座城。我不由地想起安徒生初见德国魏玛小城时说过的一句话：那不是一座有公园的城市，而是一座有城市的公园。达来呼布当然不是魏玛，但将这句话用在此处，在逻辑上很相似。

这是怎样的一座有城镇的胡杨林？天空、湖水、花草、栈道、木桥和树在浅沙流水的画面底色里交融，蓝的、绿的、黄的，层次分明但又错落，让人不知是先看胡杨好还是先看湖好，或者是先过桥还是先在松软的沙坡上躺一躺。有位带着小孙女的老者，好似在自语又好似等谁来回答，这五道桥六道桥都走遍，一道桥有一道桥的样儿，一道桥一道桥又都有分不清胡杨树的样儿。胡杨林居然要用城乡里的桥来划分？若不是到处有指路牌，简直让人晕头转向。想想也是，"达来呼布"原本就有大海深渊的意思，胡杨的大海、胡杨的深渊，不到这里，怎么会知道居延的生命力是何等的硬气？

看居延海，需要在拂晓前去，因为只有等到红日露出微光的那个瞬间，你才能看到居延海那张"当窗理云鬓，对镜贴花黄"的新鲜的脸，才能在豁然开朗中看到飞鸟，看到那些被旭日点染了衣袍的胡杨树。但在达来呼布的几道胡杨桥上，人已经走得筋疲力尽，只能睡一个好觉。第二天，我想还是先到近些的黑城子和怪树林去看看。黑城子是全国现存规模最大的居延古城。

大漠草原的古城遗址寻常见，但规模都很小，就连著名的阳关和嘉峪关也似小方盘状。由黄土夯成的居延古城池，周长约1公里，合于古来三里之城七里之郭较大城池之制，城墙残高9米多，东西两座城门加筑了瓮城。城里官署、仓廒、佛寺和街市遗址废墟清晰可辨。城里有圆顶清真寺，城外有一座间架完好的穹顶壁龛式礼拜堂，西北城墙上还有五座高高的佛塔身影，显示了古丝绸之路要津的多元文化色彩，显然过去是一座不折不扣的大城。

黑城子始建于西夏时期，扩建于元朝。在西夏党项语里，"亦集乃城"也就是黑水城。此地流传黑城子来自一位"黑将军"的说法，反映了昔日城池水源被切断而破废的因果，但说是被哪位皇帝派兵阻断水源，有些不知所云。"黑将军"埋掉财宝活埋亲生儿女只身突围，也是一个偶有耳闻的关于财宝秘密的民间故事。事实上，成吉思汗大军灭西夏，这里是举城归降的，西夏的文物人众因此得以保全。这也是多年以后，俄国探险家科兹洛夫能够从这里掘得包括西夏文和汉文双解字典（即《番汉合时掌中珠》）在内的大量西夏文献的历史原因。黑城子的毁灭乃是明洪武三年（1370）以后的事，明朝的大将军冯胜平定河西走廊进兵黑城子，在一场恶战之后，曾以阻断水源的方法迫使元朝守将伯颜帖木儿出降。城池犹在，但弱水改道，加上明朝在河西走廊修筑了长城，这个位于长城以北的黑城子也就成了一座彻底的弃城。

我在已经开放的黑城子遗址里四处观看，到处是瓦砾堆，不时会发现露出地面的明黄色瓷片。历史的征战是残酷的，水源短缺造成的破坏更为残酷。城墙外有一圈大体规整的低洼地轨迹，疑似旧的河道，有护城河的模样。或者弱水曾经在城前浩浩荡荡地流过，但被上游后筑的沙土坝阻断了。

西面并不很远的"怪树林"，应是历史那一幕的直接见证者。在我的眼里，那些枯死但依然立着的胡杨树干，像是出城抢水的民众，也像呼天抢地逃离的人群，队伍足足拉有一里多长。爬上前方的沙梁，下面才是尚有绿色的一股流水。驻足沙梁，你可以欣赏这里撕心裂肺的濒死美，也可以把它们看作是彼时挣扎站立的干渴者们的群像，甚至还可以由此体味一下，胡杨千年生千年不倒又千年不朽的永恒，但它们凝固在这样的画面里，又会对观者产生怎样的一种心理冲击？水就是一座城市形成与繁荣的基本生命的内涵和形式，荣于水，败落于无水，这在已有千年建城史的亦集乃身上，再一次得到了印证。

　　这是一回情绪极为压抑的游历，至少与前一日所见有着极大反差，但这一切最终还是被翌日清晨里居延海的美丽画面稀释和冲淡了。此行的主要目标是居延海，半夜里起身，乘车赶去，为抢一个好角度，在寒意尚浓的高处静等着日出。夜里等日出是艰难的，索性在灯光的指引下去到岸边。这是一个有着木栈看台的有灯光的湖角，虽然背着太阳升起的东方，但可以在太阳耀起时看到蓦然闪亮的湖面。旭日东升的景象在哪里都会看到，在泰山顶，在大海上，甚至在家乡的哪个小山包上，但居延日出的美，应当美在突然亮起的湖面上。

　　终于等来日出的时刻，有人就着光亮用秒表倒计时，我的目光一直落在逐渐变亮的湖面上。哦，湖面突然间大亮了，但耳边响起一阵扑棱棱的声音，几只水鸟竟然抢先飞落在头顶的木架上，有一只还跳在我眼前。这是什么鸟，像鸽子但又比鸽子大，灰白的羽，红色的喙，有的头顶上还有一点黑。我不明白它们是从哪里飞来的，难道如我一样，醒来不知身是客，也要在这里观湖和观日出？这鸟似乎在哪里见到过。对了，它们不就是在滇池边在洱海畔见过的红嘴海鸥吗？

　　向湖面望去，金红色的波纹一层又一层，向着看不见的水天里涌去。这有些狭长的湖面，不免让人想起王勃的"秋水共长天一色"，但不一定是"落霞与孤鹜齐飞"。在旭日渐升的湖面上，红嘴海鸥飞起飞落，是它们的一个大早操课程。密密麻麻，高低飞旋，不比滇池边见到的情景差许多。它们是居延的新朋还是旧友？或许都是，但它们每一次在居延的大聚会，却是生命迁徙中注定要发生的连续片段。

　　一般认为，红嘴海鸥是生活繁衍在贝加尔湖的候鸟，每年到滇池过冬。来的时候是白白净净的小王子和小公主，要走的时候，已经加过了"成人礼"，那头上生出的黑点，意味着它们已经到了成家的年龄，需要不远千里飞回原乡去生儿育女。这眼前与居延红霞齐飞的红嘴海鸥，是一个长幼兼有的海鸥家族，这里莫不是已经成了红嘴海鸥的又一个原乡，或者本来是原乡，却迷失了，后来又被它们找到了。

　　再过两个月，它们也许也会飞到滇池去。到时人去了，或许你认不得它们，但它们却认识你，红嘴海鸥从来不认生，是自来的见面熟，它们会大大方方地落在你张开的手心上，咕咕地向你问候：你们怎么这个时候才来呀。

　　海鸥和海燕一样，都是一种掠来掠去最会利用气流飞旋的鸟，但海鸥多白，海燕多黑，都能迎风沐雨。翻译家戈宝权很会译海燕，海燕像一道"黑色的闪电"，在大海上掠过，但海鸥，无论是大海上的海鸥，还是湖面上的红嘴海鸥，也并非完全是高尔基笔下的"在大海上飞窜"，要把恐惧"掩藏在大海深处"的凡鸟，它们似乎有更多一份对生活的自信。红嘴海鸥在居延海再次安身立命，不仅显示了自身的存在，也在显示居延海的海量气度和新的魅力。

　　海鸥，在居延海里成长，在弱水的滋润里发育，在胡杨的绿荫下飞翔。当居延海三个湖泊"团圆"在一起的时候，海鸥将会迎来更多的欢乐，迎来最美的太阳。而人们也会迎来更多相识和不相识的红嘴海鸥，它们是居延的"吉祥鸟"。

五加河两头

2020 年 8 月

河套有广义狭义之别，最宽泛的概念，是指黄河"几"字形弯的支流流域。稍广义的概念，是指黄河"几"字形弯内外的大片河弯土地。比较狭窄和具体一些的地理概念，一般是指银川平原和巴彦淖尔的黄河渠网地。有时人们称前者为前套，后者为后套或者后大套。

如果将银川平原比作枣核或者橄榄，后套则更像一个大瓷枕。在近代农业开发中，处于后套的农民日子比较好过，多少有些躺在枕头上吃白馒头的好福气。这里的自流灌溉田有 1400 万亩，加上提水浇灌，水田面积还要翻番。

河套平原的顶部是狼山，狼山脚下就是古时也有名气的五加河。五加河也可称为"乌家河"。为什么叫"五加"或者"乌家"呢？好像历史上就是这样一路叫过来的，但深究起来，也出自蒙古语，意思是大河的河尖子。也就是说，五加河河道是黄河河道的顶端，或是黄河古河道的北支，后来因为流沙淤积，河床抬高，加上狼山不断抬升和山洪的冲击，河道也就南移了，而五加河也就成为黄河涨水的分流河道，或者是一弯减河。黄河主河道从南边的磴口（巴彦高勒）附近开始转弯，经过了一个叫"西山嘴子"的阴山突出部，向东延伸。那句近代民谣，即老磴口扳船老汉唱过的，黄河"流到西山嘴子黄呀么黄河弯"，说的就是这样的流势。从这里开始，黄河完成了 90 度的大拐弯。

五加河是黄河古河道，这在《水经注》里有记载，称黄河分为北河和南河。在古代，五加河是黄河的北河，现在的黄河河道是南河。清道光三十年（1850），河套平原与狼山海拔高度有变化，主河道一直向南移，五加河泥沙淤积，逐渐成为退水的减河，灌溉田亩后的余水顺着五加河进入西山嘴子西边的乌梁素海，形成一个大海子。

乌梁素海湖尾有条细长的"王六壕"。所谓"王六壕"，也未必是个人开发并冠名的壕沟，"王六""往流"，也可以是谐音借用。乌梁素海与位置变化后的黄河主河道由"王六壕"相连，但流入的水多，流出的水少，乌梁素海也就越来越大了。据研究，"乌梁素"一词是蒙古语"乌力亚素"的汉语音转，意思是可以生长杨树的地方。最早这里是山边洼地，有过两个小湖，五加河尾水注入，大水连成一片。20 世纪 30 年代，黄河几次涨水，进入五加河的水也不断增多，退水量大增，为防湖水倒灌，多处开始修建湖堤。40 年代，乌梁素海最大水域面积达到 800 平方公里，后来自然减缩，1965 年时的水域面积为 470 平方公里。再后来农垦兵团围湖造田，再次缩小到 250 平方公里，现在稳定在 300 平方公里左右。

乌梁素海其实是五加河河床淤浅之后出现的一个大型牛轭湖。乌梁素海以西的河套平原是塞上的一个大粮仓，银川平原大米多，这里小麦多；银川平原杨柳多，这里红柳多，所以乡谚里向来有"吃白面，烧红柳"的传统说法。河套的小麦面粉是国内小麦面粉的优质品牌，这里的雪花粉同银川的莲湖米一样，畅销全国各地。河套平原也是历史移民集中区，尤其是清末进一步放开边垦，大量山西和陕北移民进入，成为有名的"走西口"的目的地，与"闯关东"一样有名。但不同的是，"闯关东"的多是山东和河北的失地农民，"走西口"的则多为山西和陕北的饥民，因此这里大体上属于山陕方言区，山西梆子是其一大剧种，"二人台"和蒙汉歌曲音调相柔的高亢"爬山调"也很流行。这里是西北与华北交界的最重要粮食产区，是北方重要的粮食补给源，在抗日战争中发挥着战力支撑作用。当时傅作义的晋军在河套平原据守，成功地抵御日寇沿黄西进，取得了绥远抗战百灵庙大捷的战绩，为抗日战争的胜利争取了一定的时间和空间。

后套平原水渠之多，数量不亚于银川平原。沟渠东西南北纵横，形成水网，但大水漫灌又是由来已久的积弊。对于大水漫灌效应，过去也有不同的看法，最极端的说法是河套灌区处于乌兰布和沙漠和鄂尔多斯库布其沙漠的夹角之中，如果没有大量的黄河水压着，这里也会出现沙漠化。有人说，如果河水利用系数低于一半，地下水位低于 2.5 米红线，这里的生态系统就会发生变化。这自然也有一些道理，但作为大水漫灌的理论依据，恐怕很难让人信服。比如靠近东部乌梁素海的一些地区，从公路上看去，白花花的碱滩时有所见，有说那是前几十年盲目推行水稻种植留下的，但如此肥沃的大平原，出现了白白的癣斑，终归令人叹息。这里的土地更适合大面积种植小麦和葵花，尤其是杭锦后旗的陕坝镇周围，土肥水美，也可以压沙，是小麦的丰产区。

陕坝镇的南面是二道桥，西面是三道桥。陕坝曾经是原绥远陕坝专员公署的驻地，现在是杭锦后旗的中心镇。那里有不少以农渠命名的农业社区，还有一个"红柳地"，从名字上就体现了昔日红柳遍地灌渠纵横的河套景观。从这里向北，沿着狼山南麓再东行，也就到了乌加河镇。乌加河镇属于乌拉特中旗，镇子很整洁，多少有些现代城镇的气象。我没有到镇里多逛，只是在五加河河边走走。麦子已经收了，茬尚待翻犁，河堤有柳，山上有树，很是宁静安详，偶有几声蛙声传来，在荷叶下，在芦苇丛里，鱼儿在游动，水流很慢，已经过了浇灌季节。

乌加河镇在五加河的中段，它的南面几十里是比较有名且有悠久历史的五原县。沿着五加河，走向乌梁素海，要经过五原。乌梁素海原是山前的几个小湖泊，五加河尾水不断进入，水连一片，小湖也就成了大湖。这个变化，说是从 1850 年开始的。那时，五加河有一段 15 公里长的河道发生了大的淤塞，黄河水很难通过，于是河道加快南移，而五加河和乌梁素海也就开始变成后来的样子。

五原是河套近代农业开发较早的地区，过去叫作"隆新昌"，现在的中心镇也是隆新昌。隆新昌原来叫隆兴长，是清末设立的五原厅的治所，现在仍是县府驻地。五原很古老，有文字记载的历史有 2400 年。史载三国时代的吕布就是五原人，北魏时期的沃野镇就在这里，民国时期冯玉祥国民军"五原誓师"和傅作义的"五原抗战"也发生在这里。冯玉祥"五原誓师"台的遗址在镇北。"隆新昌"这个名字很像是一家字号，反映了这里农业开发的最早商业联合状态，或是有过寡头垄断，或是出现过农业资本联合。五原是著名的葵花子之乡，秸秆养羊百万只，油料产量名列全国百强。

黄河流域最大的淡水湖乌梁素海很有名。2002 年，乌梁素海被国际湿地公约组织列入国际重要湿地名录。因为它是地球上同纬度最大的自然湿地，仅仅说它是塞上最大的明星湖泊，还远远不够。乌梁素海曾经是下乡知青兵团所在地，知青的汗水掉入湖里，粮食丰收的笑声也曾飞过湖面，但从今天来看，它的主要价值并不在这样一些场景里，生态保护则是更重要的事情。在黄河上，这样大的自然淡水湖还没有第二个。它的真正价值是什么，似要一思再思，它不仅是黄河赠予我们的瑰宝，也会对黄河上游后半段的治理产生深远影响。比如说，由于这一段黄河经过了大片沙漠，终究会带来数量巨大的泥沙，从这里到托克托河口村，黄河已经是潜在甚至是现实中的"悬河"，乌梁素海和五加河会在什么样的变化条件下起到新的治理作用，这恐怕不是一个多余的思考。答案也许还不是很清晰，但需要找到。

乌梁素海的风景很好。在湖边行走，天是蓝的，地是绿的。芦苇丛里不时游来野鸭和天鹅。几只"捞鱼鹳"冲天而起，嘴角上晃动的是一条不大不小的鱼，是鲢鱼还是鲤鱼，看不分明，但从"捞鱼鹳"的欢快劲儿，见出了它们的满足。

当年知青在湖边种下的树已经一围粗，田里的麦浪起伏，又是一个丰收年，水生态也在不断优化，水产业和旅游业也颇有气象。这里的鱼多，候鸟也多，但由于周边农田化肥使用较多，湖里的来水主要是灌溉后的余水，水体在几年前也受到了污染，现在的水体正在还清。严格防止化肥农药残留进入和湖水的富营养化，不只是湖泊管理机构的责任，也不只是农场的事，整个后套灌区的人们，都应把乌梁素海当成自家门前的水井，从五加河到每条渠的排水闸口都要把好关。这是一个很艰巨但需要严格落实的大事情。

从西边进入五加河、乌梁素海，转向公路折向西行，也就回到黄河拐弯处的磴口县巴彦高勒镇。三盛公黄河大桥还是那么壮观。这里是乌兰布和沙漠的北缘，可以清晰地看到河套平原的两头，看到黄河与沙漠的结合部。

　　磴口县我过去也来过，这里是河套的西门户。我记得，多年前曾经从阿拉善戈壁和沙漠进入磴口，看到过一些古城遗址，甚至见到过一些古墓，也听到过这里曾经发现过古亡人尸骨的讲述，后来知道，这里就是汉武帝时代设立的"临戎""三封"和"窳浑"三县故地。"临戎"离现在的黄河湾最近，那里的土城最大；"三封"在西边，出土过唐代的金碗；"窳浑"在西北，已经被乌兰布和沙漠掩埋。这三个县都是汉武帝元朔二年（前127）前后建立的屯垦县。"窳浑"是那时朔方郡西部都尉驻地，那里有个很大的屠申泽，也叫"窳浑泽"，与今日的乌梁素海呈对角线，但比乌梁素海古老。也就是说，在五加河尚是黄河主河道时，屠申泽的一部分就是当时的乌梁素海古湖，但不在东而在西。"窳浑"的县名或另有来源，但我以为，它就是一瓢浑水的大湖泊。这些地方现在还有能够正常经营的农场，但除了残破的土城堡，古代的田亩与沟渠也都埋入红沙里了。红沙哪里来，好像不是从腾格里沙漠和巴丹吉林沙漠吹来的，它们远在千里之外的南边，这里南风少而北风多，那里的沙吹不到这里。再说，这里有的沙漠颜色发红，自然会是乌兰布和沙漠就地起沙，成为直接的风源和风口。黄沙或是曾经的黄河泥沙，红的则是附近敖伦布拉格大峡谷岩石分化而来的沙土。敖伦布拉格大峡谷有一眼细泉，也有一个小林场，但这峡谷太古远了，丹霞很早就风化为沙土。

　　这三个故县的位置，说明这里曾经阡陌纵横，是古河套平原的一部分，也暗示着彼时的黄河河道更靠西一些，而沙漠里在风吹后不时出现的芦苇根化石似乎也是证明。"临戎""三封"和"窳浑"在这里出现，也提示了当时这里的生态还是不错的，但很快恶化，在东汉时期就逐步衰退了。

　　看这两千多年前的古城遗址历史，不由你不横生感慨，生态有情也无情，黄河在这样的环境里还能造成今日磴口的繁荣，这本身就是一个奇迹。我曾想，我们的那些先人们，如果很早就懂得环境保护，多绿化多种草，"临戎""三封"和"窳浑"三座古城，或会有更长时间的存在感，那个敖伦布拉格大峡谷也不会很快变成乱闯的"红公牛"，而"窳浑"也不会无瓢，瓢里也不会无水。

不过，生态的历史翻转，也并没有令磴口一无可看，这里有自己特别的景物。除了敖伦布拉格大峡谷，还有北方唯一的藏传佛教红教喇嘛寺庙——阿贵庙。阿贵即是山洞，阿贵庙是露天佛寺。这里还有"杨家将"戏文的某些背景，除了很可能实际存在过的"李陵碑"，孟良、焦赞"盗骨"原生故事也有影子。京剧的一些重要剧目，有很多是以北方为地理背景的，比如《锁麟囊》在山东，《盗御马》在承德兴隆，《三岔口》在怀柔，而《洪羊洞》中的洪羊洞，却在狼山上。

屠申泽消失了，但沙窝里还有它的遗留。研究沙漠地下水的学者说，在乌兰布和沙漠下有 100 米的储水层，而且是淡水。这水显然来自黄河和曾经的屠申泽，但它们被埋在沙里，目前还没有力量重回地表，只能在沙丘之下静卧。沙漠地下水的再利用是门大学问，抽多了会加速土地沙化，搁在地下也浪费，偌大的地下水"银行"如何自然流转，是一个饶有趣味的问题。

在离开磴口的时候，听到一则消息，就是这里的农场，为了节约黄河用水，不仅推广了滴灌，也自觉地减少了比较费水的作物和耕地面积，改种耐旱的沙生植物。大水漫灌已经成为历史。另外，还看到了一个前些年的统计数据，说是在 2007 年到 2014 年的 7 年里，水土保持有了较大进展，减少了上亿吨入河泥沙。看来，在五加河两头尤其是西头，回天的文章，大有写头。

绿了大漠青了阴山

2020 年 8 月

　　巴彦淖尔河套的河对面是较为广义的大河套地区，或曰鄂尔多斯台地。那里似乎一直埋藏着中华民族文化发展组合的一些谜底，也隐藏着中国北方地区生态气候变化的一本大"册页"。解开这些谜底和打开这本册页是至关重要的。进入这个最大的黄河"几"字形河弯地，首先要想的是这样三件事：一是它的生态面貌是从什么时候开始变化的，未来还会有什么样的变化；二是这里的河流与我们的黄河母亲有着什么样更紧密的生态关联；三是这里陆续发现的古人类遗址、青铜器遗存和许许多多的古代土城、石城，又意味着什么，它们在中华民族和黄河文明链上，占有怎样的位置。

　　鄂尔多斯绿了起来，是近年来明显的事情。在我的记忆里，那里一直是黄沙漫漫，高低起伏，枯草与沙尘齐飞，黄沙共长天一色。库布其沙漠靠北，毛乌素沙漠在南。不过，这里沙漠中的沙丘并没有腾格里沙漠和乌兰布和沙漠中的那般高大得吓人。

　　住在沙漠深处绿洲的蒙古族牧民，是曾经的鄂尔多斯部落。"鄂尔多斯"有宫帐的意思，宫帐又称"斡尔朵"，是来自突厥语遗留发音为"鄂尔多"的词根。

　　鄂尔多斯有成吉思汗的衣冠祭祀陵寝"八白室"，也有大汗行宫遗迹和"九宫城"遗址。在西边的桌子山东麓，还有一个石峡，传说有游弋的白骆驼。白骆驼是沙漠里有着超群记忆的灵物，在当地牧民的传说里，年幼的白骆驼在某处滴血，骆驼妈妈总会找到那个地方。因此，当一个重要人物秘葬在哪里，往往会相应宰杀一峰幼年白骆驼，作为人们寻找亡人的"向导"。也许是为了让后人不忘成吉思汗的瞑目地，或是还有更深一层的历史故事，白骆驼寻迹也就成为鄂尔多斯的一个传说。

成陵并不是成吉思汗的正式墓葬，蒙古人素来实行天葬，为了防止盗墓，帝王死后秘葬草原，地表种草而由万马踏平，另立祭祀处，因此"八白室"也可视为大汗的衣冠冢和祭祀台。成吉思汗是在六盘山病死的，但按照他的遗愿，祭祀的"八白室"建立在灵车返回的伊金霍洛草原上。

多年前，我瞻仰过伊金霍洛旗的"八白室"。白色的宫帐穹庐挺立在毛乌素沙漠东北边缘的一个山包上，山前唯见乌兰木伦河流经的小草滩，有着绿油油的一股草原灵气，但四围一直是黄沙遍野。近年再到成陵，宫帐远近的环境大变。"八白室"下，不仅有花岗岩石砌成的阔大广场，绿树成荫，还有一眼看不到边的绿草原。那穿着银灰色衣袍的守护者也是导游，景区里解说员是清一色的蒙古族青年和中年男子，在平和中有一种肃穆感。

成陵的内外新变化，或许是个特例，但它的周边尤其是鄂尔多斯市府所在地东胜旧城与康巴什新城的布局，也让人惊奇。那里也是多民族聚集区，但汉族人数比例高些。看着旧城的林荫大道和林立的商厦，谁会想到，也就是在四十多年前，在黄河北岸发生过的一幕轻喜剧。那时，黄河对岸包头老城里的调皮孩子们，总要追着从东胜渡河而来的"二饼子牛车"，朝着翻穿皮袄的车老板连喊，"河西老大，一赶两挂（串）"。为什么小孩子这么小瞧河西人，因为那"二饼子牛车"是沙里行走的所谓木轱辘车，老牛伴着刺耳的吱呀声，像骆驼一样旁若无人地行走，听到小孩的戏耍声，只装没听见。那时也没有黄河大桥，他们是怎么渡过河的？是了，"一赶两挂"往往是在冬季，冬天里的黄河要结冰，"二饼子牛车"可以鱼贯而行，他们是向包头送一种燃点低的"煨碳"的。料不到，真是三十年河东三十年河西，特别是煤炭经济红火的时候，东胜的车也还是"一赶两挂"，但都是铁壳子胶皮轱辘的奔驰车。

很长时间里，鄂尔多斯人有"扬眉吐气"的自我感觉。所谓"扬眉吐气"，是羊（绒）、煤炭、土特产和天然气资源的谐音。羊（绒）、煤

炭和天然气不用多说，土特产中的地标产品就有 6 个。从东胜去往康巴
什新城，林荫道已成气候，原来的起伏沙丘不见了，宽宽的路，是新的
水景和林景。这是一座绿城，也是一个新的"魔方"。

鄂尔多斯"魔方"般的变化有些突然，但细思有多种原因，包括自
然的和人工的。鄂尔多斯是标准的北方生态区。历史上，欧亚大陆大部
分地区所处的北温带，气温变化周期不断交替，对农耕经济有打击，对
游牧经济更具毁灭性，但有时也会发生相反的效应。以秦汉时代为例，
由于气温升高，现在的长城一线，适于农耕的区域可以北移 200 多公
里。《史记·乐毅列传》中说，"蓟丘之植，植于汶篁"。也就是说，当
时的燕山山区可以广种竹子，山东半岛就更不在话下了。现在，太行山
南麓还有大片毛竹林，是小气候形成的。过去，关中有竹子，河南全境
有竹子，并由此造成后世"竹林七贤"的佳话，鄂尔多斯的北部也有大
片竹林。秦汉在鄂尔多斯高原置有朔方郡，是因为那里可以屯垦种
地。而现今的乌兰布和沙漠深处，曾经置有 6 个或至少 3 个县，那说
明，汉代北方的气候相对温暖，西北的生态并没有后来那般恶化。

对于气候的这种阶段性变化，学者们找到了基本规律，温湿与干
冷，大体上具有 300 年左右的交替周期。从公元初到 3 世纪，中国北部
和西北属于温湿期气候，3 世纪到 6 世纪是干冷期，7 世纪到 9 世纪和
12 世纪后又有温湿期。这三个温湿期，大体与汉唐和蒙元时代相对应，
那时不仅发生了农业边界向北向西移动的总体势头，也使"丝绸之路"
进入最活跃的时代。根据物候学家的研究，在盛唐时代，热带和亚热带
雨林北移，成都地区有荔枝树，苏轼眉山故居里就有一株荔枝树。蜀地
也生有木棉花树，但在两宋时期就很少见到了。在丝路的繁荣期里，无
论是哪条丝路，都是人来人往，络绎不绝，驼铃声遥过碛，驼队和马帮
在河边沙间穿行，中国的西部与北部出现大的城市和众多绿洲，也集中
在这个时期。现在，西北仍然干旱但降水量明显增多，随着全球气候变
暖，一个新的气候周期似乎正在出现。

还有一种研究角度，即不同地区的发展特点与景观不同，是因为纬
度高低变化中地理传播规律使然。在同一个气温带中，太阳的辐射值、
热力和昼夜长短大致相同，带中的植被与动物分布有相似性，人类最早

内蒙古鄂尔多斯大沟湾

驯化的动植物乃至人的生产生活方式也有相似性，容易在传播中相互适应。这种传播往往环绕着同纬度范围里的一个同心圆，表现为横的东西方向。按照这个理论，可以解释陆上丝路走向，为什么在总体上是东西横向的，但丝路具体的多种路径的选择，又显示为更为复杂的经济发展互补规律，比如游牧与农耕、山地与平原、沙漠和水乡。经济发展纬度不同，陆上丝路走向也会呈现为南北方向。这无疑是鄂尔多斯开始变绿的气候变化大背景。

但人的因势利导因素终究不可忽视。库布其沙漠和毛乌素沙漠的沙产业发展和固沙造林，加速了沙漠返绿的进程。在西北众多的沙漠里，库布其沙漠不算大，但它是风沙东向的先锋。毛乌素沙漠面积要更大一些，它与乌兰布和沙漠隔黄河而相望，黄河就流在它们中间的夹缝里。所谓"沙丘如弓，风沙似箭"，挫不掉库布其沙漠和毛乌素沙漠扩张的势头，也难言黄河自身的安全运行，难言鄂尔多斯的生态变化。库布其治沙，借助了市场改革的力量和社会力量，兴起了市场效益庞大的沙产业，让黄沙变成财富，沙漠还原为草原，沙丘也开始一个个地消失。毛乌素沙漠从20世纪起就是治沙的一面旗，先是"引水拉沙"，后来引入沙坡头的草方格沙障"魔方"，目前的治沙率达到了70％。这样下去，沙丘也会成为鄂尔多斯的稀罕物。黄河中上游绿化率，总体上也由20世纪的20％上升到现在的54％。毛乌素沙漠原有两万平方公里，在明清时代就开始形成，百年前日趋严重，也影响到了黄河。20世纪60年代，它向黄河的年输沙量曾经达到6亿吨。一段时间里的总输沙量，达到23亿吨。现在，沙丘开始显著减少，植被开始恢复，连美国的卫星也惊奇地发现，那里的大面积黄沙开始逐渐消失。

遥想20年前，可不是这个样子。鄂尔多斯台地原本是黄河"几"字形弯中的"昆仑"平台，在一般情况下，这里不应当是风沙肆虐的地方，但西来的风沙既可造就黄土高原，也就可以把沙子堆积在这个大平台上，日积月累地形成了新的沙漠。沙漠形成容易，消除起来却难。国家在长城榆林一线营造了三北防护林，但森林防护要从防御转入进攻，没有毛乌素和库布其民众治沙力度的呼应和支撑，陕北的治沙持久战，还不知要打多久。

沙漠对黄河的危害，往往会产生灾难性后果。在一个阶段里，光是库布其沙漠，每年就要向黄河输送上亿吨泥沙，有时还会引起突发性灾害。

鄂尔多斯的河流并不少，但多数属于季节河。因为北高南低，地理最高点在横山，西南还有六盘山隆起，大部分河流呈东南向流入黄河，如发源于白于山的无定河，它的上游叫红柳河，流到靖边改称无定河。再如窟野河，源自伊金霍洛旗丘陵，东南流向神木县，与悖牛川相汇。比较长的还是北洛水，在大荔以下注入渭水。这些河水季节性强，山洪暴发时，黄浪滚滚，大量泥沙输入黄河，成为黄河泥沙另一个大的来源。所谓秦晋大峡谷是黄河第二大源头，其实主要是鄂尔多斯台地上的河流。但从 21 世纪的第一个十年起，这种情况正在逐步改变。毛乌素开始变绿了，局部地区也开始出现山清水秀的景象，流沙大量入海的因素也开始减少。这对整个陕北黄土高原是好消息，对黄河更是个好消息。近几年到这里和黄河上去看，不是汛期季节，河水一般是淡黄色的，有石头山的地方，还有清溪环绕的新镜头。有事无事再到榆林和延安去看一看，虽然没有江南的那种青山绿水摄人心肺的模样，但也可观。在延安，不只是宝塔山，许多昔日寸草不生的黄土沟壑披上了"绿衣"，延河水也开始清亮起来了。榆林的三十六营堡，包括保宁堡、双山堡、波罗堡、龙州堡等，以及赫赫有名的统万城等，城前堡后都见了绿色。陕北的生态在变，小气候也在变，变化的显在和细微，别说上了年纪的人清楚，刚来这里没几年的年纪轻的人也能感知到。

从总体地貌结构上看，鄂尔多斯台地和整个陕北，其实就是黄河河曲的一个大转盘，称为"朔方"古地，其实就是河南故地。它的西边是河西地区，东边是三晋高原河东郡，往南是河内核心地区，向东则是中原诸大城。古代的河南是由黄河划分的特别的经济地理和自然板块，从河南地到三晋地，再到太行山下的华北平原，是由黄河塑造的一个走势分明的三级平台。其间由太行八陉和黄河上的渡口相连，形成了古老的黄河文明大板块，再向北向东，则是鄂尔多斯的潜在水塔。

鄂尔多斯台地的河流大多是北流黄河，但或长或短的陕北高原的河流，都东向南向汇入了黄河。沿河生活的人们，不管在历史上如何分手又如何再见，都是黄河的一脉子孙。这样一种由黄河养育出来的共同文明来源，从历史上的地方政权和方国自称为"夏"的称谓中，可以明显看出来。当人们对共同拥有的一个较早见之于甲骨文的"夏"字有共同感觉的时候，就会深切地知道，大家血管里流着一样的血，也会明白，自己与黄河的血缘关系会有多深。

大概也是这个原因，近年来有许多考古学者把目光更多地投向鄂尔多斯，投向了陕北，而不是简单地跟在西方学者19世纪老学说的后面，只是去比较这里的青铜器与内地的青铜器有什么异同，又是从哪里来的，或者巴望从中再去印证华夏文明西来的某种轨迹假设。

然而，这里的兄弟姊妹更关注未来的生存发展环境，为了草原和现代经济产业，也为黄河大套和小套里的家园，他们要把风沙压在历史的地质层里，让现代"斡尔朵"更多出现在鄂尔多斯台地的广袤大地上。

从鄂尔多斯北渡黄河，有两条高速路，还有更多的"穿沙公路"。也许有一天，"穿沙"的叫法也会过气，改为别的叫法，那也不会是什么可奇怪的事情。从高速路可以到东边的准格尔旗去，到草原青城呼和浩特去，也可以从东胜直接北上，与高速铁路一道，直接跨过黄河大桥，去到黄河边最大的钢城包头。

呼和浩特也有大小黑河，虽然流程不算长，也是黄河的一级支流。小黑河发源于大青山北麓的武川县，汇入大黑河。大黑河是青城的母亲河，也养育了富饶的土默川。青城的旧城里有宏大的席力图召（藏传佛教寺院），西南有著名的昭君坟。一向没有立坟头习惯的北方古代游牧者，给出塞的昭君立了坐北朝南的坟茔，这是一种草原风俗的特例和破格，看来，各历史民族部族的社会心理还是相容相通的。

以往车过大青山，总会有些名实不很相符的感觉。青山无青，只当作年轻的山脉来看。曾经有人解释说，树喜阴而不喜阳，山里的桦树和松树多的是，只是你没有看到罢了。听后释然但也有遗憾，难道说，南方的树木也是青山一面倒吗？这回经过倒是很开眼界，大青山的阳坡上也长满了树，从呼和浩特通向包头的山前公路，一直铺开，至少有二百公里长。绿了大漠青了阴山，黄河的北屏障开始变得苍翠，这黑河流向黄河的土默川，真如其川一样，人众树也众，遍山林木何止十万，而土默川的树又何止百万。

据中国气候学家近年调查研究，随着气候变化，海平面在缓慢上升，中国的降雨临界线也在逐渐北移。塔里木盆地和柴达木盆地沙漠区，已经连续三年出现降雨，沿黄地区植被的自然恢复能力也在增强，西北的一些干涸古河道，也开始见水了。气候自然周期变化很复杂，总体上要减排，但局部地区也会出现料想不到的变异。降雨临界线的北移，无疑会带来北方特别是西北植被修复的新机遇，黄河的水量也会跟着逐步增加。有一次，我对一位熟悉的老水利人半开玩笑地说，你们将来可有好干的了，现在忙治理河沙，明天说不定再次当一回大禹，防洪是未来最要紧的事情，要跑断腿的。

城中大草原

2020 年 8 月

包头的名声，不只来自包钢和白云鄂博的稀土，同时也来自古老的文化历史和黄河中上游的水旱码头的传统地位。它也有一个碛口，在东河区东三十里的黄河边上。包头的名字，有说来自蒙古语中的"博克图"，即有鹿的地方；也有说它同沧州的泊头一样，是一个由河运而兴的古老城市。两说都有道理，但人们更喜欢"博克图"的说法，这不仅是因为鹿带来草原的无尽诗意，也因为它是塞上飞速跳跃发展的大工业城市。

如果要说它最早的名称，是叫"九原"。《史记·赵世家》记载：武灵王二十六年（前306），"复攻中山，攘地北至燕、代，西至云中、九原"，"筑长城，自代并阴山下，至高阙为塞"。云中在今呼和浩特市托克托县东北古城乡，九原郡治所在包头，是秦汉时代的一个"省会"。赵长城关口是阴山通向北漠的一个阶梯口子，赵武灵王在通向固原的必经之路修筑的赵长城，一直延续到西碛口的大拐弯处。汉代在包头北面建立光禄塞，北魏又在赵长城之北设立怀朔镇。一直到清同治九年（1870），包头发展成有五个城门的较大商业城市，成为西北著名的皮毛市场和水旱码头。水码头在另一个碛口，旱路则从居庸关西来。更早的时候，九原是秦代开通的南北直道的终点。蒙恬大军北上要走直道，昭君出塞也要走直道，可见在漫长的历史岁月里，古九原和包头的地位是何等的重要。至今，秦代的这条"高速路"，在达拉特旗和陕北的一些地段还有明显遗存。

　　讲九原，也会联想到河套的五原，有说五原这个同样古老的地名，是来自很早以前，那里有过人们可以栖息的五个原地。这里叫九原，或许也有古经文中"九州之内皆可宅居也"的含义，但也许确曾有过大小九个原地。有考据说，最初的九原古城在今包头城西北，即《竹书纪年》中所说"其城南面长河，北背连山"处。有学者还明确指为乌拉特前旗黑柳子乡的古城，但九原正式设郡是在秦代，郡治就在今日包头麻池古城遗址上，这是确定无疑的。这里离黄河不远，秦直道要从这里渡过黄河，因此，九原从秦代开始就是一个水陆道路交叉点。现在，通向鄂尔多斯的黄河大桥依然正对着麻池，在那里的旧墟里，曾经发现过元代的青花大罐。

　　黄河的河运也造就了老包头。从三道坎、老磴口开始，一直到托克托河口村，这一段黄河沿岸无峡口，水流相对平缓，是黄河唯一可以在春夏季里连续通航的段落。码头选择在老城东面的磴口，是因为那里更适于船只停靠，造就了老包头最初的水旱码头商业地位。

　　老包头即今天的东河区，是浅山平台包围下的洼地，或说是一个三面高地环绕的河滩，因为地势颇高，黄河水漫不上去，黄河从来没有给它添过乱。在靠河的南面倒是形成了一个"小河套"，至今仍是包头居民的休闲之地。老包头的地形犹如簸箕，东北高西南低，是天然的大漠商路口，也成为清代旅蒙商们的一个中转点和大本营。著名晋商旅蒙商号"大盛魁"在这里崛起，诚非偶然。这样一种地势，或也可解释包头一名的另一个地理来源，细看一下，包头就是高地包起来的一个洼地头呀。

　　但这样的地形也会造成偶然的灾情。榆林小调和当地流行的"二人台"，就有光绪三十年（1904）"水淹西包头"的唱段："天上飘来一朵云，霹雳一声大雨下，就像黄河往下倒，又像船帮漏底大水冒，对面人影看不清，立地起水漂大船，大水刮走了德隆鑫，捎带上两个跑堂人，水头刮到营盘前，刮走了两个站岗的绿营兵。"为什么会是这样？不是黄河水来淹，而是平地起了水。因为高地上的骤雨也会形成应势而来的半环形"瀑布"，那时又没有排水设施，只有一时容纳不下洪水的东河漕和西河漕，汹涌而来的雨水造成了大洪水，一时排不出去，也就淹了西包头。多年后人们再看东北高地下，七沟八梁窄街巷，那洪流竟下的情景，闭着眼都能想得出来。但这毕竟只是一次偶然灾难，只因包头西部商埠地位太重要，也就通过口口传唱的民间小曲，成为一种自然灾难史的民间记录。

也许是这次水灾，包头人在西北门内的高地上，建了一座旱龙王庙，也叫金龙王庙。金龙王庙是明初开始有的，不一定祭祀龙王爷，而是祭祀历史上有名的河工和治河大臣。这在黄河流域多见，大运河的常州段和扬州段也有。金龙王庙和镇河塔是河运城市的一种标配。包头的金龙王庙不建在东边的磴口，而是建在城中心的旱梁上，大约也是出于包头特别的地形，适应防洪的社会心理需要。

俱往矣，在 20 世纪 50 年代，包头迎来了亘古未有的飞跃发展嬗变期，由于包钢和众多大工厂的建设及配套工业的发展，历史的商业色彩相对消减。包头变身为全国瞩目的新兴钢铁工业城市。城市体量猛增，由一个簸箕形的东河老城区，一变而为六区一县两旗的较大工商业城市。老城的街道也整修宽了，昔日里经常苦人也更愁人的西来风沙，也慢慢地停止了耍威风。中华人民共和国建立后，清末建起的京包铁路进一步西延，在离麻池旧地不远处，出现了有规模的阿吉拉编组站。要说那时还有什么遗憾，不是不期而来的水灾和定期而来的风灾，而是黄河的河运开始渐渐衰退。因为这里的黄河是季节性通航，在黄河封冻期和开河期间无法通行，经济效益比较低。

包头的骄傲并不止于它的面貌变化，也不只是城市的体量增加了几十倍，而是更在于心中的绿意在萌生。它的中心区域和周边，沙漠开始绿化，绿得让人高兴和舒坦。要说包头对得起黄河养育之处，这堪称是最大的一点。年纪稍大的一些人都记得，老区和新区之间曾有一条俗称的"二道沙河"，平时无水，水来流沙，附近还有一个叫"常发窑子"或者"常福窑子"的村庄，风吹沙起，不知发的是什么福，其福又从何来。不知从哪年起，这里出现了一个青年农场，一帮青年人开渠种树，居然建成了沙漠里的农业基地，成了居民的新菜篮子。在包头的治沙史上，这是个标志性的农场。

"二道沙河"今何在，此地唯余空地名。越过这个空地名的历史过往，长达数十公里宽宽的绿树带形成了，将新区和老区无缝对接起来。说起当年，城市初规划时，很多人有些不解，怎么会把大钢厂建在远离老市区的黄沙滩上，前不着村后不着店的，让黄沙给埋了，也难立马知晓。现在到底明白过来了，距离不是问题，问题倒出在过惯了出门倒"恶涩"（"垃圾"的方言或来自古语）倒"涮锅水"的老日子，哪知道环境变化会改变一切呢。

"二道沙河"和麻池之间，还有个"万水泉子"，那大约是包头沙漠里唯一的小绿地和小湿地，泉水横流细小，多少连着黄河，偶有羊群出没和水鸟栖息。因为乱草丛生，人们索性把它叫作"乱水泉子"。那时的人们也不懂得湿地是老天爷的肺，只觉得它种田田不收，放羊羊难拦，走路绕着过，水也喝不得，但它的位置不当不正，正好位于麻池北边扩大了的新市区中央，是填了还是就那么搁着，一下子无主张。但不知在哪位高明也超前的城市建设决策者手里，"万水泉子"开始值大钱了。在20世纪末，一个城中草原赫然出现在"万水泉子"的乱草丛里。现在人们把它称作"赛罕塔拉"，也就是美丽的草原。

到包头看塞上春颜秋色，在东河老区有"转龙藏"，是在东河溪流的小山岭上。到新区，就是昆都仑水库和昆都仑召庙，再远一些，就是山里的武当召和达茂草原，但属远足。家门口就有个偌大的草原，这也是城建奇事。每逢去包头，都要在那里兜一大圈，早上去，傍晚还要去，每次都会在城市里找到草原天宽地宽心也宽的感觉，也许这就是当地人那么喜欢草原上的长调的原因吧。

赛罕塔拉草原很是不小。从西入口进去，过了有些现代气息的低层商业楼街面，一直循着林荫道向东拐，一大片草原就出现了，但这草原不是那种西北习见的干旱低矮的草原，因为有水，倒像是置身于呼伦贝尔的多水草地上。面前是芦苇、茅草和蒲苇，远处是可见白色的花和黄色的花，有羊儿出没，也有人工移植的花草，但长势旺盛，有天然风光。远处是隐约可见的会堂穹顶和办公楼的身影，镜头拉远拉近，有着天外有天的感觉。草原的深处还有河，那就是万水泉子的泉眼汇集的小河，麻头鸭子浮来了，得意地叫了两声，然后就一头扎入水中。不管是当地人还是外来人，都喜欢来这里，绕着走一圈，但即便快走，也要两个小时。城里有这样大的近乎天然但也要悉心整理呵护的草原，有人还嫌小，有游人告诉我，市里计划再向南扩。看他们所指方位，向着麻池，向着黄河。也许，昔日九原的麻池城，用的就是万水泉子的水，万水泉子涓涓流水流入黄河，润泽九原的一片土地，维系着这里的历史生机和今日的繁荣。

草原看到过多次，各有各的模样。在包头小住的几天里，我也去了一趟达茂草原。达茂草原风光秀丽，有黑绿的草滩，有白色的山梁，还有一处遍地奇石的小山谷。山谷深处，有个很早就留下的山洞里的小祭台，一位年老的祀者在守望着。这是祭祀成吉思汗弟弟哈萨尔的地方。之所以在这里祭祀哈萨尔，是因为这里的草原部落有他的宗人和后裔。在这里，我向祀者问声好，没有哈达，但折枝侧柏，点燃在香炉里，也是对古人的敬意。

小山谷里有奇异的小石林，绿色的是侧柏，青黑色的是石林，很像是草原上的一处微型琅琊山。我几乎走尽了这里的山谷路，它坐落在一架大山的东山腰里，大山是红色的，石林却像墨玉雕成的。天地造化，草原上竟有在哪里都不曾见过的地质奇观。这里的河也向着黄河倾斜，只是比较蜿蜒曲折。

最打动人的，还是达尔罕茂明安联合旗政府所在的百灵庙镇和百灵庙。那里发生过绥远抗战著名的百灵庙大捷，是蒙汉军民共同抗击侵略者的一方圣地。百灵庙原名"广福寺"，因为是哈萨尔后人达尔罕贝勒主持建造的，又叫"贝勒庙"。百灵庙镇有一条艾不盖河，汇入腾格淖尔，这里自然资源丰富，白云鄂博铁矿和稀土矿就在达茂草原的旷野上。

百灵庙是草原上比较罕见的庙，以汉式重檐宫殿结构为主要建筑特色，与武当召的藏传佛教建筑风格有明显不同。百灵庙占地面积8000多平方米，有5座大殿、9座佛塔、36处僧院。这里的人气很高，转经筒前排着长队，也不尽然是向神佛祈福，很多是希望安康的习惯行为。庙里也有长明的酥油灯，但很少有香烟缭绕的雾霭。寺庙的后山上，苍松翠柏，一层一层，很有景深感。以"百灵"这样的漂亮名字命名，固然会带来草原百灵鸟的歌唱联想，但最初还是贝勒庙的一个音转。旧日信众欣然接受"百灵"这个名字，也会是他们的愿望，特别是牙牙学语的孩子们，有什么会比百灵鸟的歌声更动听？这几年牧民的生活越过越好，养一只"四齿子羊"，就是几百甚至上千块钱，"电奔子"替代了牧羊马，惬意得很。不过，年轻的牧人还是要不时地去过套马瘾，他们毕竟是在马背上长大的，搂起缰绳来更帅气更威风。

在百灵庙的草原上，不由地再次想起那城中的万水泉子、城里的大草原。这里和那里，都显现了草原城市的辽阔和气派，谁说城市就是城市，都市里的绿色与草原上的绿色是可以交融的，也能够交融。

黄河的水色与城市能不能更好地融汇在一起？我也曾到新建的黄河大坝看过，河堤下的树，河堤上平坦的公路，河上不时有鱼艇啵啵地驶来，好一派北方水乡风光。这是包头的黄河湿地。黄河从来没有给包头添过麻烦，偶尔在开河季节里，会有几天流凌引起的紧张，那时是需要炸凌块的，现在疏导河道的办法多了，也就安之若素了，倒是有人也像洮河边的临洮人一样，赶到黄河边去，去寻找黄河流珠的新感觉，但这里的纬度高、冰块大，要说是河流玉璧，或许差不多。

黄河干流从内蒙古自治区托克托县河口村至河南郑州桃花峪为中游，河长1206公里，流域面积为34.4万平方公里。

托克托古河口

2020 年 8 月

　　托克托就是战国赵武灵王时代的云中城和云中郡，也是秦始皇设立的三十六郡之一云中郡的治所，故城在县东北古城乡。那时的呼和浩特，还是从云中城经过白道城直向武川的中转地，现在的托克托则是呼和浩特行政管辖下距离黄河最近的地方。

　　托克托是一座很不简单的大城，是从赵武灵王开始经略的，北魏拓跋氏崛起前后曾在此建都，有过盛乐宫，出土过北魏佛像，唐代曾为单于大都护府，辽、金、元时代为东胜州，后为土默特部落游牧地，其时呼为"妥妥城"，这大约就是托克托称呼的由来。

　　在历史上，托克托与包头的古城湾、清水河县的喇嘛湾以及黄河南岸的准格尔旗，成掎角之势，是黄河上游下端的古城镇。

　　到托克托，要先到古河口镇（现在叫河口村）。清代中期以后，草原屯垦逐渐放开，黄河水路贸易也渐次放开，从老磴口、新磴口、包头东南磴口到托克托河口镇，形成了长达 1000 公里的黄河河运带，许多山陕商人在这里上船或下船，将内地的茶叶、布匹、丝绸运来，再将这里的皮毛和牲畜运出，北方的"丝绸之路"就如此这般地进入了鼎盛期。一开始是行商居多，后来经营转手贸易和商业服务业的坐商增多，船运也开始发达起来。同治年间，这里有名的商号就有"双和店""广全店"等，较大的船行也有不少，河口镇开始声名远播。别看这里是黄河转弯处，少见流沙多见山，黄河从这里又进入秦晋大峡谷，但水势腾挪的空间比较大，流势相对平稳。有码头平台，也有很多泊船的港湾，商船往来水上，好的船把式，有名有姓有传说的不少。有一部电视连续剧《黄河人》，讲的就是这里的商业历史故事。

黄河上的河口城镇不少见，一般都在两河平稳交汇的河口上，比如黄河上游兰州西固区的河口镇，离兰州核心市区只有 40 多公里，在庄浪河与黄河交汇口，居于黄河北岸，附近还有明代肃王的养马场。这个河口镇城门别致，飞檐吊拱凌驾在城门上，门前还有石桥，旁边则是有一排假门的老城墙。这个河口镇在唐代被称为"广武"，在宋代则被称为"喀罗川口"，同治时称为"庄浪堡"。

托克托的河口村倒没有那么复杂的历史，街面不仅宽大，还有高大的禹王庙和清代建起的龙王庙。龙王庙的形制大同小异，但这里龙王庙的特异之处是有两根三丈六尺高的蟠龙铁旗杆。旗杆顶上有方斗，方斗上四面各爬着两条小龙，合起来，一对铁旗杆铸有大龙小龙十八条，很是威风。

听说旗杆由山西太谷的匠人设计制造，是本地"双和店""广全店"等的"老板"联合张罗的。在旗杆前，听导游唱出的一段咸丰年间流传至今的《莲花落》，极尽形容和夸耀："一对石狮门前一对环，山门开开就是那旗杆，生铁旗杆十八条龙，南到河黄一澄清，北到阴山归化城（呼和浩特），双和店财主是榆次人，山西太原请匠人，正月里动工七月里成，旗杆顶上蟠了龙。""十八条龙"象征着黄河的十八个弯，"河黄一澄清"，寄托着黄河人由来已久的期望。

托克托的河口村名不虚传，有道是"万水归托"，虽说口气大了些，但这里流经的河流有大黑河、小黑河（古武泉水），还有白渠河（也称"宝贝河"）等。

河口村附近的鱼河堡，黄河鲤鱼多，多半是因为黄河要急转弯，下面的河峡水势强大，鱼儿要在这里缓冲，这同中下游鲤鱼要跳的龙门，状态很相似。黄河野生鲤鱼属于保护品种，一般情况下禁渔期很长，唯有这里的渔民可以有限度地"网开一面"，多捕捞几次。每年开河时，这里都要举行开河鲤鱼节。所以，要吃真正的黄河鲤鱼，还是要来鱼河堡。

河口村有高大的黄河上游与中游分界碑，像一柄倚天剑。黄河中游与下游的分界碑在郑州的桃花峪。在河口村，黄河来了个总体上的 90 度急转弯，东流鱼河堡再转向东南，向南流到河曲、府谷和保德晋陕河两岸三角地。这个分界碑还是分得很准确。

河口村和与它临近的南园子，都是黄河上的"鱼米之乡"。黄河的几个大拐弯处，多有"鱼米之乡"的显著农业特征，一是有河流交汇，二是有明显的水土转换，三是河湾上土地肥沃，再加上山峦交错中的小气候，有利于相同或不同物种的发育。天时和地利造成了一种特别的资源优势。这里出产的一种燕红桃，方圆百里都有名气。

在黄河上游与中游的分界碑下，可以从从容容地饱览黄河。我原本以为急转弯处会浊浪滔天，想不到河面很平静，因为大方向虽然是一个直角，但也有细部里的三转六弯。托克托下游的河曲海拔比它还高 100 多米，因此托克托的河床还能兜得起这黄河水，流到这里时水虽然很多，但有容乃大，黄河在这里展现了雍容温柔但不失爽利的一面。

然而，这里也有过度开发的隐忧，因为水源比较丰富，存在盲目开发的问题，化肥的使用也没有更多节制，再加上工业结构需要调整，因此也可能会出现"物极必反"的长远问题。但农业旅游业的复合效应，是托克托的一个亮点，这里也开发过"神泉生态旅游景区"并推动果蔬花卉种植，但缺少品牌度，交通的便捷性也是一个瓶颈。黄河其实是它最大的品牌，做好黄河旅游和特色产业开发，旅游产业内涵就会大幅提升。不过，黄河经济带是一个比较有段落性的经济带，由于它横跨的地理纬度和经济维度不尽相同，有着各自的自然形态和资源禀赋，并没有一以贯之明显一致的经济产业联动性，各段落区域经济发展差异性比较明显。

历史上曾经有所发展的物流航运业，更需要去重新审视。就拿从沙坡头到托克托 1000 多公里的蒙陕宁沿黄物流航运来讲，不仅仅需要恢复，也需生出新的产业生长点。这一段黄河河面在总体上是稳定的，尽管也有泥沙造成的"悬河"问题。河两岸分布着各具特色的西部城镇，有着内地见不到的"草原大漠风光"，如果能有黄河游轮从中卫或者青铜峡开出，到托克托河口村，甚至去到万家寨水库，从那里进入黄河中游的一段游程，未必不会有黄河两岸纵深游的新感觉。那不仅会增进人们对塞上景观和现代草原文化的了解，也会在市场需求侧改革中培育新的产业和业态亮点。倘如是，昔日的云中也不会仅仅飘浮在历史的云雾中，它会在黄河的拐弯处露出迷人的笑脸。

偏头关上下

2020 年 8 月

从托克托的喇嘛湾开始，黄河又进入一段荒山与沙丘犬牙交错的地带，渐次进入黄土高原切割的深峡谷。因为河道弯曲，流势时缓时急，河道不断地扭起了"秧歌"打起了"腰鼓"，也就出现了另一种舞蹈着的河景。民谣里唱道："天下黄河九十九道弯，九十九个艄公把船扳"，后一句说的是航船和渡船到处可见，前一句的意思则是这里的黄河连着山峁，山峁连着黄河，曲曲折折，不知要绕过多少个河湾。河湾底头有渡口，渡口边上有村庄，山峁峁上有古城，古城前后都是塬。塬头上放羊，塬头下有枣树，白云在峁上飘来飘去，"信天游"也就长一声短一声地从塬上飞过河去。塬上天宽，是歌声独一无二的"管风琴"和巨大的共鸣箱，这就是民间歌曲生命力的真正所在。

这里的长城也是要过河的，河水南流，这里也就成了一道"水关"。黄河从水关中间的高崖土峡之间流过，什么叫作"江山形胜"，什么又叫作"关河"，在这里一目了然。长城过河，见过多处，从山海关老龙头西边开始的九门口，到迁安的水关长城，再到蓟县的黄崖关和八达岭的长城水关，一个比一个惊险，但它们加在一起，也不如一个黄河偏头关险怪。

偏头关在托克托下游的山西省偏关县，堪称黄河水与长城亲密接触的第一关，即使是宁夏中卫沙坡头的胜金关和黄河北流经过的陶乐长城，也没有像偏头关这样黄河水与长城面贴着面。偏头关偏着头，是因为东边的山峁地势高，西边的山梁地势低。回望眼跟儿前的黄河河面，需要扭着脖子向下看，这个劲儿怎么拿捏，要费一番思量，也许只有会打太极拳白鹤亮翅一招的功夫人，能够比画得出来。

偏头关是中国北方与长城有关的十几个关城之一，也是俗称的"外三关"（其他两关为雁门关、宁武关）中的一个。中国的"三关"南北都有，居庸关、紫荆关、倒马关是"内三关"；山西的上党关、壶关、石陉关，也被称为"三关"。在与长城有关的关中，娘子关、杀虎关和偏头关是相互比较接近的一组"长城关"，偏头关是黄土高原与黄河之间一个特别的山结绕着水结的关口。

在偏头关东南一公里，有一座名为"凌霄塔"的镇河塔，砖石结构呈八角形。没有细数塔有多少层，但每层四面都有大窗洞，因此与其说是一座镇河塔，不如说是一座四下都可瞭望的制高塔。我看凌霄塔的时候，位置在河湾对岸，红日正西下，黄河的河面和塬顶上的塔与长城染成一片金红，呈现出一个未曾见过的山世界和水世界。对面是突入河心直上直下的一堵崖，崖下是一块小的浅台地，那里居然有缕缕炊烟从几户人家的屋顶冒出。长崖和长城在凌霄塔前戛然而止，黄河也被染成了一条金红带子，自然地系在长崖和长城的腿部，像是红锦缎子做成的古代士兵绑腿。但这带子围着长崖和长城绕一个弯，又曲折飘去，去装裹另一座山崖的腿。唐代边塞诗人王之涣大约没有也不可能见到这里的景象，否则那"黄河远上白云间，一片孤城万仞山"，就要改改取景处了。

这里的长城有百十公里，关城四面环山，也有"犀牛望月"的形容。这里是黄河的绝地，更是胜地。老牛湾是关河交汇处，一处又一处黄河峡谷连着一串由黄土塬切割出来的河峡，下稍还带起一个"葫芦尾巴"。在它的上游不远处，就是有名的黄河中游万家寨水库和综合水利枢纽。这是20世纪90年代中期建设的人工黄河水域，建在"V"字形河谷里，可防洪、可灌溉、可发电，还可以给太原等城市供水。

我是2009年前后见到万家寨水库的，当时是随万家寨水库的策划参与指挥者之一、原山西省委书记胡富国一道去的。他时任中国扶贫开发协会会长，我参加了他们组织的一次扶贫调研活动，是从准格尔旗方向东到偏关的。偏关是胡富国的熟地方，地熟人也熟，听说他又带着人扶贫来了，新老干部和城里的乡亲都来看望，小广场外也有不少打听扶贫信息的人。

调研过有关扶贫项目之后，临走前我顺便看了看偏关城里的街道。别看偏关城地势上河在西，城在东，但市容很整齐，除了必不可少的新建筑，青瓦廊舍的古房屋保留不少。这里曾号称有过108座古庙，有一些也整修得颇有些老模样。城市不大，旧城街道也不太规则，但这又是山地县城的一般特点。在旧时，偏关东西南三道城门都有瓮城，南面是石头城墙，西北面夯土。明代在城周又建了22座小城堡，分布在桦村、老牛湾、草垛山一带，有的还很完整。30公里长的明长城是砖石结构，尤其是一座高有三层的城门楼，下半落地上半入云，有一种关寨气势。街上饭庄不少，饮食花样晋蒙陕味混搭，有大烩菜、胡麻油炸糕和荞麦"碗饦"，闻着香，但因为已吃过早餐，没有胃口，也就咽咽口水过去了。

这里有抗战纪念馆，学生娃们在列队参观。抗日战争爆发后，1937年八路军东渡黄河，120师挺进偏关，这里是晋西北的一个根据地，偏关也曾是日伪军进攻的一个重点，359旅北上出击，这里被日伪军占了几天，但八路军很快杀了个回马枪，偏关也就成了稳定的抗日根据地。

偏关的历史很悠久。秦汉时属雁门，所谓汉高祖智解"白登"之围的"白登"，离这里不太远。五代北汉时这里置有偏头寨，辽金时代设过州治，元代为关，明设千户所，特别是那位自封为将军的明武宗，曾经带着一彪人马在这里驻扎过。从这里，可以北出杀虎口，去到云中或大同，也可以沿着长城到河曲、佳县或到榆林去。

偏关的景是"偏"的，偏在城里的老城墙，也偏在方圆百里的城外，除了近处的老牛湾，南端黄河上还有个关河口，唐宋诗歌里有很多关河日暮的诗词，有实指，但更多是泛指。真正的关河口在偏关的南面，那里是今人鲜知的一个桃源，也在昔日里放过异彩。在黄河上形如半岛的一个回水湾上，清清的关河水从东边流来，汇入黄河。对面是高山和村庄上一排排石头窑洞，一层一层地排列在缓坡的绿荫里。河边有果圃，河中有打鱼船，关河上还有石拱平面桥，过得去卡车，更过得去羊马驴骡。从山水形势上看，这里是高崖深垒，有渡口，从总体上看是一个死角，但又是一个兴于明盛于清的重要水旱码头。这里还有长城、有烽火台和古堡。康熙四十年（1701）西北放垦，黄河的"几"字弯北成为新的粮食供给源，这里便成为北粮进入晋地的转运点。北上的晋商也由此进入黄河上游，关河口也就成了粮食、茶叶、布匹、皮毛、牲畜对流集散的水上集散地。

旧时的关河口，船有常规木船，也有皮筏，但这种皮筏不似黄河上游的羊皮筏子，而是"牛皮混沌"。如何制作"牛皮混沌"，我不是很清楚，但它的运载量相对于羊皮筏子来说更大。就这样，万家寨、老牛湾、黑豆埝、寺沟与关河口，成为黄河中游起首的五个重要渡口。上游的龙口水库建成之后，关河口的水面更开阔，船只可以自然靠岸，发展前景也更明朗。现在，它不仅是一个野营、划船、摄影、徒步攀登的好去处，也是饱览山光水色的黄河"小江南"，有桦林堡，有护方寺，还有石经禅院，传统人文气氛浓厚。

河 曲 之 曲

2020 年 8 月

　　在黄河的一条线上，还有晋陕黄河两岸第一个鸡鸣三县的三角河湾地带。这三个县就是河曲、府谷和保德。老年间走西口的，有不少是河曲、府谷和保德人。保德曾经立过府，有些历史上的"优越感"，所以邻县人跟他们口角起来，不免要说谁更精明谁更"鬼"些，但同喝一条黄河里的水，曾经一齐顺着黄河"走西口"，见面还是亲热得不行。

　　河曲离偏关只有45公里路程，其名曰河曲，是因为那里有最为弯曲的一段黄河河段，与偏关也有关联的黄河新景，则在河曲南边。河曲有一个规模不大的龙口水利枢纽与龙口黄河大桥。左岸是河曲县刘家塔镇，右岸是内蒙古准格尔旗马栅镇。龙口黄河大桥建于2004年，是万家寨水库和综合水利枢纽的配套设施。虽然桥长只有600多米，但连通了陕晋蒙。河曲、府谷和保德这三个县，如果不是分属不同的省区，也许会成为黄河中游的一个小武汉三镇。

　　在黄河的中上游，这样的地理三角有不少，因此也出现了几个经济一体化的沿黄经济"金三角"。在上游，有石嘴山、乌达、阿拉善"三角"，向北又有呼和浩特、包头、鄂尔多斯"三角"，在黄河中游底部还有渭南、韩城和运城"三角"。

　　河曲之曲，一如其名，曲折回绕，保德也差不许多，府谷则稍微好一些。黄河到此真是大湾套着小湾，"湾"数也数不过来。这里偶见平原地区常见的"牛轭湖"，好像是半个月亮从天上掉下来，浅山绿树中出现一牙水，但总体上"牛轭湖"比较少见，主要是由于这里高低不平

乾
坤
湾

峡谷多，缺少"牛轭湖"的成因条件。在平原地区，因为河流太弯曲，来水口和出水口发生沙淤，流水也就容易同母体河流出现脱节和断裂，形成自身独立循环的小体系。这里的地形符合弯曲的条件，但不是平原地带。

"牛轭湖"虽少，但这里出现的水景观"黄河太极图"却令人瞩目。由于河道弯曲，黄河的主流和支流上出现了规模半径大小不等的环状流。内蒙古清水河县有一个老牛湾，在一段黄河流经的峡谷里，也出现了"太极图"的流势，内蒙古的准格尔旗也有同样的流形。在河曲以下的黄河湾曲里，"太极图"似乎很普遍。陕北清涧河流入黄河，出现了连锁的蛇曲湾群，分别名之为"旋涡湾""延水湾""伏寺湾""乾坤湾"和"清水湾"。在山西石楼的黄河大湾里，出现了更大的"太极图"流形。甚至在柳林北面的碛口古镇附近，也出现了相似的河水蛇行的曲流图。

河水弯曲，是黄河中游曲流的一个显著特征。不过，这并非黄河的"专利"，其他河流也出现过类似的水流现象。几年前我在河南省鹤壁淇河中下游，就见到过同样的河流景观。这样的河流流态，人们管它叫"蛇曲"，并没有特别的含义在其中。但无论怎样讲，这样的景象还是十分壮美的。特别是近乎360度的环流，也是河流自然力与山体峡谷互动中形成的奇特景象。

蛇行的河道出现这样的流动形状，有自身的地理地质成因，地质刚性大的，或可较长时期存在，尤其是像黄河这样的大河流，来水不断，峡谷高大，即便是主河道出现改道，也会形成这样的流势。很难说，这与太极八卦有什么内在关联。河道太弯曲，终归是不利于船只航行和行洪的，但又是黄河中游特有的河流地理现象。从旅游观光的角度讲，看看不一样的河景，欣赏欣赏黄河中游的曲线美，还是有意思的。

白云山上白云飞

2020 年 8 月

陕西榆林的佳县在保德、府谷的黄河下方，原来叫葭县。"蒹葭苍苍，白露为霜。所谓伊人，在水一方"，这里有沿河长满了芦苇的葭芦河注入黄河，故曰"葭县"。但"葭"字古奥了一些，也就在 20 世纪 50 年代改为"佳县"，音同义不同。

因为与榆林的一家地方期刊有稿件联系，2018 年夏天我去了一趟榆林。榆林从明代起就是"九边重镇"之一，在清代成为旅蒙商人云集的商路口。30 多年前我就去过一次，看过素有"万里长城第一台"之称的镇北台。其时的镇北台虽然见绿，但登台北眺，依然黄色多于绿色，远处的一道亮线是位于陕北的中国最大沙漠湖红碱淖。榆林城里的街道虽然齐整，但旧日的城墙多数残破，也就是当地人说的"土圪垯"。老榆林南门的三拱榆阳石桥在 2009 年被拆掉了，虽然也有新的街道，但旧日的商气无多，新的市场气氛尚未形成，说是一览无余有些过，但说一般化也还不是太贬。只记得，那里的豆腐比较好吃，但豆制品的花色品种并不多。

2020 年到榆林眼亮了，首先是复建的古城墙和古城门异常高大，因为有意突出北方商埠的外部形象，北城门前没有规划建筑，门楼突出，左手的城墙下就是昔日的交易市场，现在也是异常活跃的现代商业交易中心。镇北台也变了样，台还是那个台，楼还是那个楼，但被绿色包围了。登上镇北台向北望，到处是绿的草绿的树，不远处也有很大一片野菊。

在榆林住了一天，想着向西南方向的佳县去，一来佳县只闻其名未到其地，是黄河边的一座名县城，有着不一样的山河气势；二是那里有中华人民共和国诞生前的相关红色故事。

佳县的历史既漫长也很简单，春秋战国时为白翟部落之地，秦入上郡，西汉入西河郡，东汉魏晋南北朝属夏州和银州，唐属关内道，北宋一度称为葭芦寨，辽金元明属于葭州，清改为直隶州，民国初改为葭县，1964 年改称佳县，现属榆林市。佳县紧临黄河，坐落在水系相对独立并与黄河交汇的秦晋大峡谷里，峡势险峻高大，最能体味"黄河远上白云间"的诗歌意境。

从榆林东来，接近县境的公路一路走低，有盘绕的缓坡。但从高处的匝道上停车俯瞰，周围有直上直下的悬崖，佳县县城就在悬崖下边的峡谷里。从公路盘旋而下十多公里后，才看到蹲据在山崖下的县城。县城的选址还是很巧妙的，临山不依山，靠水不在水，但山水兼得。在山崖笔立中交通相对方便，从街口可以直去渡口，去著名的白云山。白云山像一支硕大无比的巨船，停靠在黄河边。

佳县黄河对岸就是山西的临县，它们是一对隔河招手的老兄弟。临县有条湫水河，湫水向南，与黄河交汇处，就是有名的碛口古渡。佳县黄河南去百十公里是吴堡，吴堡对面又是山西的柳林镇，即从榆林东来的公路，从黄河公路桥延伸到临县，从绥德、吴堡东去的公路联结柳林，形成了一个平行四边形的经济地理循环圈和物流闭合圈。在山西的一头，就是有名的吕梁山区和太行山，陕晋虽然隔河相望，但经济联系密切。佳县、吴堡大有晋风，临县和柳林也有一股陕气，陕西的秦腔声在临县和柳林听得，山西梆子也在佳县、吴堡流行。陕晋两地间移民来往也很多，你说你的爷爷的爷爷是吕梁人，他说他们家的姥姥的姑姑是陕北的佳县人。

这样一种经济文化联系，也使得佳县成为当年陕甘宁边区的经济亮点和八路军进入太行山的脚踏板，成为前方中的后方和后方中的前方。在 1942 年掀起的陕甘宁边区大生产运动中，佳县的小纺织业、造纸业、机械业、盐业和商业都有了发展。边区的对晋贸易一直比较活跃，在一定程度上纾解了边区经济压力，为边区的建设和发展做出了特殊的贡献。即使在最困难的时期，也有螅蜊峪这个红色贸易通道，把延安和晋绥根据地联结在一起。其时的螅蜊峪渡口，每天有 40 只船在停靠，发货量达到 400 吨。有许多反映边区大生产运动的戏剧，也在佳县的黄河背景中诞生，鲁艺的一个戏曲队的编导人员和演员常去佳县、吴堡采风，收集创作素材。

佳县还是《东方红》经典歌曲的诞生地。《东方红》的歌词作者是李有源和他的叔叔，都住在佳县乌龙铺。他们也是上辈子从河东来的老移民。1944 年，延安鲁艺秧歌队到佳县、吴堡慰问八路军将士，路经乌龙铺，得知他们叔侄俩都是生产模范，把他们请到炕头上海聊。说到唱歌，李有源说："俺们叔侄俩也编了个新歌，叔叔嗓子亮，我编新词叔叔来唱。"说着，他的叔叔就拉开嗓子，《东方红》的词与新调也就横空出世了。《东方红》的曲调，最早是佳县流行的《芝麻油》调，后来在大生产运动中换了新词，"山川秀、天地平，毛主席领导陕甘宁，咱们边区满地红"。再后来，诗人安波填了新词，"骑白马，挎洋抢，三哥哥要吃八路军的粮"，改叫《骑白马》。歌词描述了佳县青年参加八路军的纯朴感受，流行一时。李有源的《东方红》最新词作，无论从意境还是从思想上，都有了至今依然不断升华的新高度。从 1945 年开始，一曲《东方红》从陕北唱到大江南北，1970 年又随着中国的第一颗人造地球卫星进入太空。

李有源的后人还住在乌龙铺，现在也叫乌镇，是佳县南大门，有通向米脂的公路，是一个浅丘区，也是陕北"铁杆庄稼"红枣的重要产区。乌镇坐落在一块台地上，我没有见着李有源的后人，但看到了他们的新房和新院落，一扇大门，春节里贴的火红对联依然如新。据说，他的侄子和孙子唱起《东方红》来，也一样声音浑厚有底气。

黄河上的太阳不仅让两岸的民众看到未来，也带来了一种民族精神的崛起和伟力的迸发。1939 年 4 月 13 日，以保卫黄河为主旋律的《黄河大合唱》，在陕北公学大礼堂首次公演。《黄河大合唱》是亲眼见到黄河和黄河船夫的冼星海拖着病体，熬了六天六夜创作出来的传世交响乐。在延安既无交响乐队也缺少乐器的情况下，冼星海不得不自己指挥乐队，用自制的低音胡和在瓷缸桶里摇击饭勺，去模拟黄河的惊涛骇浪，去映衬和表现横渡黄河的黄河船夫勇往直前的形象。这是我们另一笔永久的民族精神财富。

佳县的文化底蕴十分厚重，从乌龙铺出来，想去的地方，就是佳县的白云山。白云山在城南十里地的黄河边南河底上，是黄河高崖下秀出的一座谷底河前山，别名"双龙岭"，又叫"嵯峨岭"。"双龙"之谓，是双岭双峰夹着一道平川；"嵯峨"之谓，则是山势高峻。这样一种景象，被从终南山云游来的人称"玉凤真人"的明朝道士李玉凤看中了，便在这里结庐修行，建起了白云观。白云观的观名也有来头。从高崖上看，白云飘在黄河的河谷里；从白云山上看，白云飘在天空，"山门无锁白云封"，白云观名声远播。尤其是明万历皇帝赐《道藏》4726卷之后，白云观发展为占地200多亩、建筑面积8万多平方米的建筑群。登上长长的台阶就可以清晰地俯瞰黄河谷地，这里成为黄河上最大的道、释、儒传统文化历史传播中心。在道教真武大殿系列之外，还有石窟寺等佛寺系列和禹王宫。它们之间互不排斥。

白云山的传统文化内涵和外延，不止体现在多种建筑风格上，道教音乐也是艺术宝藏，不仅与北京的白云观互有往来，一脉相承，也融合了江南道教音乐。佳县白云观的壁画约有1590幅，工笔、山水、连环素描，各呈异彩。

1947年，毛主席率中共中央机关转战陕北来到佳县，在神泉堡居住了57天。这一段历史在2001年成立的神泉堡革命纪念馆里也有详尽记录。2018年8月，《陕西日报》记者有简明扼要的回顾报道。在神泉堡，毛主席起草了《中国人民解放军宣言》《中国人民解放军总部关于重新颁布三大纪律八项注意的训令》等重要文件。党中央批准的《中国土地法大纲》等也从这里发出。

在佳县，毛主席还去了白云观，同群众一道过重阳节，对古代劳动人民的创造才能赞赏不已。他不时感慨评点，白云观的山不高，庙宇还不小，烧香的人也不少。他对当时的佳县县委书记张俊贤说，这些都是文化遗产，都要保存下来，不要毁了，出个布告，要保护。在佳县县委大院，他还应张俊贤的请求给县委题了词："站在最大多数劳动人民的一面。"

1948 年春天，中央决定离开陕北转向华北，进入战略大反攻。3 月 23 日，毛主席率领中央纵队从吴堡县川口村渡口东渡黄河。在抵达东岸的山西后，毛主席下船回望对面苍茫的陕北大地时说："陕北是个好地方！"东渡前，面对黄河，他思绪万千，伫立良久，深深感叹："这个世界上什么都可以藐视，就是不可以藐视黄河；藐视黄河，就是藐视我们这个民族啊！"①

川口村渡口对面，就是自古有名的柳林"军渡"。明末李自成从陕北东渡黄河，就从"军渡"过。"军渡"是黄河大古渡，南控孟门，西隔吴堡，是黄河中游最大的晋陕通道。1969 年，河上建设了军渡大桥，接着就是后来的银青高速和太中银铁路横穿，军渡大古渡天堑早已变通途。

---

① 转引自王定毅、孙玉华：《"要把黄河的事情办好"》，载《学习时报》2019 年 11 月 8 日第 7 版。

碛 口 古 镇

2020 年 8 月

　　碛口镇在山西吕梁西麓黄河之滨、临县城南五十公里处，素来是黄河水运发达的重要商埠。碛口被称为黄河秦晋大峡谷第二碛。那么第一碛又在哪里？谁是第一碛谁是第二碛，说法似乎有争议。碛有乱石乱沙流布之处的意思，在遥远的西北地区，黄沙伴着旱碛，而在这里则是黄河伴着窄谷。若从北向南数，第一碛当在碛口镇，但从南向北数，第一碛自然会是大同碛。如果要按碛的总体分布来排序，接下来的孟门、土金碛、壶口瀑布和河津之北的禹门口（即"龙门"）都是一线排开的大碛口，但碛口镇的商业地位太重要了，以至于独得碛口之名。

　　秦晋大峡谷有着黄河中游的最大碛口群，也是黄河上激流险谷遍布却又最具传奇性的一段黄河山峡。黄河船夫见过的险渡高河，也在这里一一呈现，其势其悬其流状之激烈，是在其他河流上看不到的。

　　一碛与一碛风景各异，碛口镇是商业大镇，险中有稳，大同碛却是乱流横石，船家视为畏途。大同碛在吴堡县丁家湾乡拐上村。黄河水进入大同碛，河面骤然紧缩到百米，窄谷窄河，落差巨大，但水深乱石少，尽管岸崖如刀削，但可以为漂流者提供长江虎跳峡般的刺激感。在柳林县与石楼县交界处的土金碛也有这样的景观。在柳林之西的黄河上，也有黄河中游的"黄河三峡"，即黄河大峡、龙泉峡、屈产峡。龙泉河与屈产河一东一西，几乎是在一条东西平行线上向着黄河对流，一同形成了浪头相击澎湃激荡的河景。土金碛与大同碛同是水高浪急，前者礁石遍河道。因为山石经年被冲刷，露出水面的山尖也不断分化，竟然成为黄河上的一段天然"石雕带"，礁石奇形怪状，无以名状。

这样一种河势，让第一次来的人一下子摸不住头脑，所以游碛口镇之前，还要先到柳林去，在那里打听些地理信息。柳林西北的孟门古来有些名气，且与军渡和众多碛口犬牙交错，是"鸡鸣四县"的一个地理中心。柳林不仅是晋西门户，也因为军渡的"铁码头"地位，成为晋西最富裕的县城。

柳林在春秋战国时属离石邑，赵武灵王时的蔺邑就在今日孟门镇，所以那位完璧归赵的蔺相如，很有可能是柳林或者孟门人。柳林在两汉时归入西河郡和太原郡，北朝时代为西汾州、石州，隋入离石郡，入唐曾为孟门县，后改为镇，北宋入晋宁军，入元并入离石，清时分属汾州府治下的永宁州、宁乡县，1939 年又归离石。1940 年八路军在孟门镇蛤蟆塌建立抗日政权。1943 年柳林成为晋绥边区行政驻地，所以也属于老区，这里有刘志丹将军殉难纪念处，也有三交红军东征纪念馆。1971 年，柳林县正式组建，迎来了新的发展期。因为有煤炭专线等七条铁路公路经过，又有 1969 年通车的军渡黄河大桥，柳林成为西北通向中南的重要交通枢纽。

碛口镇在柳林孟门北，黄河北来，与临县方向流来的湫水相接。碛口镇有一座卧虎山，山前有座黑龙庙，在"虎啸黑河，龙吟碛口"的形容里，露出碛口古镇的面容。碛口附近有一华里长的滩岭，宽 400 米，但离地落差至少 10 米，船不可直行，但正好为碛口提供了码头停靠的条件，也就使之成为货物中转的大商埠。在明清最盛时，碛口码头每天最少停靠 150 艘船，货栈、当铺和票号、镖局、庙宇布满街镇。在一段时期里，其兴旺的程度与柳林不相上下，被誉为"九曲黄河第一镇"。

一介弹丸之地，成为山陕商人和船把式云集之处，是地理形势使然，也同湫河水浅泥沙大行船不畅有关系，客商们在此舍舟登岸，驴骡马帮走上卧虎山前的龙王庙，开始一段旱路旅程。或者从临县北上，或者绕到陕西佳县，继续黄河上的旅程。似乎有这样一个规律，在水路与旱路交叉的节点上，往往会形成水旱码头，倒是水路或者旱路十分顺畅的地方，货物"穿肠"而过。这也是一些地方留不住人和货物的一个原因，很多人对于留不住人感到百思不解，是要研究研究经济地理的学问的。

我们一行参观了碛口老街、古城和黑龙庙。在临黄河的小城墙上，写有"九曲黄河第一镇"几个红色大字。街里的老房维护得不错。一道街是老码头，二道街是商铺，三道街多民居。店铺多在高台上，饭庄门脸两边搁着蒙着红布的晋式大酒瓮。民居的台阶有的是青砖砌的，有的是石块垒的，还有鱼脊梁楼堡小楼，错错落落，完全是一派晋西建筑风格。街上的商业气息很浓，只是昔日里的货栈没有了，出现了新客栈，招待络绎而来的旅游者。街上有饮料摊，还有卖草杆儿编的筻箩的，无人照看，想买一个，就招呼"掌柜的"。三道街的尽头，是长满了枣树的卧虎山。转角处，一条曲曲弯弯的砖石小道很别致，两旁是赭红石头墙，中间是路，墙缝里的枣树棵子嘟噜着微微泛红的青枣子，在向行人打招呼。古风古韵的，逛起来很舒服。

卧虎山的黑龙庙很大，是全国重点文物保护单位。一水儿青砖建筑，歇山顶样式。大戏楼建在三孔砖窑洞搭起的平台上，左边钟右边鼓，文场武场大戏场，那戏台下的三孔窑，不只是用来架台的，能起自然扩音作用，唱腔回廊绕柱，还要在窑洞里共鸣一遭。庙里唱戏，镇里人都能听见。现在不时还有山西梆子票友在窑洞口前"吊嗓子"。这黑龙庙是关帝、财神和龙王合一的大庙，戏台对面就是龙王殿。古建不少，占地不多，利落紧凑，没有废区。这样的格局与碛口镇总体微型结构相适应。墩墩的卧虎山罩着全镇，站在庙台上，可以俯瞰镇里的街和镇前的河面，更可以看到山中的古商道。

碛口镇不大，周围三五里，一边是西头村，另一边是李家山，再远一些，是"二碛冲浪""湫河漂流""黄河土林"等新去处。要看窑洞民居，就到西头村和李家山去。据说，著名画家吴冠中20世纪80年代到碛口写生，有意无意地发现了当时还不为人知的李家山。那里的窑洞样式古老却很讲究，墙是墙炕是炕，还有窑门窑窗、黄土垫平的小院子、石碾石磨小叫驴，说是陕北风情，但又有晋西的山曲味道。许多青年画家也来了，他们在这里找到黄土高原山凹凹里的朴质美。

壶口孟门行

2020 年 8 月

　　看壶口瀑布前后有两次，较早的一次是从黄河西岸陕西宜川壶口镇去的，比较近的一次是从太原到洪洞再转吉县壶口镇。瀑布两边都有观望平台，但从西向东看壶口，似乎有一种居高临下感，气势大而难见细部；而从东向西看，更靠近瀑布的边缘区，现场感更强一些。在无大雨的季节，或者黄河上游没有洪水，在边缘区看壶口，虽然也感到震撼和紧张，但一旦进入状态，就能感受到新奇与激情在碰撞。

　　壶口是开放的，但有最佳观瀑时机和节令，看点也不尽相同。坊间所传八大奇观并不会一齐看到，也概括不了壶口上下的所有景观，不去三五次，不能尽其全貌。八大奇观分别是"十里龙漕""水底冒烟""霓虹戏水""山飞海立""晴空洒雨""旱天惊雷""冰峰倒挂"和"旱地行船"，也有说八大奇观是"天河悬流""壶底生烟""彩虹飞渡""黄河惊雷""冰瀑银川""石窝宝镜""孟门夜月"和"旱地行船"。有的意境相仿，有的角度不同，但都显摆了冬夏瀑布大小的不同情状。

　　如果是腊月隆冬，壶口还会出现能过人的黄河"冰桥"。在距县川河口不远的仕望河谷上，还有一个"天生桥"，那是黄河中游尚无桥梁时连接两岸的天然通道。在宜川一边的衣锦渡与吉县一边的冯家碛之间造有古老的上桥，龙王辿还有老桥。壶口上下形成了密集的码头群，也是黄河古桥的集中点。每年"桃花汛"，龙王辿船过千只，壶口奇观。

　　从吉县壶口镇头到瀑布是平展的开阔地，河东面和西面是不算很高的山，点缀着许多树，未见瀑布先闻其声，声动河川。若是上游来水大，河滩皆洪水，什么瀑布都不会看到。但我们来得正是时候，天上无云，滩上无流，只见前面一线黄浪跳跃，水声贯耳。走进瀑布边缘区，景色骤然大变。边缘区有很安全的看台，登上去，望瀑布，满眼是炫目黄浪、激流浪花和一股股一团团交相互撞的大旋流，"哇隆隆"地卷入深不见底的一道道地缝里。许多小旋围着大旋，并没有定形，下行的黄水头在争先抢后中激起千堆黄云，而那"晴空洒雨""水底冒烟""旱天惊雷"，也就在这样的能量大爆炸中连续发生。

中心区是不能靠近的，旋流径宽三五十米；在边缘处，尚有小地峡里的回流，黄浪也在纵横交错的浅沟谷里相互碰撞。在边上看，已经能体会到这里的高崖喷水，忽入地峡，又无影无踪。不知谁在尖着嗓子惊叫，看，彩虹。西边的彩虹还真的出现在半空，只是颜色不甚分明。没有近水但满身湿透，这夏日里的壶口瀑布，该感受的全能感受到。

在宜川看壶口瀑布，又是另一个样子。宜川比吉县地势高，乡谚云"一里壶口十里雷"，另有一种味道，"水底冒烟"的景象也更明显。也许是东风西来，黄色的河雾随风飘来，一团一团，飘飘摇摇，在高地上望，是"壶底生烟"的最佳观察点。宜川壶口镇观瀑，虽然没有多少临近水瀑现场的机会，但更能领略壶口的神韵。

在归来的路上，人们还在议论壶口的炫目黄浪和那道彩虹。有说那瀑布不全是黄色的，有七分黄三分清，所以才能出彩虹。但出不出彩虹与黄河水清不清，关联度不是很大。黄河水清不清，也不是黄河水质好不好的绝对标准。黄河之黄，有多种因素，一是流域降雨和来水大不大急不急，有没有大洪水；二是沿河包括各级支流沿岸的植被保护水平的高低；三是上游工程控制状况等。其中有人为因素，也有气候自然调节周期方面的因素。

在干旱期和相对枯水状态下的黄河清，并不全然是好事，因为那意味着黄河水量的减少甚至出现"涸瘦"。但黄河水太浑浊，也意味着洪灾以及严重的水土流失和生态环境的严重破坏，所以事情的关键还在于水土平衡和生态平衡，以及水资源平衡和上下游流水流沙相对平衡，甚至开发与保护之间的平衡。

有研究者说，在壶口，洪水期里黄河最大流量可超每秒 1 万立方米，在那种情况下，壶口"水底冒烟"的景象也会随之消失。平常的时候，每秒 2000 立方米的流量或者再大些，人们看到的各种景象也就会随之出现。曾经有记者从包头出发，一直去到郑州附近的桃花峪黄河中下游分界处，说黄河确乎变"清了"。那年的气候水文变化，我没有研究过，是什么季节也记不清了，但在一般情况下，自托克托河口村后，黄河水还是黄颜色居多。也有人调查分析，在非汛期，80% 的黄河段落还是比较清的。这与近年来水土保持、还林还草有很大关系。

壶口很壮观，其地质形成和水流形成举世无双。但它所显示的黄色水雾，也会有河沙带来的隐忧。黄河生态的优化，不只在黄河干流上，黄河有 13 条大的一级支流，哪条支流的流域生态建设跟不上去，都会拖累黄河。黄河上游有湟水、祖厉河、洮河、清水河、大黑河，中游有窟野河、无定河、皇甫川、汾河、渭河、沁河、伊洛河，下游还有大汶河等。

黄土高原的水土流失，从东汉到唐中叶就开始显现，在 530 年前后加剧，这同气候周期变化和此期间相对的过度开发有关。从目前来看，由于近些年各种综合努力，水沙比率开始逐步平衡，比如我曾去老区延安，那里 90% 的荒山已经还林，植被覆盖率已超过 80%。延安虽然不在黄河边，但作为流域内对黄河的生态改善，也是功能再造。从总体上看，许多地方还没有达到理想中的状态。就说壶口瀑布所在的吉县和周边，山头虽然见绿，但山上的树木还不是很多。那一次壶口之行，从洪洞一路行来，公路被超载运煤车压得坑坑洼洼，很难走。那时候很多人的心思还在挖煤上，这几年想必已经转了过来，更多的精力会花在青山绿水上。

秦晋大峡谷是一个断裂带，从内蒙古清水河县的喇嘛湾到托克托河口村再到壶口之南的龙门，700 公里长的峡谷，两岸山崖有很多高出水面近百米，河道宽度一般在三四百米，在壶口则骤然缩为 40 米，居高临下，也就出现了落差巨大的壶口瀑布。"水底冒烟"其实是自然"涮沙"功能造成的。水出龙门，河面开始开阔，但自此以后，滞沙河段也多了起来。这秦晋大峡谷似乎还缺少水沙调节设施，如此毫无阻拦地任泥沙任性地冲到下游去，多少有些问题。

　　壶口瀑布很早便存在。《尚书·禹贡》就有"既载壶口"，并指明在梁与岐。郦道元的《水经注》没有明确提到壶口在哪里，但对在壶口之南5公里的孟门有大段描述。这或许是壶口移位说的由来。但是，孟门与壶口的地质和地貌还是有明显差异的。孟门并无今天壶口的生成条件和地质条件。再说，"孟门"的称呼与"壶口"的称谓一样，是一个象形的地名，如吕梁柳林有孟门，河南辉县也有孟门，山西上党也有壶口，皆由地形山形得名。门之为孟，并不是有哪个姓孟的人曾住那里，乃是排行第一的意思。孟即长也大也，孟与兄弟排行中的"伯"，在排序义上相同，但有正出旁出的区别，资格或许逊于前者，但年资未必就会小多少。

　　古有记载："龙门未辟，吕梁未凿，河出孟门之上。大溢逆流，无有丘陵，高阜灭之，名曰洪水。大禹疏通，谓之孟门。"也就是说，在大禹传说里，孟门是大禹先于龙门"开凿"也先于吕梁治理的第一处河门，它既不是龙门也不是后来的壶口，而是位于壶口其下的一个险要的河关。

　　对于孟门，《山海经》中也有记载："孟门之山，其上多金玉，其下多黄垩涅石。"魏汲冢书《穆天子传》中也有"北登孟门，九河之隥"的内容，隥即登山石道。郦道元在《水经注·河水》里更有生动准确的描述："孟门，即龙门之上口也，实为河之巨厄，兼孟门津之名矣。"孟门是上口，龙门是下口。碛口也就是河峡，连续不断前后相接。

　　古孟门津在哪里？从陕北对应的洛川角度去看，应在东南20华里；从吉县县城方向看，在西南，即在壶口"十里龙漕"的下游。郦道元到过这一线，因此会有上述生动翔实的描写。或者也可以说，传说中的大禹治水是从孟门开始的，前前后后治理了一大串河碛，一直到河津的禹门口才算告一段落，禹门口则是这段黄河上最后的一个险阻，也是大禹黄河治水的"凯旋门"。

　　我到孟门山去看过，那山就是河里横亘的两块梭形巨石。山上有村落有树林有田也有游人，有桥可通。孟门可以从吉县去，也可以从宜川的壶口镇南去。从宜川壶口镇去孟门的路很平坦，可以直接看到黄河里一大一小两个条形岛。这里素有大禹治水的传说，门下河里的巨石便是传说的由来。传说中大禹在这里专注于治水，未料山崖滚下来一块巨石，眼看着要砸向大禹头顶，大禹的妻子奋不顾身地去拦挡，死而化为一座山。这块巨石又被称为"禹王石"，现代游者则称之为"黄河母亲石"。

由此看来，河津北面的禹门口，从地名上被认为是更为正宗的禹门口，但上游孟门的名气也输不到哪里去。从宜川壶口镇去孟门，还能看到那里的蟒头山国家森林公园，说有3万多亩，森林覆盖率达89.1%，与陕北黄陵国家森林公园连在一起。据说在旧时，壶口镇北龙王迪村的人造木船，很多原木是从蟒头山伐运过去的。

意外的是，从河西的宜川去孟门山，沿途还可以看到稀罕的紫蕊野牡丹。因为这里的野生牡丹长得太多了，旧时乡人不懂得保护，冬天里砍来当柴烧。这宜川古称"丹州"，是牡丹原生地，而洛阳最早的牡丹园也叫"丹州园"，可见宜川是中国国花牡丹的一个源头地。北宋欧阳修曾经写有一篇《洛阳牡丹记》，其中就有"牡丹出丹州"的句子。

禹 门 口

2020 年 8 月

　　禹门口也就是人所共知的龙门,距离孟门山 60 公里,在山西河津西北的黄河大峡谷里、陕西韩城龙门镇北。禹门大景都在河上,两岸皆有同名村镇。西有壶口镇,东就有壶口村;东有龙门村,西就有龙门镇。这也难怪,这大河就是流过自家门前的河,这不是风水轮流转,而是风水共同占,因此都修建了自己的同名景区,搞起自家的旅游业,但相互之间很关照。加上禹门口有新建的黄河大桥,或称侯禹高速桥,东西来往很是方便。

　　《水经注·河水》中有关于龙门的记载:"昔者,大禹导河积石,疏决梁山,谓斯外也。即《经》所谓龙门矣。"记载简明扼要,是因为无争议。《魏土地记》说的多一些:"梁山有龙门山,大禹所凿,通孟津河口,广八十步,岩际镌迹,遗功尚存。"

　　龙门景象与孟门景象并不完全相同,它更狭窄一些,"广八十步"也就是不到百米宽,河水在深峡里涌动。《三才图会》也有记载:"夏禹定为龙门,亦曰禹门渡,河流至此,宽约百步,两山对峙,河冲其中,夹岸断壁,状近斧凿",又说河中有禹王陵,浮出水面,洪水冲击不能淹,是禹凿龙门石落入河中后形成的。这个记载当是后来的一种采风语。大禹开凿龙门终究是传说,因为在大禹的时代,莫说没有青铜工具,即便有,也很难开出一条深谷,再说从来主张治河疏而不堵的大禹,也不必用石落河中的方法去治河。将这里定为禹门口,说到底,还是因为民众赞美认同大禹的治河精神和治河智慧。这事说起来,《拾遗记》里的叙说倒有一定的合理性，即"禹凿龙关之山，亦谓之龙门，至一空岩，深数十里，幽暗不可夏行，禹乃负火而进"。也就是说，大禹可能在此找到了一条幽深的山谷，将乱流的洪水引导到深谷再流去。如果大禹龙门治水之事真的有，这倒符合他的治水思路。不管怎么说，禹门口是他治水的一个重点，这里应该有他安营扎寨的一个家。

禹门口所在的"梁山"，其险势尽在一座铁索桥，其景令人惊籁，在黄河上也是独一无二的。现在与侯禹高速桥、禹门口黄河铁路桥三桥并现在禹门口，更有传奇色彩。明朝有一位出于本地又在朝中做官的诗人薛瑄，在其所撰的《游龙门记》里写有一首诗："连山忽断禹门开，中有黄河滚滚来。更欲登临穷胜景，却愁咫尺会风雷。"在薛瑄的时代，也许还没有这座铁索桥，所以诗里不见其影，但这座铁索桥现在不仅还能使用，连同公路桥、铁路桥一道，成为当地一道独特景观。

现在到龙门村去，再不用"却愁咫尺会风雷"，登大梯子崖，在新建的玻璃栈道观望千丈河崖百丈水，胜景尽收眼底。河出龙门，豁然开朗，那就是通向孟津的河津。出得龙门再去荡舟黄河，在舟上回望高高的大禹雕像，此时不会去想"鲤鱼跳龙门"的传说带来的顺势而为的成功感，仿佛自己也是大禹队伍里的一员，刚刚得胜归来。

禹门口是黄河秦晋大峡谷的南出口，向南就进入了宽河。一半归河津，一半在韩城。河津也是个特别的地方，河水在这里漫流，河滩很宽，城市也建得离河稍远一点，但也正好出现了大片的河边沙滩地。在水少的季节，这里既是沙滩排球和沙滩足球的理想场地，也会有沙地越野车在专用道上驱驰，但这也明白无误地显示了此地输沙量的巨大。由于上游洪水都要在这里沉淀流沙，多年平均含沙量为 37.5 公斤/立方米，最高含沙量达 933 公斤/立方米，年输沙量最高竟达 20.9 亿吨。称它为"沙库"不妥，但它确乎也是中游河沙最集中的一个地方，但因为地上径流量大，地下水资源不少，风也不是很大，所以只见沙滩不见沙丘。

河津是个既古老也年轻的县城，是傅作义将军的故乡。在夏商时期有过冀国与耿国，春秋战国为晋地和魏地，秦始设县，在南北朝时为龙门县，唐置万春县，北宋才有河津县的县名，但后来归属不定。1947

年河津解放后，多数时候仍称河津，现在定名河津，归山西运城管理。河津除有龙门古渡，还有双峰山的"悬空寺"，可以眺望黄河，还有"真武庙"。

值得一提的是"将军三箭定天山"的唐代大将薛仁贵，其家乡和其妻柳银环的"寒窑"也在河津。薛平贵和其妻王宝钏的"寒窑"是传说，但薛仁贵确有其人，他功成名就后青山埋骨的"平辽王墓"，就在"寒窑"附近。河津有"薛家宗祠"，那位写有《游龙门记》的诗人薛瑄，或是他的后辈族人。这里也有薛丁山、樊梨花以及薛刚的故事流传，不可考，但比薛平贵的故事更有些历史依据，传说也更合事理。至于"初唐四杰"的领衔诗人王勃，祖籍出自河津，同样是河津人津津乐道的话题。

韩城二三思

2020 年 8 月

　　黄河中游上的渡口有多少，一下子是说不清的。举凡河边的县城和大的集镇，少不了渡口的标配，大大小小的"礆口"，也少不了"扳船汉"的身影。

　　过河是黄河两岸人的寻常事，谁也离不开渡船。反映在地方的"社火"里，就是过年、过大小节气"闹红火"闹得凶。"跑旱船"的花样也更多，回娘家的新媳妇的扮角要"坐"花船，轮桨的照例是戴着卷边花斗笠的白须老者，紧划紧走，还忘不了卖一个避礁转船的"花格子腿"。"踩高跷"的表演出自什么样的生活原型，不晓得，敢情是戏台子高我更高，来个场上场下打对垒，生旦净末丑一个也不少。至于那手上的扇子和手帕，其实是用来找平衡的，"长"有一双长腿也好过河，但在锣鼓声里扭来扭去，也还要些腰腿功夫。打腰鼓的队形变换，则带有关河之地尚武精神的外溢。在黄河岸边看"红火"，实在是很大的民间文化享受。

　　我不知北方的"社火"是怎么起源和传播的，但这里有魏武锣鼓，那里有威风锣鼓，确乎是黄河两岸的一大景。有一次在韩城一个乡的街上，也见到过这样的场面，锣鼓声咚咚，震得人心向外跳，但又感到兴奋。至于接近潼关一带"老腔"流行的地方，那捧在唇边的"土埙"，发出的低回哀怨声，传达的是另一种关于昔日谋生的艰难与含蓄。

　　黄河边的民间文化土壤是很肥沃的。从上游地区的"花儿与少年"、草原上的长调、大青山里的"蛮汉调"、陕北塬上的"信天游"，再到秦晋大峡谷里的九十九道弯的船歌，都伴着黄河流水的和声，在时缓时急的抑扬顿挫里，抒写黄河人的生活。一路看到的窑洞剪纸、窗花、编艺乃至陶艺，也都带着黄河的曲线与色彩，让人从中看到民间艺术的原生。

我从渭南去韩城，一路上也闻到了黄河民间艺术的泥土气，尤其在从渭南澄城到韩城的路上，感触更深。过澄城，原本是那里的北洛水吸引着我。北洛水从陕北横山县的白于山流来，在黄土高原上蜿蜒，在没有山洪的时候，水势不大不小，惠及下游，流向大荔，汇入渭河与黄河。北洛水在澄城西边流，河口有老坝，也有新坝与河闸，堤上自有一片杨柳青，但没想到的是，我看到了一个正在整理开发的有关"黑窑陶文化"的旅游景区，由此对黄河中游的黑陶民窑文化有了一点了解，也知道了这一带的臊子面为什么要用黑色圈足大碗来盛，饭庄门前的酒缸为什么是一水的黑光油亮。

澄城的黑窑文化小镇有很长的历史，就在澄城县城附近，至今还在运转。进得一方凹状的院落，里面有很大的洗泥引水池和搅泥池。搅好的泥，细得像一团揉好的面，一位师傅正在飞转的木轮上用五指捏塑着陶胎，这是在检验泥质的柔韧度合不合标准。从院落高台出去，是一段高低弯曲的崖沟路，许多完整的窑口迤逦排列，长有三四里，有的已经熄了火，有的还在烧制陶品。在一个较大的山洼里，则有本地"窑匠"和外地陶塑艺术家的窑洞式工作室。窑洞里和窑洞门前都有他们的作品。澄城之所以会有这样大的古窑场，一是有陶瓷土，二是离出产自古有名的耀州瓷的铜川不远，离渭南和韩城的市场也很近。人们一说陶瓷，想到的就是几大官窑，殊不知这里的"庄稼汉"和"扳船汉"更喜欢耐用、沉稳而且美观大方的黑陶用品。这古窑也有黄河的性格，该显的显，该露的露，是一个活着的民间陶瓷艺术的集中地。我买了一个小黑碗留作纪念，在我眼里，它并不比宋代"油滴建盏"的品位低多少。

看过澄城的黑窑文化小镇，终于来到了心仪已久的韩城。在韩城，主要关注三件事：一是司马迁年轻时留下的印痕；二是八路军东渡黄河的足印；三是韩城的民间文化传统。

先说韩城的民间文化传统。论其丰富性，在整个黄河峡谷里，可以说是集大成而且有独创性。南原的"百面锣鼓"、北原的"挎鼓子",由来已久。听一位近九十的民间老玩家讲,"百面锣鼓"在每年元宵节摆开。鼓点打法至少有四种,包括"老锣鼓""打五元""五子夺魁"和乱节奏的"狗撕咬",一个村里就有三个鼓社,相互比着来。他年轻时参加过的 1950 年元旦表演,是三社联合的大阵杖。"挎鼓子"不是打腰鼓,是古代的军鼓乐,要有武士的装裹,骑马蹲裆,还有"海螺号角"助威。"挎鼓子"也有自己的鼓谱,比如"老虎磨牙""钉圪巴","钉圪巴"就是用鼓槌拉击带钉的鼓边,发出鼓面发不出的老虎磨牙声。有时还会有"文烟火""武烟火"非常壮观的场面。

韩城的秧歌更有特色,说是脱胎于元明杂剧的"套曲",唱舞分开,有丑有旦,旦角称为"包头",其实它是一种田头小戏,在麦收前最红火热闹。韩城的"社火"和唢呐也很有名气,他们管唢呐叫"响子""龟兹"。"社火"里的"耍神楼""抬芯""背芯",也要配锣鼓。但不一定要身背小孩子扮角,要比"高跷"更好看些。唢呐曲班多业余,祖传人更不少。"碗碗腔"皮影唱腔板式有 20 多种,"四板""二八板""紧板""慢板"等,名堂众多。

韩城的文化积淀表现在民居建筑中,比如县城东北的党家村,有近 700 年的建村历史,100 多套四合院民居保存完好,街道呈"井"字形或者"丁"字形,有城堡、牌坊、哨楼和"风水塔",被列入"国际传统民居研究项目"。韩城的老城区比较古旧整齐,有些年代久远的老建筑,如文庙、大禹庙已修整一新,也有些古建需要在修旧如旧中复建,拆下的木石构件整齐地摆在街巷两侧,有些一看,就很有文物价值,没有多少人看守,但也没有人随意去动,让人感慨韩城人的淳朴。

韩城也有龙门,史载秦仲的小儿子嬴康受封于梁山(今韩城市南),是为梁伯,战国时期分别为晋、魏、秦地,汉属内史郡,晋代属华山郡,隋初定名韩城,后也曾被称为夏阳、韩原、祯州、同州,但最终还是叫韩城。1948 年韩城解放,1961 年恢复原建制,属于渭南市。历史上韩城一直是秦晋之间的通道,有一段上千米的古道经过芝川,芝川是司马迁的故乡,或许是因为司马迁的历史名声,这一古道也称为"司马坡",现在还遗留了 300 多米的一段古道。

　　芝川在韩城南部，在镇东南的一道山冈上，有司马迁祠和墓，内有青铜塑像、祭祀大道、广场和碑林，还有"史记博览中心"。这是国内仅见的保存最古老和修缮最完善的世界文化名人墓园，是国家第二批重点文物保护单位。它建于晋代永嘉四年（310），有1700多年的历史。墓园依山而建，庄严肃穆。拾级而上，坡前是写有"汉太史司马祠"的倚石大门，红黑彩石铺就的石径向着山顶延伸，石径有一些弧度，径旁是红黑彩石的护坡，坡上则是石柱，有一木牌坊，正面题有"高山仰止"，背面是"既景乃冈"，出自《诗经》。周围可见梁山、象山、谷山、龙门山和中条山侧影。过了木牌坊又见牌楼，上写"河山之阳"，出自太史公自述，"迁生龙门，耕牧河山之阳"，他在这里生活到19岁。

　　登上祠墓所在山顶，东望黄河，西眺梁山，南瞰魏长城，北观芝水，江山形胜尽收眼底。这芝水也有些来历，传是汉武帝时在此发现了灵芝，也就由原来的名字"陶渠"改为"芝水"。祠堂是祠，不闻香火气，但闻书香气，有太史公长脸方须的塑像。现在耸立山顶的青铜立像，也是长须飘然的神形。

　　司马祠后面就是高2米5、径围5米的太史公长眠墓冢。冢上有一株五干分支的柏树，苍翠欲滴，后人希望太史公的文脉长传，谓之"五子登科柏"，很多学子在临考前会到这里祈愿。古柏相传是晋汉阳太守殷济在永嘉四年（310）首次修墓所植，年代久远。现在坟上的柏树，可能是明代复植的，周围还有一些幼柏，是近人栽种的。为什么坟上要植柏？因为在旧时的迷信里，有一种吸食故人肝脑的魑象，但它最怕松柏的气味，也就留下此俗。

　　墓碑是清人毕沅题写的，庙中有《汉太史公世系碑》和阴刻的《司马庙全图》。宋代宣和年间和靖康年间大修过司马祠，历代乡人也多次集资修缮。1958年由政府重修，1978年又将在原地无法复建的禹王庙移建在附近。太史公墓与禹王庙比邻，还是很相宜的。

　　祠里有66块碑文，比较有年代的是宋代太常博士韩城县令李奎题写的两首诗，有千年历史。其中一首五言，表达了对司马迁遭际的不平，"生在龙门境，葬临韩奕坡。荒祠邻后土，孤冢压黄河。濠水愁声远，梁山惨色多。一言遭显戮，将奈汉君何"。也就是说，太史公死后并没有及时归葬，新莽朝时遗骨才归乡。1958 年郭沫若也有题诗："学殖空前富，文章旷代雄。怜才膺斧钺，吐气作霓虹。"对司马公最中肯的评价，是鲁迅的"史家之绝唱，无韵之离骚"。

司马迁的故里在徐村，但这里没有复姓司马的人，只有世代不同婚的冯、同两姓，都说是司马迁的后裔，并说冯姓是司马迁长子司马临之后，同姓是二子司马观之后；还有说是有人通风报信，因为冯同与"风通"谐音，为避株连，改了姓氏；但也有另一说，冯是二马，同字包含着司，这都有一定的道理。唯不知为何后来不再改回。在汉代，史官有家族继承性，司马迁的父亲司马谈就是太史令，司马迁的后代在西汉没有出头之日，在东汉以后才有出任史官的，但他是司马姓氏还是别的姓氏，似乎说不清。

芝川的风水不错。八路军东渡黄河的渡口就在芝川镇，地点在离司马祠不远的凤凰台。中国共产党领导的红军在三原和泾阳改编为八路军，3 万人马集结在芝川。朱德总司令、任弼时政治部主任和左权副参谋长在此挥师登舟，分两批渡河，奔赴抗日前线。渡河后的第一仗就是粉碎了日寇不可战胜神话的"平型关大捷"。

八路军为什么要从这里渡河？一是离改编地点比较近，便于集结。二是这里有一定群众基础，附近的范家庄在 1927 年 10 月就建立了中国共产党党支部。三是河流平稳，适于大规模船渡，而且出敌不意，可以迅速穿插敌后。当时的国民党镇公所意欲刁难，但也只能干瞪眼。这是一次具有重大战略意义的军事行动，彪炳史册。

从司马祠出来，直奔芝川渡口。那里的渡口滩上原有塑为船头形的纪念碑。1995 年，全国少工委在这里又竖起更大的纪念碑，高 12 米、宽 12 米，三柱风帆，象征着八路军的三大主力即第 115 师、第 120 师和第 129 师。景区周围的树苗已经长起，滩上到处是绿油油的苜蓿草。在八路军东渡黄河抗日纪念馆里，还能看见一只当年东渡使用过的小铁船。

在韩城的几天里，我也顺着国道去到黄河边，向着禹门口方向走去。这里的黄河湿地有 1 万多公顷。天宽地阔，北面高的是梁山，西边的坡地有大片花椒林，这里是有名的北方花椒产区，花椒产业联社的营销活动很活跃。

韩城与河津隔河相望。从韩城和河津开始，黄河进入宽河道，在永济又开始变窄。永济在中条山五老峰下，有蒲州古城，有《西厢记》里的普救寺，黄河岸边还有一座镇河的大铁牛，更有王之涣曾经登临的鹳雀楼。至此，黄河进入芮城县的风陵渡，也迎来了第四个大拐弯。

走向三门峡

2021 年 4 月

　　黄河第四个大拐弯的精华在潼关也在河洛一线。潼关在华山脚下，它不仅是隋唐时代扼守关中的一道险关，也是黄河南来东去的一个制高点。它是黄河大"转盘"的观察哨，监控和捍卫着关中平原和河洛盆地的安危，也关系到下游的水情和沙清。潼者"潼溯蔚荟，林木来会"也，居高临下，关河险峻，90%以上的黄河水文数据要在这里的水文总站汇集，可以说非常清楚黄河的水质情况。潼关关口的高低位置，在历史上有过一些改变，但在三门峡水库成"湖"之后，依然屹立华山边。城里的市场人气很旺，人来人往，市面依然繁荣。

　　潼关地处黄河渡口，位居晋陕豫三省要冲。唐太宗曾有《入潼关》和《还陕述怀》的诗歌，他在《入潼关》中这样吟唱，"崤函称地险，襟带壮两京。霜峰直临道，冰河曲绕城"，其诗歌意象还是很宏大的。晚唐诗人温庭筠也对大拐弯有过直观描写，"地形盘居带河流，景气澄明是胜游"（《过潼关》）。潼关远离长安，但上至帝王将相，下至落拓诗人，都可以在这里放飞自己的心灵。

　　潼关到灵宝有八十公里路，到三门峡将近二百公里，说远不远，说近不近，但拐了弯的黄河在诸多的"V"字峡谷里一气东流，出三门峡，过小浪底，流过桃花峪，也就浩浩荡荡地进入下游的中原地区。桃花峪是黄河下游的起点。

　　这是一个亘古的文化带也是经济带，贯穿了现今"郑洛西合作带"，与"西兰经济带"对接，是现代丝绸之路的一部分。这个经济带横跨黄

達夫

河两岸，河南的灵宝与山西的芮城隔河相对，河南的三门峡市与山西的平陆相对，河南的孟津与济源相对。从风陵渡开始，古已有之的大禹渡、茅津渡一字排开，一直排到三门峡口，现在则由跨河高速公路连接南北，形成了河洛经济一体化的可视地理框架。横跨黄河南北的三门峡大坝，也是其中一环。大坝人在昔日"人门"之上的坝面上，画出一脚跨晋豫的一个标志来，惹得来者来此移足体会，感受今人脚踏"人门"环走黄河南北的一种工程气概。

对于河洛一线，我以前皆是点状行走。2021 年晚春，有了参加中央电视总台频道录制旅游节目的机会，也就从灵宝到了三门峡大坝，并环着三门峡水库走了一遭。先说三门峡的大坝，四围是苍翠绿地，天气见暖，两岸桃花早已开过，但月季开得正旺。人说是洛阳牡丹开封菊，这里的月季也迷人，尤其是那一种小乔木状的月季树，花开有碗大，一株一株地布满在坝区的林园里。水库的湖面碧绿碧绿，很抢眼，从大坝的围栏往下望，由于不在排沙时节，闸口流出的水，也有些是绿气逼人；放眼坝下，一眼看到的便是流水里裹着的一点孤峰，那就是气势犹在的"中流砥柱"。

从大坝北边的电梯口下得坝去，经过诗人贺敬之咏过的梳妆台，也就到了张公岛，张公岛与梳妆台之间，就是巨大的泄洪闸和排沙闸口。张公岛并不大，但还能看出当年的险要，它与几十米的坝体成对角，也斜对着昔日的"人门"。传说"人门"靠北岸，"神门"在中，"鬼门"靠南，其广三十丈，神鬼二门皆为"死门"，"人门"是那时唯一可以行船的水道，但昔日里船过"人门"，有经验的船夫临到门边，总要盯着"中流砥柱"大喝一声"冲我来"，定神直冲，才会过得峡口。因为河峡太险要，一位张姓船工自告奋勇结庐岛上，为过往船只导航。人们感其德感其勇，也就将此岛名之为"张公岛"。

张公岛是观察古今三门峡的最佳视点，可以仰视大坝，也可以一览峡峰，对岸的一柱笔立山峰赫然刻有"中流砥柱"的大红字，提示着河心的那块"中流砥柱"石。"人门"虽然没入大坝，有心者细细看去，依然能够从张公岛上看得出那时的水流曲线，也即水出"人门"，百丈之前有"中流砥柱"抵挡，会形成自然的回水流，有经验的船夫顺流发力，也就安然渡了过去。

话虽如此，三门之险，也还是古来人刻骨铭心的一种体验。在近一千年前，诗人元好问在三门峡的黄河岸边驻足，看遍"人门""鬼门"和"神门"，也看到了称为"中流砥柱"的河中险石，吟出了最有现场感的《水调歌头·赋三门津》，描述了汛期里三门峡惊心动魄的激流险浪。他在《水调歌头·赋三门津》上片里吟道："黄河九天上，人鬼瞰重门，长风怒卷高浪，飞洒日光寒。峻似吕梁千仞，壮似钱塘八月，直下洗尘寰。万豪入横溃，依旧一峰闲。"这"一峰"便是眼前的"中流砥柱"。那一个"闲"字却映衬出中流砥柱的临危独立，在长风卷高浪和日光洒飞浪中，气定神闲地独守河中。在他眼里，"中流砥柱"就是古来三门峡的河魂。

元好问被尊为"北方文雄"，史称"遗山先生"，其诗词歌赋、野史志怪和诗论皆为可观。元好问词风比较豪放，接近于北宋时代的苏轼、黄庭坚。《水调歌头·赋三门津》很有可能是他的晚期作品，因为他在元军南下后曾经移居豫西，在临汝居住过，临汝离三门峡很近，也有更多的时间细细观测和揣摩三门峡的险峡与险水，以及"黄河之水天上来"的磅礴气势。

他的《水调歌头·赋三门津》，下片也很有意思："仰危巢，双鹄过，杳难攀。人间此险何用……未必欲飞强射，有力障狂澜。唤取骑鲸客，挝鼓过银山。"他当然不会想到，一千多年后黄河的第一坝在这里出现了，虽然还有沙水平衡，但"唤取骑鲸客，挝鼓过银山"，毕竟是一种心中的远望河流。

水过三门峡，三门峡下的河水又是怎样的呢？我从盘山的公路绕过去，追踪了一段桃花峪，也是危峰环绕。春汛已过，河水自然也会泛绿，有意思的是，这里居然有季节性的漂流河段，虽然没有见到漂流者，但河滩上有漂具。令人更感兴趣的是，在一处河道拐弯处的崖头上，居然出现了栈道遗迹。人们只知道汉中有褒斜栈道、金牛栈道，长江小三峡有大宁河栈道，栈道仿佛是长江水系的一种标配，岂知黄河的石壁上也有栈道，而且断断续续地延续到小浪底。其实，除了三门峡有栈道，黄河上游的很多峡口里也有栈道，只是人们并未十分留意它们罢了。杜甫咏过巴蜀栈道，但似乎从来没有提过三门峡的栈道，也许他往来洛阳和长安时，走的是函谷陆路。这三门峡河中的船是专门运粮运货的，对于寻常行人来讲，并非常规选择，因此不会见到也不会有诗歌来叙说。

栈道的出现，其实是沟谷里陆路的延长和船行的替代。这是上行船通常的走法。黄河的栈道出现得并不晚，在汉代就有了。这里的栈道历经凿修，分为上下两条，下边的一条贴着石壁，壁上留有方孔，是用来架木栈的，还有突起的牛鼻孔，则是拉系缆绳的。船只下行靠水流，上行要背纤，这在长江和黄河都是一样的。

然而，在三门峡大坝建成之前，这一段黄河沙多水急，山石遍河道，行船难于上青天，因此要在临河北岸修建断断续续的古栈道，迤逦延伸到二三百里之外的小浪底。在一般人的常识里，很少会想到黄河也有古栈道，这是历史评价中的一个盲点。

在三门峡大坝下游隔河细看栈道，下面的那条高过水面一米，确乎有旧日纤夫走过的印迹，上面的那条好像是驮马行走的马帮路，现在已经成为国道。在旧时，正常的陆地商道宽数尺，与秦汉时代的"五尺道"大体相仿，大约通向崤函古道。纤夫道则不足三尺，直接去向了三门峡口。

有纤夫就会有纤夫的号子，他们唱过什么样的号子？或许少不了"天下黄河九十九道弯"一类的歌词，但那些船歌太悠长散漫，不会带有号子的粗犷节奏感。据说三门峡市有人在收集三门峡的黄河号子，但一时寻不到其人其歌。

后来我与一位出生在山东济南济阳的老水利人说起这事，他说，他的老家黄河济阳渡上也有过黄河号子，他在小的时候听到过，但随着时间推移，记忆已经模糊，一时间也想不起曲调和歌词来，但说起来情绪很亢奋，也找老人们去打听。有一天，他兴冲冲地告诉我，《济南日报》在2020年7月刊出过一篇文章，作者左文明在回顾济南历城船业社成立的始末时，谈到他在20世纪60年代初随船出门，听老舵手讲起的船家用语和"忌口"，比如不能随意发出"翻"字的音，船帆要叫船篷，翻晒衣服要说展衣服等。同时引述了船工在顺水时常常喊起号子，其中的一首船工号子，首先是一长串的"号奥号咧呗，喂哎嗨喂"，然后就是歌词："一河两岸杨柳青，春暖花开万物生。庄稼地里小麦黄，过了芒种麦收忙。八月十五秋已到，备下过年钱和粮。"

从三门峡坝区出来，沿着库区一直西行，其间经过了米汤沟、茅津渡。路好走，很快穿越了平陆的新城区，又从高速路桥上到了三门峡市区。三门峡市区是老陕县的"替身"，坐落在库区南岸，因此这是一座跨水库的大桥。桥墩能够深入水库的岩石层，说明在这里沉积的河沙还没人们想象的那么厚。老陕县县城在大坝兴建时就已没入库区，但宝轮寺塔、空相寺以及安国寺还在高岸上耸立，行政中心则搬到彼时地势较高的大营乡，也就是现在的市中心。

陕县很特别，地处豫西，却是陕西省称谓的来源。陕县之西便是陕西，陕县之东才是河南。这就恰如函谷关一样，关西是关中平原，关东是河洛盆地。陕县附近的大小城邑大多夹在山谷之中，这是"陕"的象形文字来源。

我记得第一次去时，除了看三门峡大坝，主要是参观虢国的青铜车马坑。这里是黄土地带，古代的文物容易留存。三门峡地区北对中条山，西临潼关，南面是灵宝，东面是仰韶文化遗址，素来是华夏古老文化发育的核心区。这里有过很多重要的古代诸侯国，如东虢国和芮国，还有诸如弘农杨氏这样的隋唐巨族，也出过上官婉儿这样的历史人物，是一个显在的文化大市。弘农杨素是隋朝开国重臣，他写的《出塞》古诗二首也可读，"交河明月夜，阴山苦雾辰。雁飞南入汉，水流西咽秦"，反映了隋初经略西北的情势。有一次，我偶然见到一道土沟里由柳笆编搭的一个文物库，编了号的青铜器、玉器堆在架上。那时候三门峡市博物馆还没来得及建设，在这里草草看一眼，已经令人对陕县和三门陕刮目相看了。

空相寺原名"定林寺"，又称"熊耳山寺"，与白马寺、少林寺、开封相国寺并称豫中四大古寺。创立中国禅宗的达摩祖师是在定林寺诵经坐化的。相传，出使西域的北魏大臣宋云在回来途经葱岭时见到了西归的达摩祖师，禅杖上挑着一只鞋，另一只鞋留在了定林寺。对此，北魏信佛的皇帝信以为真，遂将定林寺改名为空相寺。但也有不同的说法，说空相寺是唐代宗钦赐改名的。那达摩塔也叫灵塔，通高 12 米，现在的灵塔是明初在原址上复建的。碑石上有刻语，"航海西来意，金陵语不契。少林面壁功，熊耳留只履"，大体上概括了达摩浮海，一苇渡江，先在少林面壁，后到定林寺修行的行迹。空相寺的钟楼雄伟，一口铁钟声播远方，当地有语夸张，"和尚敲钟，传到京城"。这京城自然指的是长安，但声音能够传向长安方向，这口铁钟还真不小。

三门峡市是一座巨大的中华文明发展史博物苑，有渑池仰韶文化遗址、庙底沟遗址和列入中华文明探源工程的西坡遗址，以及虢都国上阳城和虢国墓等等；还有约有 4000 年历史的民居"地坑院"，有说那是古代穴居人的民居文化遗留，扯得有些远，其实还是人们因时因地优选的一种民间居住智慧。"地坑院"又称"天井窑院"或"地下四合院"，其比较集中的院落有 100 多处，最典型和有创意的是庙上村的"地坑院"，有道是"见树不见村，进村不见房，车从房顶过，闻声不见人"。现在很多人搬到地上的楼房里，"地坑院"也就成了旅游观光点。

"地坑院"的出现是有气候条件的，暴雨少，汛期不会发生水患，地下水位低，也不会出现渗水。一般是在平阔的塬上挖出一亩见方的院围，四面套窑七八间，黄土漫院，光滑齐整，上塬有台阶，出门有道路。窑院遮风避寒，冬暖夏凉，要是用来做仓储，也会是一种节省能源的好方案。隋唐时代的许多大粮仓就分布在黄河两岸的黄土塬上，大约也是这个缘故。

从三门峡的黄河北岸继续西行，就来到了有着永乐宫壁画的山西芮城。不过，由于修建水库，永乐宫向高处移位搬迁了，但大禹渡旧迹还在。从这里渡河也就到了灵宝市的西北地界，现在也有公路桥相连。在大禹渡的南边，有一个很不起眼的"大字营村"，前几年因为经常出土文物，成为文物贩子的乐园，现在消停下来，有些冷落了。进到土城围去看，古旧高大的东城门洞，居然是明代的"官砖"砌就的，而且门额的刻石刻的是"中土首镇"，也就是说，中原也可以从这里算起。"大字营村"的村名也引起了我的好奇，知情的乡人指指点点地说，这可是康熙皇帝定的名。为什么呢？这里清代驻过军，康熙平定噶尔丹叛乱回师西安，从大禹渡渡河北归，在此驻足并留下了名为"大字营"的一支劲旅，因此不是等闲之地。这里东通秦函谷关和汉涵谷关，是明清以降中原和关中的又一个分界。人说风陵渡重要，那是在隋唐时代，从大禹渡北上太原，这里是明清以来的丁字官道口和重要的关隘，也是秦函谷关后来的一个替代。也有资料说，慈禧西狩也是从大禹渡渡过黄河去到西安的。这里有一些明清老建筑和一座大型关帝庙，也显示了大禹渡在商路上的重要性。

"三门湖盆"推想

2021 年 5 月

　　黄河上的自然湖泊很少，并不是因为沿河缺少洼地，而是因为上下游落差大，留不住水，中游河谷也深，加上大量泥沙不断地搬动，即便有成湖的地形条件，也会很快淤平。但追溯更古老的年代里，上游有共和、银川、河套古屠申泽，而银川平原的"七十二连湖"也是古湖的遗留；中下游的华北平原上有古巨野泽、大陆泽等等。其实，湖还是不少的。古巨野泽南北 300 里、东西 100 里，在明代也呼为"宁晋泊"。黄河下游，宋金交战时代，滑县黄河李固渡发生人为掘堤，黄河开始出现长久乱淮的局面，并引发宋元明清几个朝代黄河多次决堤的"惯性"，尤其是清末，河水再次北流，前后形成 800 里"梁山泊""蓼儿洼"，但不久后水面逐渐缩小。微山湖与洪泽湖形成如今的湖状，其实也与黄河有关，只不过其中的故事更曲折一些。

　　古代地理显示，黄河中游的支流上也有过许多湖泊，深的称为"薮"和"湫"，浅的称为"泽"，如陇县到固原之间，秦汉时代有过朝那湫，华阳有过阳华薮和焦获薮，在泾阳北也有过一个昭余祁薮，在荥阳则有《禹贡》"济水入于河，溢为荥"的记载。在古代，郑州有圃田泽，开封有逢泽，商丘有孟渚泽，宿州有古洋湖等，但它们都是散在的，也各有成因。这些古代的湖泊，对"鸿沟"的开凿与后来隋唐通济渠的开通都有过举足轻重的意义。"菏泽"之名，其实也来自古济水汇入的古菏泽，古济水的河道后来并入改道后的黄河。这些湖泊的影子，有的现在还存在，但大多数消失了，或归因于围湖造田，更多的原因是泥沙淤塞。很多新出现的湖，其实都是人工水库。

"三门湖盆"的概念，人们都很陌生，因为它是一个地质考古推想。"三门湖盆"或在史前存在过，但早已失落在不断转弯的黄河河道中。有地质学家曾经推测，古"三门湖盆"约有 2.3 万平方公里，横跨陕晋豫，其面积最大时，进入了关中地区边缘地区。山西运城的解池也应当是它跨越中条山的古代遗存。作出这样的推测，至少是因为今天黄河的第四个大拐弯，在华山之西，由南北走向的秦晋大峡谷骤然间改为东西向，而从黄河中游的禹门口到中条山的东南区域，也确乎存在着一个事实上长而宽的沙水盆谷。三门峡谷这一段亦称"崤函"，与崤山、熊耳山和伏牛山交汇，东西长 153 公里，南北宽 132 公里，总面积有 10496 平方公里。黄河贯流其间，有很多的险阻和河滩甚至古栈道和古峡，还有落差很大的河谷。这里历来是治河的难点。

然而，在三门峡水库没有建设之前，这里自然不会出现浩大的人工湖面，唯有汇合了渭河与汾河的黄河在河谷里流淌。在人工工程干预之后，潜在的成湖条件开始出现，而这也是人们在这里首先建设三门峡水库，后来又建设了小浪底水库所面临的一种工程地理选项。

从郑州桃花峪以降，由沙引起的黄河悬河一直是个大问题。下游河面普遍平均高出两岸平地 4.6 米，属于二级悬河。新乡市的一些地方，河面高出两岸平地 20 米，每年迎战黄河汛期洪峰，这里都是让人揪心的河段。这种状况由来已久。

沙是人们的心腹大患。在历史上人们之所以非常敬重治河的能臣，如明代的陈瑄、潘季驯乃至清代的于成龙，主要是因为他们治河治沙有功，提出了许多相对有效的治沙思路。历数很多有作为的官员如林则徐等，也都担任过河督，他们的治河业绩是其人生和职业功绩的一个重要侧面。但那时的社会体制和工程水平，与今天是不能相比的，总体上无法解决悬河问题。他们在历史上提出和实施了很多治河思路，有的在今天还有参考价值，甚至连"宽河"好还是"窄河"更好的争论，也需要多方面去思考。潼关以东的黄河大拐弯河道的流沙，更是人们关注的一个焦点。

三门峡大坝于 1958 年截流成功，1960 年建成，三门河峡已完全不复当年模样。三门峡大坝的酝酿，其实早在民国年间就已经开始了，只因河情复杂，牵涉到上下游的流沙和悬河，一直没有定论。三门峡水库究竟该建还是不该建，建成之后是利大还是弊大，有各种议论，也很正常。相信大家的出发点都是好的，但研究视角不尽相同。难有定论，主要是因为在初始设计中，规划的主要功能，究竟是定位于防洪蓄水兼发电，还是要拦沙，以及大坝建多高更合理等等，没有达成共识。要拦沙，在水土流失尚未得到控制，而且上游也缺乏相应配套工程的情况下，几乎是不可能的事情。人们都知道，大禹治水传说或者说民间治水的精要，是疏不是堵，这个道理也应当适用于排沙。只是由于古代的生态状况和今天的并不一样，传说中大禹治水的重点在水而不在沙，然而事不同理同，疏与堵完全是两种不同的思路。疏的智慧是先人总结出来的最高智慧，历朝历代的一些治水者，提出和实行了"蓄清刷黄""束水攻沙"等办法，就是彼时治河智慧的一种体现。

三门峡大坝运行一年半后，水库里就淤积了 15 亿吨泥沙，库容量逐年下降，十多年后接近于积沙极限，连带着渭河出口的一些段落，"拦门沙"现象也在加剧。建大坝付出了较大代价，但并没有实现蓄水和拦沙毕其功于一役的效果，如果要算账，当然会感觉有些不合算，于是有人认为是失败之举。

就解决沙流和悬河问题，只靠拦沙，确乎有些一厢情愿，但说是完全失败，并不尽然。正面去看，有三点影响；负面去看，有两点。从正面说，一是三门峡工程后来作了多次调整和改进，加强了排沙功能，虽然有些亡羊补牢，但犹未迟也。二是它在下游错峰防洪中也起了一定作用，数十年里，下游并未发生大的溃坝事故。这些功劳固然不能单独记在三门峡大坝的账上，但贡献毕竟有目共睹。三是大坝功能调整后，昔日的移民线降低了，许多划为库区而禁居禁农的田地开始恢复，出现了新的居民聚落。现在的三门库区，进出河沙接近平衡，形成了一种总体上能够控制的缓冲带。

从负面来说，一是对渭河地区土地和渭河生态的影响；二是超高的大坝也引发了诸多问题。教训也是财富，三门峡大坝的水位控制高度，也为后来三峡大坝的建设提供了经验。大坝水位过高会降低上游流速，加速泥沙沉积，而在汛前水库是不能够高水位蓄水的。三峡大坝汛期运行水位控制在 145 米，比正常水位低 30 米，就是这个道理。后建的大坝设置了永久性泄洪排沙设施，以减少库内淤积等，这些认识都来自三门峡大坝的建设与运行经验。

从现在来看，三门峡水利枢纽效能，比初始设计者预想的要差，但比相反的认知要好得多。泄洪水流的错峰调度很重要，系列工程配套照应也很重要，一旦工程体系趋于完善，河流地理的应力和排沙压力也会相应分散。从人的主观能动性上讲，重要的还是在水土保持和排沙入海上做足做好文章。

我在三门峡水库边看，也从旅游渡口开出的游船上望，三门峡大坝下的三孔排沙涵洞已经在运作。排沙时，虽然远不及小浪底大坝那般壮观，但也有一定势头。这里控制着黄河上中游大部分来水和流沙，是黄河中游进入下游的第一个要道口，要想减少流沙影响，还要多些应对预案。

从三门峡到小浪底，这个古"三门湖盆"前后有三门峡、窄口和小浪底三大库区，似乎形成了一个梯形流动结构。面对这个梯形流动结构，无论是水利内行还是外行人，谁也禁不住在想，这一段曾经异常险要的黄河河道，在水流结构上已经改变了，在新的历史条件下会不会出现更为积极的结构升级变化，在黄河上游、中游形成更为合理的梯级调控？如果从黄河的全局上看，这样的梯形流动结构正在合理形成。

秦时明月汉时关

2021 年 5 月

从"大字营"回到灵宝，近郊就有三门峡水库形成后出现的"黄河九曲"。无论清晨还是傍晚，在朝霞里还是在晚霞里，在这个并没有刻意营造的新的"黄河九曲"边，有一种很特别的感觉。红日初升，河面一片金黄，火烧云一起，又是金红一片。这里的堤坝是自然形成的，可以俯瞰近处伸来的连环水面，也可以远望对岸的田畴和绿树。堤下的小村庄干净整洁，小院四围都是迎风怒放的月季花。堤上公园也呈条状，在石板路上和在木护栏道上，到处是晨练或晚遛的人。不需要特别的摄影器材，也不用费心寻找角度，用手机一拍，一幅具有自然景深感的九曲黄河画面也就成了珍贵的收藏品。在这里，人们似乎感觉不到水库的存在，河还是河，河滩还是河滩，一切都很平和，自然也有很多村庄被库区占了，但这里沟谷纵横，到处有天然的堤坝，也有开阔的山塬。

离"黄河九曲"不远，就是弘农涧河与黄河交汇的王垛村，这里就是函谷关的所在地。函谷关是春秋战国以来的第一古雄关，因为东接崤山，西至潼关南，因此也是崤函古道的第一接口。这里是关中平原通向中原和太行山的唯一主通道，历史上有名的战争，如《左传》记载的崤之战、秦王扫六合、刘邦守关拒项羽、安史之乱等，都在这里发生。

函谷关前后有过三座，最早的一座是魏国所建，在王垛村北十里，旧迹已经没入水库。秦函谷关（即"秦关"）是秦国在"车不方轨，马不并辔"的土隘里开通的。秦关虽然在楚汉相争中受到毁坏，但在西汉初还在使用。汉武帝时，朝臣楼船将军杨仆"耻为关外民"，提出自行出资迁移函谷关，函谷关也就顺着崤函古道东移至洛阳的新安县。从地形和规模上看，汉函谷关（即"汉关"）比秦关更宏大也更有气势，它耸立在涧河边，著名的新安古驿在它的左面。杜甫的《石壕吏》和《新安吏》的写作背景地就在那里。汉关西控关中，东控洛阳，比秦关更为险要一些，它也是古代丝绸之路长安—天山廊道路网的咽喉之地，关楼、关墙、阙台和部分道路犹在。

函谷关的东移，意味着秦关在汉武帝后已被废弃。王昌龄在《出塞》中描述的"秦时明月汉时关"，准确地反映了那个时代的微妙变化，但历史终究是割不断的，因此，王昌龄用互文的诗歌语言，营造了一种空间地理意境。灵宝的秦关是根据四川青羊宫出土的汉画像砖上的"函谷关东城门"图像，于1992年在原址上复建的，双门双楼，气势不减，形制如昔。从关口上行，依然是三尺土道土崖，所谓"一夫当关，万夫莫开"，于此可得最好诠释。

两千多年前的秦关得以复建，并非出于单纯的旅游考虑，它不仅具有重要的历史地理地位，更有巨大的超文化价值。函谷关曾经是关中与关外的地理分界，一如陕县是陕西和河南的地理坐标一样。这里也是上古神话"夸父追日"的邓林也即桃林的神话故事背景地，更是老子骑青牛出关写出五千言《道德经》的所在。"鸡鸣狗盗"的成语也出自函谷关，说是孟尝君离开秦国要出关，晚来关已封闭，出关要等天明鸡叫，他的门客里有善口技者，仿鸡鸣声而众鸡皆鸣，城门洞开，消除了一场危机，而函谷关的鸡鸣台演绎了这段有趣的历史故事。函谷关前还有过公孙龙白马非马的哲学辩题，公孙龙虽然比不得老子，但也是思辨哲学和逻辑学的一代宗师，未必要当笑话来讲。这样看来，秦关从来就是中国哲学和哲理的传统之地。

秦关北五里，还有一座晚清仿明风格的独立二层关城门，人们叫它"函谷夹辅"，也称"转角楼"或者"翰林楼"。"转角楼"提示了它的地理建筑特点，"翰林楼"披露了修建者的家族身份。城门上下留有砖石匾额，一为"孟尝逆旅"，显然代行过民间驿站功能；一为"灵竹善在"。"灵竹"或出自《孝经》"哭竹生笋"，显示了修关的另一层动因，即薛姓乡绅为纪念曾经出任过翰林院编修的父亲，有了修关铺路的公益之举。三门峡水库修建时，这个夹辅关门也在迁移规划线之内，但因为周围都是高崖，水漫不过来，也就留存下来。现在，它的上面就是连霍高速的高架路，从这里到三门峡市也有直通道路，从历史上看，地址选得还是很合适的。

临河临谷的秦关的历史故事多，汉关留下的唐诗多。盛唐、中唐和晚唐时代的著名诗人，几乎没有不在这里留有诗作的，《全唐诗》里存留的有关函谷关的诗歌中，有很多能够列入古代诗歌史。张九龄、李白、岑参、白居易、韩愈、刘禹锡、孟郊、杜牧、李商隐、徐凝、姚合、许浑、罗邺乃至温庭筠、韦庄等，都在这儿留有出色的作品。比如岑参曾在虢州做过长史，其《函谷关歌送刘评事使关西》中，"白马公孙何处去，青牛老人更不还。苍苔白骨空满地，月与古时长相似"，讲的就是秦关，但其《虢州郡斋南池幽兴因与阎二侍御道别》中，"行军在函谷，两度闻莺啼。相看红旗下，饮酒白日低""夜眠驿楼月，晓发关城鸡"，更像是在说汉关。唐玄宗也有《途次陕州》的诗歌，即"境出三秦外，途与二陕中。山川入虞虢，风俗限西东"，讲的似乎也是汉关。

在众多唐代诗人笔下，罗邺的《入关》颇有特色，"古道槐花满树开，入关时节一蝉催。出门唯恐不先到，当路有谁长待来"，心理刻画很是生动。罗邺是浙江余杭人，是"江东三罗"（即罗隐、罗虬、罗邺）之一，后半生却在西北军中度过，他的诗歌明白如话。他还有一首直写黄河冬景的诗："白草近关微有路，浊河连底冻无声。"他的《入关》，应该写的是在新安的汉关。更晚些的韦庄，早年在虢州郊野居住过，曾经在《虢州涧东村居作》中描绘了一幅生动的村乡风景画："东南骑马出郊垌，回首寒烟隔郡城。清涧涨时翘鹭喜，绿桑疏处哺牛鸣。儿童见少生于客，奴仆骄多踞似兄。试望家田还自适，满畦秋水稻苗平。"写的是秦关还是汉关，倒有些说不太清。

灵宝的文化底蕴不仅在函谷关，更多的是在到处都有的考古发掘现场和有名的铸鼎塬上。西坡遗址和周边考古发掘现场，是中华文化五千年的主要考古地，近年来发现了巨型建筑遗址，整体占地面积达516平方米，中间有广场，建筑基础年代相当于5000年前黄帝时代，分明是一个远古的"宫殿区"。面对秦岭荆山的铸鼎塬上的发现更令人震惊，惊奇之处不是别的，而是"黄帝衣冠冢"前一方曾经叫过"聚星阁"的古遗存。不消说，那"聚星阁"的名是后来起的，是古代士子们参加科举考试前，祈愿黄帝在天之灵保佑他们能够得中的地方。当年的阁体建筑已不存在，但其基础分明就在远古的祭祀坑上。考古人员发现，祭祀灰层有 60 厘米厚，使用的时间长且有连续性，较深的灰烬文化层里出土了细石器时代象征首领权力的玉石璧和玉石钺。难道是黄帝和黄帝部族使用过的祭器和礼器吗？

将西坡定为中华文明探源工程的重点考古首选，并不偶然，且不说河洛地区弄清了洛阳二里头夏都城重要遗址，上古三代文化的踪影也开始慢慢显露。灵宝的高密度上古遗址遗存提示，这里有着中华民族远古密集人群聚落，也有着黄帝文化发育发展的最重要线头。

眼前的一切都会引起人们盘旋不断的思绪。那遍布大河上下和中原的黄帝传说，究竟有何内在关联？黄帝的活动曲线和定点轨迹究竟又是怎样的一条弧线？黄帝的传说很广泛，北起燕山南到中原的新郑和河洛一线，西起鄂尔多斯台地东到古黄河下游，举凡黄河几个大拐弯的上下两侧，皆可望得见他晃动的身影，但在文化地标的"争夺"和共同祖源的认定上，虽众口一词但也各有各的"方言"。在共同文化谱系的研究中，也各有各的故事场景地。比如，桑干河畔有过黄帝战蚩尤的上古战场，从北京平谷到河北迁安长城一线也有黄帝文化的明显印记。另外，陕北的神木为何叫神木，神木高家堡镇的石峁遗址与南边的桥山黄帝陵又有什么样的联系，也都有故事可说。黄帝之都在河南新郑，但黄帝铸鼎的故事为什么发生在秦岭脚下的灵宝？黄帝采秦岭首山之铜后，就在临近的荆山下铸鼎。荆山铸鼎在《史记·封禅书》里已有明确说法，铸鼎塬现存的刻于唐贞元十七年（801）的《轩辕黄帝铸鼎塬碑铭并序》也记载了黄帝铸鼎之事。一桩一件，似乎不能仅以传说视之，或许在后人看来，这些遗踪更像是散落在大河上下的珍珠，到处都在闪光，但串起黄帝文化的中心链条又在哪里呢？

黄河，唯有黄河能够串起这个链条。黄河养育了黄帝文化，也给出了文化传播的相对半径。具有历史文化意味的是，中国北方古民族部族，无论前后名称怎么变化，大多都认同黄帝是他们的祖先和共主，夏的名号也是后来所谓匈奴、鲜卑、氐、羌逐鹿中原时不约而同举起的旗帜，并由此演化出了华夏文化和诸夏文化的某些区分及其中的文化联系。因此也可以这样说，黄帝文化辐射的纵轴在黄河的南北河道上，横轴则在黄河的几个大拐弯里，黄河"几"字弯柔软的腹部和衣袍下，有着黄帝文化发育的大小摇篮，其所形成的巨大的黄河文明放射覆盖圈，明晰地显示了中华上古文明形成的坐标体系。

把看似散在的点连接起来，空间不是问题，黄河特有的弯曲本身就有巨大的通透性、播散性和旋转性。对于上古时代的铁脚勇士们，时间也不是问题。或者也可以这样说，早期的黄帝部落联盟更多具有游猎色彩，黄帝部落与炎帝部落融合之后，才开始全面走入更稳定的农业生存模式的历史进程，那么大型的居民聚集点出现在黄河的第四个大拐弯处，是地理逻辑也是历史发展的逻辑。

西坡遗址离黄河很近，但也有一定的防洪安全距离，由于气候周期的变化因素，古人的聚集点一般都设在有溪流的高地上，铸鼎塬正对着小秦岭的首山和荆山，铸鼎而立"宫室"的条件都具备。令人多思的是，黄河从第四个大拐弯流来，后来出现了风陵渡、大禹渡和茅津渡，其中的大禹渡通向山西的芮城（古芮国），向北就是汾河湾里的陶寺遗址，前后的文化地理承继线连贯清晰，想必我们的考古学家们会在这里找到更多关于中华文化五千年的突破性新线索。

想到了三星堆

2021 年 5 月

在灵宝的铸鼎塬，骤然间想到了议论正热的三星堆文化。黄帝文化与三星堆文化有何干系？说来也有些绕，尤其在黄帝文化发展轨迹还没有明确定论之前，本不该把黄帝文化同三星堆的不断发现随意联系在一起。但三星堆的最新考古成果把原来的谜扩大为更大的一个谜，其中不乏外星人的猜测，也有文化外来说的影子在隐隐约约地晃动。

在"美国趣味科学网站"上，西方一位学者发表了一篇文章《谁建造了埃及金字塔》，断然排除了从外星人到亚特兰蒂斯人甚至犹太奴隶建造金字塔的多种假设，因为这些说法都没有考古证据支持。考古证据和埃及古文物学家支持的结论，是金字塔为古埃及一般民工建造的。相对于西方的考古学者要依据考古证据等对金字塔给出较为正常的解释，我们对三星堆的惊人发现，自然也不能够随意去"腾云驾雾"。

谜团不外有几点，一是金人也即青铜大立人的铸造，与商代铜器文化的传统形制和用途并不相符，甚至怀疑对它们的测定年代是否准确，而铜人的形象、脸谱面具上高挺的鼻梁和阔嘴，不太像是东亚人种。二是象征酋长权力的包金权杖也不对路。三是这么贵重的物品，为什么要一而再地焚毁于祭祀坑内，等等。对于有古文献明确记录的建木和建木上的"金乌"，以及《华阳国志》中的"纵目人"，倒是没有太多关注，但恰恰是这样出土文物，与中国的古文献记录有着高度的一致性。

就上述谜团来说，首先，铜人的鼻与面具上的嘴形，大约是不能成为论据的，且不说铸造会有艺术夸张，从流传至今的中华各民族部族的各种图腾脸谱来看，嘴型还要阔大奇特，那鼻梁即便很高，也应归为鼻翼较宽的"蒜头鼻"。其次，铜人的出现，在历史记载中并不罕见。春秋时代的孔子说"始作俑者，其无后乎"，也似乎暗示了祭祀仪式要不要有人形的写实，是有过激烈争论的。虽然商祭器、礼器上的饕餮之类的变形人形被归入例外，但还是挡不住后来秦始皇陵真人大小的兵马俑成排列队地出现。中国的铜资源分布不均衡，铸钱还不充裕，所谓赐金百斤，乃是赐铜百斤，但从更接近于蜀中古文化的秦人来说，铸铜人、铸铜镰、铸铜钟乃至翁仲，似乎也是成俗。汉代的刘歆在其《西京札记》里，就有咸阳宫有铜人十二、座高三尺的记载，而《史记·秦始皇本纪》中也有秦始皇销天下兵器铸"金人十二，重各千石"的明确记录。《史记》的有关索隐条还进一步点出了时间和铸造的理由，说是始皇"二十六年，有长人见于临洮，故销兵器，铸而象之"，并说那"长人"有三丈或五丈高，也是十二个。或许是长度计量标准有差别，或许是大臣揣摸了秦始皇欲防天下故而设计收缴天下兵器的一个理由，但不管动机如何，发育于临洮陇南一线的秦国，也掌握了铸铜人的熟练技术。

根据《三辅旧事》所记，秦始皇的铜人是"立在阿房殿前，汉徙著长乐宫大夏殿前"，显系没有祭祀功能。这些铜人后来哪里去了？有文献指向了董卓，说他废弃五铢钱，熔化了十座铜人（有说九座）用来铸小钱。也有一说是秦始皇将铜人带到了自己的陵墓里。不管怎么说，铸铜人是秦蜀共有的行为，只不过动机和用途不尽相同。各个方国的祭祀仪式总有自己的习惯方式，并不能由此得出铜人是外来的结论，而且究竟由何处外来，谁也没有拿出实例。

匈奴有过铜人祭天的传统。据《史记·匈奴列传》记载，"汉使骠骑将军去病将万骑出陇西，过焉支山千余里，击匈奴，得胡首虏（骑）万八千余级，破得休屠王祭天金人"。匈奴特别是南匈奴是中华古民族的一部分，他们从来是以黄帝文化为正朔的，也经常举起夏的旗号进入中原。三星堆发现的铜人与南匈奴祭天金人有无联系，不好去妄断，但历史上氐、羌、匈奴之间有通道和联系，也是地理历史事实。

面具不论是金的、铜的还是木头皮革做的，功能大抵一样。临洮南部和渭源的乡间，每年要举办一种"拉扎节"。"拉扎节"古称"番傩"，是敬奉自然神的，这是多民族遗留下来的古代民间文化的活化石。傩戏并非南方地区特有，在秦晋大峡谷的黄河边也可以见到。汉族有傩戏，北方少数民族中也有傩戏，傩戏的脸谱是"硬脸谱"，现在大多用木头和皮革雕刻彩绘，套在脸上就可以演戏。北方的一些大剧种，包括京剧、秦腔的勾脸和脸谱，其实是一种"软脸谱"。三星堆的先民们使用青铜面具和金面具，也是特征而已，有的可戴，有的是祭祀造型，用途不同。

在湘黔地区也不乏铜人记载，最典型的莫过于贵州铜仁地名的来源。这里是夜郎旧地，也是长江经济带连接西南市场的传统通道。此地原来叫铜人，后来改为铜仁。以铜为地名，原以为是此地产铜，但查阅道光年间的《铜仁府志》，似有二说，一说元代的衙门里曾经有过三个铜人，一说元代的一位捕鱼翁在山涧水洞里捞得三个铜人，所谓"人者仁也，渐仁之化，于是乎"。二说其实是一说，说这里有过铜人，同时也说明了铜人何所来。"仁人"的概念向来是修为一体，明代人将铜人的地名改称铜仁，有明显的文化逻辑在里面。这里与四川广汉三星堆虽远但在一条线上，有什么前因后果，不得而知。

至于包金皮的"权杖"，更没有特别奇怪的。权杖一般是游牧方国酋长的权力体现，这同犹太人摩西的手杖在形制上并没有什么两样。如果有机会到甘肃省博物馆去看看，那里有一些青铜权杖，有的权杖首是鹰头，有的则带有虎头铸像。多说一句的是，比权杖还要重要些的金王冠，外形与欧洲诸王的冠冕类似，内蒙古黄河第二个大拐弯处就出土过匈奴王的金王冠，外形与欧洲中世纪国王的王冠没有什么两样，谁又能说它是外来之物？说穿了，王冠原型来自结束长发的需要，平常人是用一条带子，汉人要束髻，所以要有高冠，游牧部落首领则会用黄金束发。因为他们要骑马，束绸带不够气派，延展性强又不易生锈的金冠是首选，长发既不披散，也能显示自身的威严不凡，至少看上去不会像野人。

一直有些不解的是，那么贵重的青铜器和象牙，为什么要再二再三地焚毁于祭祀坑？在黄帝铸鼎塬的"聚星阁"下的祭祀坑前，人们似乎发现了其中的秘密。这个祭祀坑有 60 厘米的文化灰烬层，那时没有纸张文字，也不一定会有香烛可焚，古人要表示对先王和大祭司的无上敬意，最好的办法，是将他们用过的祭器和神器一道殡天。考古人从焚烧过的灰坑里发现了玉石壁和玉石斧钺，而这样一种祭祀模式影响很久远，从古代到近代，从王公贵族到民间，似乎都有这种陪葬的风俗。在三星堆，焚毁贵重祭器的祭祀坑有多个，似乎都在暗示，这是一种必要的仪式，焚烧也就意味着跟随主人上了天。国之大事在战与祀，在漫长的历史年代里，这样的仪式是会多次举行的，并不一定发生了入侵和突然事件。

这样说，并不是把三星堆的祭祀文化看得简单了。三星堆文化异常灿烂，是世界考古的重大发现，它反映了古代文化在中华文明形成中的多样性和地理开放性，也再次证实了考古学家苏秉琦先生提出的"满天星斗说"的睿智论断。但是，星斗满天，处处闪亮，在众多的星光光束里，终究会有超强的星星，具有更大的质量和吸引力。这就是黄河全流域有关黄帝文化更为广阔的一种复杂的历史联系。

第三辑 黄河奔涌入海流

黄河干流从河南郑州桃花峪以下至入海口为下游，河长786公里，流域面积为2.3万平方公里。

小浪底上又三峡

2020 年 9 月

    小浪底水库主要水面位于洛阳孟津小浪底镇小浪底村，隔着一道邙山，南距洛阳市区 17 公里，隔岸就是济源坡头镇蓼坞村。一个小浪，一个蓼坞，从镇名和村名上就给人以诗情画意之感。从横向去看，小浪底西距三门峡 130 公里，东距郑州花园口镇 115 公里，是黄河峡谷的最后一道出口。它的上游穿越中条山和王屋山峡谷，全长有 130 公里，周边是古老的垣曲、平陆和夏县，也都是夏代文明的重要发祥地。

    黄河小浪底工程是黄河中游向下游过渡的关键工程，属国家"八五"重点项目。1997 年实现大河截流，2001 年竣工，水域总面积 272 平方公里，库容 126.5 亿立方米，有效库容 51 亿立方米。它吸收了三门峡水库的经验和教训，以防洪、防凌、适时排沙减淤为主，兼顾供水、灌溉、发电，总装机容量 180 万千瓦，是三门峡水库蓄水的数倍，已经安全运行了 20 多个年头。

    我到的时候正赶上小浪底水利枢纽汛前排沙。这是小浪底一年一度最壮观也最令人激动的场面。大坝两面人山人海，不比钱塘江观潮差许多，三个大的排沙涵洞齐开，像三条黄龙腾起，舞出三条弧线，连续不断地跃入河面。坝前的河水打着回旋，天空中隐隐约约现有彩虹，岸上人群发出一阵阵欢呼声。

    按照原规划，小浪底工程建成 10 多年后库区会被沙淤满，但目前的积沙不到规划的一半，主要是因为人工制造洪峰，定时冲洗泥沙，一边腾出汛前库容，一边激流冲沙，让下游的河水裹着泥沙，流向出海的

小浪底水库

方向。2002 年以来，小浪底持续开展调水调沙，"悬河"状况有所改善。黄河水利委员会（简称"黄委会"）曾预测过，未来或者会有逼近极限的 5.5 万立方米每秒洪峰流量的概率，但小浪底的冲沙试验结果，再加上及时错峰等多种手段，有效应对的胜算把握是很大的。

小浪底大坝还有一个重大功能，就是化解黄河流凌带来的风险。黄河流过的地理纬度，南北相差 15 度以上，封河和开河的时差以及容易造成凌壅的方向不尽相同。凌壅一旦形成，其危害并不亚于沙壅。一般地说，黄河上游流凌多发地区在河套包头地区，对付凌壅最常规的办法，是"炸河"。黄河下游的凌壅，是自南至北、自东至西，形成了很大的逆向推力和阻力，小浪底水库发出的人工水流，可以适时进行对冲，加速流凌向出海口移动，有效化解风险。因此，无论从哪个方面去看，这都是一个造福性的大工程。

我看小浪底冲沙，是从北岸济源去的。那里的王屋山，不仅是古代寓言"愚公移山"的故事背景地，也有唐代道士诗人司马承祯创立的道观"阳台宫"。司马承祯是李白的道友和诗友，是盛唐"方外十友"之一。他的修道与"方外十友"中的另一位卢藏用，目的很不相同，后者是以隐求仕的"终南捷径"发明人，所以同是道友，李白更看重和尊重司马承祯。司马承祯曾经隐居在剡中天姥山斑竹街，李白第一次遇到司马承祯，也是在斑竹街。司马承祯后来在王屋山创建了"阳台宫"，唐天宝三年（744）后，李白与结识不久的杜甫一道去"阳台宫"看望司马承祯，不料他已仙逝。李白手书了《阳台宫》帖，留在那里。据说这是李白流传下来的唯一手泽，已被博物馆收藏。

济源的文化遗迹很多。邻近小浪底的轵城镇是战国时代侠士聂政的故里，郭沫若曾有《棠棣之花》历史剧演绎了他的故事。济渎庙是古"四渎"中唯一保存最完整、规模最大的历史文化遗产，那里有历代帝王祭祀济水神的宏大古建群。古济水在太行山南麓发源后，一直伴着黄河，但也曾经独立入海。有一种相传已久的说法，古济水三潜地下三出地面，东源进入黄河底下，又从黄河南岸冒了出来，而且是济清黄浑，各流各的。这种说法虽然令人生疑，但济宁、济南、济阳这些地名的出现，至少证明了济水的流向。

　　然而，这里既没有喀斯特地质结构，下游也没有穿黄的出口，所以三潜地下，几无可能。所谓清者自清，浊者自浊，更无科学依据。因此，只有一种可能的情形，即济水一支流入黄河，另一支进入太行山西麓，与源出北太行涞源的大清河汇合，同黄河大致上平行或交叉流动入海。所谓《禹贡》的描述，"导水东流为济，入于河，溢为荥，东出于陶丘北，又东至于菏，又东北会于汶，又北东入于海"，完全可以有多种理解，即"入于河，溢为荥，东出于陶丘北，又东至于菏"，其实是黄河水溢为荥泽和菏泽，"会于汶，又北东入于海"，则是它的干流合于后来的黄河。今人的研究结果，是从 8500 年前开始的，济水与黄河并不相交，倒是黄河的扇形摆动，让济水的下游河道，最终与现今黄河河道合在了一起，其中经过许多曲折，而 1855 年黄河铜瓦厢决口，使南流 700 年的黄河回归北方，济水终于消失。

　　唐代诗人李颀有一首《与诸公游济渎泛舟》的长诗，起首几句是"济水出王屋，其源来不穷。沇泉数眼沸，平地流清通。皇帝崇祀典，诏书视三公。分官祷灵庙，奠璧沉河宫"。其诗并没有涉及济水的具体流态和流向。历代帝王在这里隆重祭祀，广修宫庙，自有其用意，而历代文人渲染三潜而强调清者自清浊者自浊，也是出于以"清流"自况的比拟。

　　在一个时期里，济水在湖北郓城分流为南济水（南清河）和北济水（北清河）。南济水在咸丰五年（1855）黄河北移前称为"牛头河"，北济水为北清河，因汶济合流，又名大清河。有道是"水清莫如济"，这就是大清河的水流特征。但晋人郭璞《山海经》注文中也显示，在东晋时代，济水在黄河之南，其水浅而难以通航，可能已经被移动过的黄河泥沙淤塞。千年之后，又发生了铜瓦厢决口黄河大改道事件，黄河挤占济水河道，许多事也就更加面目不清了。

　　在这里，比较令人多思的是，从河流传递的中华满天星的古文明分布，济水流域与黄河流域有着紧密的文化源头对流性，比如龙山文化与仰韶文化的会合交融等，离不开这两条姊妹河的关联。济水的确是黄河的"小妹"，古人将其列入"四渎"之一，并非没有道理。尤其在漫长的岁月里，黄河与济水就在小浪底的峡口相会相别过，共同上演了华夏文明在东部舞台上的神秘历史童话剧，其间充满了黄河与济水的依恋之情。

从济源到小浪底北岸，有 21 公里路程。看过汛前排沙后，我又回到湖边。放眼望去，打眼的不仅仅是开阔的水面，仿佛到了浙西的"千岛湖"。往大处看，有西霞院反调节水库、张岭半岛等，细处则有新命名的许多景点，有的是明显的人工景观点和旅游设施，如"雕塑广场""紫藤长廊""小小黄河""樱花岛""桐树岭码头"，有的则是旧日景象的新容再现，比如"黄河故道"和"月牙湖"。但是，最令人向往和喜欢的，还是小浪底的"三峡"。

小浪底"三峡"在大坝上游 20 公里处，需要坐游船过去，这是黄河上最后一组"三峡"，名字分别是"大峪峡""孤山峡""龙凤峡"。"大峪峡"开阔舒展，气象万千。"孤山峡"只有一座峡形孤山，比较开阔。"龙凤峡"一如其名，还能看到其时河流盘山绕岭、龙飞凤舞的山形走势，悬在崖上的"九蹬栈桥"，也显示了昔日山峡口的险要。看得出来，在小浪底大坝修建之前，这里的黄河河道，不是在宽滩窄谷里奔流，就是在群山峻岭中回环，除了船家和驮夫，外人难得一见。小浪底水库的修建，让它们露出上半身的身影和真容，在这里，听到的并不是如同面对长江三峡的一些景观变化时发出的一两声"叹息"，更多的是对工程的赞美。在黄河中游的出口，又见到了三个峡，这对谁都是一个料想不到的意外收获。

小浪底水库对周边小气候的改善作用有多大，看看周围越来越多的绿树就能明白，而长期效应还在后面。在全国的水库大坝中，小浪底的水面虽然并不是特别大，但它的湖面，再加上三门峡库区和窄口库区的水面，也有 600 平方公里之广，这样一个人造的梯形湖泊区，会对四周的小气候环境产生更大的远期影响。

小浪底水库坐落在太行山南麓，山形如屏，原本就是一个窝风挡寒的植物繁茂地区，在它西边的沁河中游，有着北方唯一的野生猕猴群，在焦作南面的博爱县，也有北方最大的一片毛竹林。这里是魏晋"竹林七贤"的云游之地。这样一种原生态，再加上小浪底以上"三门湖盆"大水面，太行山南部生态环境的进一步优化，也会是必然的结果。

洛阳的运河与黄河

2020 年 9 月

一

　　黄河与运河，似乎是一对母女，有名的隋唐大运河，包括通济渠和永济渠，乃至卫运河，都是黄河水养大的。

　　要弄清洛阳和黄河的古来关系，还是需要到洛阳去，因为它不仅是隋唐时期政治、经济、文化活动的原点，在隋唐大运河的地理走向上也是一个原点。作为黄河支流的洛河至少对运河有三个贡献：一是东汉时代开凿了"阳渠"并开创了日后洛河"准运河"的水运格局；二是宋神宗"引洛济汴"，延长了通济渠的寿命；三是河洛地区是通济渠和北方"卫运河"漕运的最终目的地。洛阳的孟津在小浪底南岸，有一道邙山天然堤坝挡着，但伊河连通黄河，得河之利而避河之险，洛阳是一个少有的得河独厚的地方。

　　然而，要想比较清楚地看出这些曾经被历史尘埃厚厚蒙盖过的原点和轨迹，有两个历史变化因素需要了解。其一是洛阳王城和皇城遗迹的区位坐标和分布位置。水道的出现包括运河的开通，往往与城市的营造密不可分。其二是此间的河流关系出现过什么样的变化。这些变化因素有助于对洛阳运河的历史结构，包括历史上有过什么运河和"准运河"，甚至洛河是纯粹的自然河流还是屡经人工改造的"准运河"等等，作出相对清晰的判断。因此，这一次游洛阳，我并没有去龙门石窟和白园，而是在洛阳的西工区、洛龙区和老城区里转悠。

　　洛阳有四条重要河流，除了洛河和伊河，还有瀍河和涧河。洛河的源头在陕西商洛市洛南县。伊河的源头在熊耳山南麓的栾川县陶湾镇，它是从三门峡谷流入洛阳的。瀍河发源于孟津横水镇，流经邙山，在古代两岸遍植樱桃树，"瀍壑朱樱"曾是洛阳一景。涧河发源于陕县，流经崤山、函谷关，它对洛阳运河的影响深刻，也是从东周时代一直到东汉和隋唐时洛阳最早的运河"阳渠"渠水的来源。

　　涧河在洛阳西工区，《水经注》和许多历史文献中都提到过涧河。它从西北向东南流，那无疑是周公旦选择营建洛阳王城的重要前提。除了这座王城，洛阳还有成周城，处在后来的汉魏故城的中心位置，因此，洛阳也是一座帝王之城。涧河不仅为这些都城提供了不可或缺的水源，也提供了漕运的补充便利，而东汉洛阳阳渠的出现，与涧河、洛河都是分不开的。

　　"阳渠"的地理含义，可以理解为北来之渠沟，它虽然行不得大船，但"营养"了汉魏时代的洛阳。因为年代太过久远，早期的人工河道在东周灭亡后逐渐消失，后人很难找到其踪影。一直到东汉刘秀定都洛阳后，再次从北部引入涧河，"阳渠"也就理所当然地出现在刘秀经略的视野里。根据比较翔实的历史文献记载，阳渠成渠的过程有些曲折。29年，东汉河南尹王梁开始主持开凿，有可能是因为水流没有越过"水脊"，渠成而水未流，第一次开凿失败了。48年，改由大司空张纯主持勘察，再次穿渠为漕，终于获得成功。郦道元在《水经注》中将阳渠的开凿归功于张纯并作出用于漕运的有关判断。

　　值得一提的是，在东汉永平十二年（69），"王景治河"开始了。王景原籍是山东即墨，其八代祖避居乐浪，因此也是乐浪郡（郡治在今朝鲜平壤西北）人。他精通《周易》，是一位杰出的水利专家，作为河堤谒者，修复过洛阳黄河北岸的堤防，疏浚了自荥阳以东到浚仪（今开封）的汴河河道，而这意味着汴运河的雏形在王景的时代就有所显现。据说王景走遍了彼时的黄河上下，他发明了活动河闸也即陡门（斗门），对运河运作技术提升做出了杰出贡献。

　　刘秀对黄河水利和漕运是很上心的，他一而再地任命大臣主持开凿阳渠就说明了这一点。他与皇后阴丽华的合葬陵寝，在黄河与邙山之间的小盆地——孟津白鹤镇。他的陵寝选择，在极其讲究风水之说的帝王中也是很少见的。陵园内植柏 1458 株，数量十分惊人，且为木色金黄的"杏柏"。陵墓"枕河蹬山"，不仅不惧黄河之水的侵扰，也把黄河作为他的生死依托。我们无从知道他对黄河的感想，但在他的主持下，阳渠成为洛阳都城外首个有明确走向的运河。阳渠分为两支，汇合后注入洛河，再入黄河，体现了阳渠既可护卫都城也可用作漕运的多种功能。231 年，为了保证洛阳都城的漕运和城市用水，魏明帝下令都水使者陈协在阳渠的基础上修建了千金渠，阳渠水量亦随之大增，成为东魏时代洛阳都城的主要漕运渠道。西晋末年汉魏都城被毁。但在 494 年北魏孝文帝迁都洛阳后，在重修都城的同时也重修了阳渠。史载"丁亥，将通洛水入谷，帝亲临观"，记录的就是这件大事。也就是说，从东汉到北魏前后的几百年里，阳渠一直是洛阳都城的生命线。

隋炀帝迁都洛阳以后，开建了当时最大的"回洛仓"，进一步强化了阳渠和洛河的漕运地位。隋炀帝"发河南诸郡男女百余万，开通济渠。自西苑引谷、洛水达于河，自板渚引河通于淮"，也是在东汉阳渠的基础上实现的。与此同时，隋炀帝下令主持运河河务的大臣宇文恺在洛阳修建了"月陂"，同时在城里开挖了通津渠、漕渠，修建了伊河和瀍河贯穿其间的"里坊门"，构建了比较完整的水上交通网络。隋炀帝开通通济渠的巨大工程，正是在这样一个大背景下展开的。通济渠通航后，他的龙舟队伍从洛阳出发到江都，走的是一个弯曲的"M"形路线，即从阳渠和洛河形成的"大河湾"进入黄河，又从板渚口入汴河，辗转东进。

进入唐代，在武则天治下，洛阳再次成为政治、经济、文化中心，不仅在至德坊南引漕渠和开挖可以泊船的新潭，也令河南尹李适之整修了"积翠""上阳"和"月陂"，重修了隋代修建的连接"东市""西市""北市"和横跨洛河的"洛阳桥"（即"天津桥"）。此前，唐太宗在瀍河西北重修了含嘉仓以替代回洛仓，可以储粮 500 多万石。含嘉仓是 20 世纪 60 年代发现的，是彼时全国最大粮仓，主要用来吸纳黄河之北的粮食。漕船可以从瀍河水道进入含嘉仓，从唐至北宋，沿用了 500 多年。在那时，洛河俨然已经演化为设施齐全的"准运河"。事实上，考古人也在洛河的河床里发现过两道石砌河堤残存，堤高两三米，残长800 米，坐实了洛河的"准运河"地位。

作为隋唐运河的原点，洛阳运河和洛河在漕运路线的扩展选择中也发挥了独特作用。早在隋文帝时代，就从关中的大兴城西北引渭水循汉代漕渠故道至潼关入黄河，称为"广通渠"，后改称"永通渠"。广通渠也是由宇文凯主持开挖的，约有 150 公里长。由于从关中到江淮的运河线路太长，中转环节过多，唐玄宗开元年间，实行了漕运管理改革，"江船不入汴，汴船不入河，河船不入渭；江南之运积扬州，汴河之运积河阴，河船之运积渭口，渭船之运积太仓"，实行了分段仓储运输。

不可忽视的一点是，"引洛济汴"延长了通济渠的使用寿命。运河引来的黄河水携带着大量泥沙，时间一长，通济渠的一些段落很容易成为"悬河"。在宋神宗时代，便从瓦子亭开辟了引洛河水入汴运河的新渠道，但也有说是从巩义河洛镇的洛口"引洛济汴"的。不管是哪种说法，全长 34 公里的"引洛济汴"，是黄河支流洛河对通济渠所做的最重大最直接的贡献。

瓦子亭在哪里？在探访荥阳板渚时，我曾经打听过，但遍寻不见，只有一个洼子村离伊洛河最近，且在广武山虎牢关的南出口。"瓦子"与"洼子"一音之转，位置也相当，这里的旧河道，可以连接荥阳的索河、贾鲁河，因此这个洼子村，很有可能就是引洛河水入通济渠的一个节点。

别小看"引洛济汴"，沈括在《梦溪笔谈》中专门讲道：到熙宁初，"京城（指开封）东水门，下至雍丘（今河南杞县）、襄邑（今河南睢县），河底皆高出堤外平地一丈二尺余"，因此有了引洛入汴之议。他虽然没有明指在哪个地方引水，但强调了这个工程的重要性。如果没有洛河水的及时相助，通济运河不一定会运行 700 年那么长。因此，要说洛河是隋唐通济渠后来的源头，也是说得通的。也就是说，所谓隋炀帝板渚引黄开汴渠，到宋神宗时代就开始重新改写了。

龙门石窟

洛阳栾川老君山

二

我在洛阳谷水镇待的时间并不长，那里正在修建综合交通枢纽，到处是工地。原本想到白马寺东的汉魏故城遗址去，但那里也在施工，还有考古队在考古，所以还是从车站一路南去，去看位于老城区中心的隋唐古城。顺路又到西大街去看唐代的新潭遗址，去看位于金元故城对面的隋唐大运河博物馆。洛阳真不愧为"十三朝古都"（有说"十五朝"），稍不留神，就会错过重要的古迹。

能够原汁原味地保留古城四至框架，同时适合现代居住交通，隋唐古城框架和标志性建筑的复建，洛阳的城建是个范例。在街衢中心地带，武则天登基和唐玄宗接见第八次日本遣唐使的含元殿（明堂），已经在城建中发现的殿基上完全复建，气势恢宏，线条圆润，对面就是应天门（紫薇城正南门）。应天门巍峨壮丽，无论从哪一面去看，都吸引视线，就是不特意进入景点里去，也能感觉到盛唐的逼人气势。在隋唐时代，洛阳城由皇城、宫城、外郭城组成，外郭城在洛河两岸。应天门是宫城门，洛河南岸是里坊区，白居易在履道坊的故居遗址能够被发现是一个孤例，但也说明洛阳的城郭框架保存得很好。

隋唐大运河博物馆在山陕会馆旧址里，馆藏文物不多，但图文说明要言不烦，能够帮人理清洛阳运河的线索。山陕会馆坐落在洛河北岸，紧贴南关码头，是雍正年代的建筑。约略看过，剩下的时间就要到鼎鼎有名的洛阳天津桥遗址了。

天津桥遗址在今龙门大道与定鼎南路交汇的洛阳桥附近。天津桥的原名也叫"洛阳桥"，南北方向，因为上临河汉，下过洛水，正面对着神都苑，皇帝后妃、文人墨客和各色中外商人无不登临此桥。桥的北边是太微皇城和宫城，向东对着上阳宫，南面则是拥有北市、西市和东市的里坊区域。呼为"天津桥"，是最高的夸赞。此桥始建于大业元年（605），也是由隋炀帝诏令杨素和宇文恺营造的，最初为木桥，唐初改为石桥，废于元代。遗址在今洛阳桥西约 400 米，河中发现了 4 个桥墩，间距 15 米。

站在洛河北岸看天津桥遗址，令人遐想。它的复原图像，是一个三桥一体、每桥单孔的超长拱桥，北为黄道桥，南为星津桥，中间才是天津桥。它有四个角亭，桥南的董家酒楼就是当年李白与朋友喝酒的地方。白居易也有诗赞曰："津桥东北斗亭西，到此令人诗思迷"；还有"上阳宫里晓钟后，天津桥头残月前。空阔境疑非下界，飘飘身似在寥天。星河隐映初生日，楼阁葱茏半出烟。此处相逢倾一盏，始知地上有神仙"的另一首诗。李白在《忆旧游寄谯郡元参军》中吟道："忆昔洛阳董糟丘，为余天津桥南造酒楼。黄金白璧买歌笑，一醉累月轻王侯。"李益则有"何堪好风景，独上洛阳桥"的诗歌。

不仅洛河的天津桥有风景，洛阳各处的风光也吸引了全国各地的诗人骚客。尤其是在武则天临朝之时，一场场"夺锦袍"的诗歌赛事引得一些诗人竞折腰，另一些诗人则尽情地享受着风景带来的诗歌灵感。在杜甫的笔下，是"今日时清两京道，相逢苦觉人情好"（《戏赠阌乡秦少翁短歌》）。储光羲与孟浩然同游"洛阳道"，随意吟出了"洛水春冰开，洛城春水绿。朝看大道上，落花乱马足"（《洛阳道五首献吕四郎中》）。李白在洛阳告别了老朋友，又结识了新朋友，与旧友在天津桥董家酒楼上痛饮后，一同访随州、度太行、游太原，感受颇多。他在洛阳也留下离别长安后"流恨寄伊水"的惆怅（《秋夜宿龙门香山寺奉寄王方城十七丈奉国莹上》）。当然，也有解闷的诗作："白玉谁家郎，回车渡天津。看花东陌上，惊动洛阳人"（《洛阳陌》）。此外还有更加放松的"谁家玉笛暗飞声，散入春风满洛城。此夜曲中闻折柳，何人不起故园情"（《春夜洛阳闻笛》）。他在《感兴》八首中也有对洛水女神的遥想："洛浦有宓妃，飘飘雪争飞""香尘动罗袜，绿水不沾衣"，只是他也不无取笑地说："陈王徒作赋，神女岂同归？"

洛阳是杜甫的故土，他很小就寄居在那里，并在那里结识了一生中最重要的诗友李白，开启了青年杜甫"快意八九年"的齐鲁吴越游弋生活。面对渺渺洛水，杜甫的感觉是"百川日东流，客去亦不息"（《别赞上人》），但也有"江边踏青罢，回首见旌旗"（《绝句》）的某种离乡伤感。他青年时代直接咏洛阳景的诗作不多，但流落蜀中之后，洛阳则是出现在他诗里频次最高的地理名词之一。有些回忆诗作写得很有真情，"冬至至后日初长，远在剑南思洛阳。……愁极本凭诗遣兴，诗成吟咏转凄凉"（《至后》）；"洛城一别四千里，胡骑长驱五六年"（《恨别》）。他甚至还比较过长安和洛阳的优劣："天开地裂长安陌，寒尽春生洛阳殿。"（《湖城东遇孟云卿复归刘颢宅宿宴饮散因为醉歌》）在他看来，长安给了太多痛楚记忆，洛阳才是他心中的所爱所思。他离开洛阳之后，至死未能回去，多年之后归葬巩义，离洛阳近了些，或许是他最后的安慰。

对洛阳，诗人们从来不吝赞美之词。从南北朝范云的《别诗》开始，诗人们就有"洛阳城东西，长作经时别。昔去雪如花，今来花似雪"的描述。到了唐代，如花似雪的诗歌更是洋洋洒洒，连并不怎么写诗的唐太宗也写有"华林满芳景，洛阳遍阳春"（《赋得樱桃》）的诗歌。比较喜欢舞文弄墨的唐玄宗，则有"洛阳芳树映天津，灞岸垂杨窣地新"（《初入秦川路逢寒食》）的题咏。名相张九龄也要凑热闹，"三年一上计，万国趋河洛"（《奉和圣制送十道采访使及朝集使》），更多着眼于社会经济生活。此外则是陆续出现的诗词，如宋之问的"桂林风景异，秋似洛阳春"（《始安秋日》）；韩愈的"洛阳东风几时来，川波岸柳春全回"（《感春》）；李益的"金谷园中柳，看来似舞腰"（《上洛桥》）；以及李贺的"洛阳吹别风，龙门起断烟。冬树束生涩，晚紫凝华天"（《洛阳城外别皇甫湜》）；等等。洛阳的吟诗作诗氛围也让素来满身禅意的王维分外活跃起来，不仅咏有"绿艳闲且静，红衣浅复深。花心愁欲断，春色岂知心"（《红牡丹》）以及"洛阳才子姑苏客，桂苑殊非故乡陌"（《同崔傅答贤弟》），竟然还唱起了"洛阳女儿对门居，才可颜容十五余"（《洛阳女儿行》）。洛阳给了他新的创作冲动。有一年，他奉诏与太子诸王于"三月三"在"龙池"修禊，搞了一次"兰亭集会"洛阳版，写下了"赋掩陈王作，杯如洛水流"（奉和圣制与太子诸王三月三日龙池春禊应制）的赞语。

但是，对多数诗人和多数时候来说，洛阳的自然景观更值得流连。比如，洛阳牡丹花事就吸引了无数诗人，以至于刘禹锡从边远之地回到洛阳，脱口吟出"唯有牡丹真国色，花开时节动京城"（《赏牡丹》）。刘禹锡还有一首"偶然相遇人世间，合在增城阿姥家。有此倾城好颜色，天教晚发赛诸花"（《思黯南墅赏牡丹》）。白居易则有一首更为别致的惜花诗："惆怅阶前红牡丹，晚来唯有西枝残。明朝风起应吹尽，夜惜衰红把火看"（《惜牡丹花二首》）。李商隐的《牡丹》很特别："锦帏初卷卫夫人，绣被犹堆越鄂君。"罗隐的《牡丹花》则说："似共东风别有因，绛罗高卷不胜春。若教解语应倾国，任是无情亦动人。"徐凝对牡丹花高歌："何人不爱新开花，占断城中好物华。疑是洛川神女作，千娇万态破朝霞。"（《牡丹》）诗人张又新惊呼："牡丹一朵值千金，将谓从来色最深。"（《牡丹》）连耽于思考而平素不易激动的柳宗元也唱出："凡卉与时谢，妍华丽兹晨。"（《戏题阶前芍药》）元稹自然不会落后，在《牡丹二首》里吟唱道："簇蕊风频坏，裁红雨更新。眼看吹落地，便别一年春"，怜香惜玉之心，跃然纸上。

洛阳的牡丹确乎是一绝，园多花也多。李清照的父亲李格非写有《洛阳名园记》，其中有"洛中花甚多种，而独名牡丹曰花王"。所谓"花开花落二十日，一城之人皆若狂"（白居易《牡丹芳》），并非只是夸张语。诚然，在咏洛阳的古代诗作里，赏花写花只是一些时中插曲，诗眼独到的是王昌龄、王建和韦庄。王昌龄的"寒雨连江夜入吴，平明送客楚山孤。洛阳亲友如相问，一片冰心在玉壶"（《芙蓉楼送辛渐》），写在吴越，心在洛阳。他不是洛阳人，却表达了对洛阳的远方思念。王建倒也实在，他看到来洛阳的各色人等太多了，于是吟道："北邙山头少闲土，尽是洛阳人旧墓。旧墓人家归葬多，堆着黄金无买处"（《北邙行》）。而韦庄吟得更痛切，"洛阳城里春意好，洛阳才子他乡老"（《菩萨蛮》）。

洛阳不仅迎送了许多诗人，也有自己为之骄傲的杰出人物。玄奘是偃师人，唐代的长孙无忌、方绾、元稹、李贺，以及北宋的富弼、吕蒙正和理学大家程颢、程颐，都是洛阳人。洛阳还是"诗魔"白居易的养老地，居留过刘禹锡这样的"诗豪"，也培育过杜甫这样的"诗圣"。所谓"唐诗半河南"，这个"半"主要是在洛阳。在隋唐时代，唐诗溪流从这里纵横流过，无论是流来的诗人，还是漂走的诗人，都要在这里打个漩涡，穿过伊河的"八节滩"，在东西龙门的山壁上发出诗歌回响，在呼啸交响里汇入更大的诗的海洋。

　　但是，这一切又离不开运河这个大的流动舞台。在今天，当人们去到孟津小浪底的时候，也许会想到隋唐大运河的未来。黄河曾经在三门峡河谷上下的不同节点上养育了隋唐通济渠，造就700年的中州繁荣，未来会怎样，尽可以去想象。

黄河"外孙女"在黎阳

2020 年 9 月

如果说隋唐通济渠是黄河的长女，卫运河和她的前身"白沟"就是黄河的嫡亲外孙女。她出生在太行山下的黎阳渡。到黎阳就要到浚县去，因为浚县就是古黎阳。

浚县是河南省入选国家历史文化名城中唯一的一个县级城市。浚县境内名胜古迹有 300 多处，这是任何一个县城都难望其项背的。全国重点文物保护单位就有 5 处，省级文物保护单位 16 处，优秀历史建筑单体及院落有 100 多处，整个城市有着比较完整的古城风貌，此外还有穿流在城市里的古运河遗迹。这里有过自古有名的黎阳仓，有浮丘山的道家文化，还有年代最早的大伾山大佛造像。

我以前到过一次浚县，那是在一个春节期间，去看浚县庙会。浚县庙会不仅有 1600 多年的历史，而且举办的时间从正月初一到二月二"龙抬头"，时间最长。因此，同山东泰山庙会、山西白云山庙会和北京的妙峰山庙会合称"华北地区四大庙会"。这里的五彩泥塑玩具，与河南周口市淮阳县的太昊陵庙会的泥塑"泥泥狗"有相似之处，但也不一样，陶瓷质地，能吹响，叫"泥咕咕"，大约是从最古老的泥质乐器埙演变而来的。这"泥咕咕"的制作，也同"泥泥狗"不太一样，是用小的竹框架敷黄胶泥制作，上彩后在小土窑里去烧制。浚县庙会的吃食，好像是淇河名吃的大展卖，淇河鲫鱼有名，缠丝鸭蛋更有名，因为它只产在淇河的芦苇丛里，腌制后蛋黄里有一圈圈的色环。淇河鲫鱼、缠丝鸭蛋与无核枣，被列为"淇河三珍"。

再次到浚县，不是在春节，而是在初秋，趁着天气凉爽，仔细看看它的城垣，以及运河、大伾山石佛和浮丘山的千佛洞。浚县现存城墙的一段在运河边，长不到 1000 米，南边的一段尚有夯土基，因此大的形状依然保留，成为国家重点文物保护单位。浚县的运河穿越全县境，长达 70 公里，河床宽 60 米到 80 米，河上有著名的云溪桥。这桥的珍贵之处有二：一是它和新乡合河桥是卫运河上仅存的两座古桥，初为木桥，明嘉靖三十三年（1554）建成，后因大水坍塌，嘉靖四十四年（1565）重修，改为石桥。二是拱桥五孔，可以行走较大的舟船。新乡合河桥是七孔，也有 400 多年的历史，是明隆庆六年（1572）所建，时间稍晚一些，2016 年做过维修。云溪桥有一段故事，即嘉靖四十四年重修此桥时，有乡人主张桥孔建小一些，大船过不来，货物就要上岸去转运，地方上多了挑夫的营干，县衙也能多征些过路钱，但主持工程的知县魏廉川并不以为然，认为运河连着上下游各方的利益，不能只从一个县收银多少去谋划，便力主在 80 米的宽河上建成了五孔石桥，大孔口径 10 米宽，小孔也有 5 米多，船运由是大通。后人追忆魏廉川的决策，将云溪桥称为"廉川桥"。但这廉川桥在 20 世纪 50 年代居然担当了公路桥的交通功能，石头栏杆被拆去了，也不知是该为此桥的牢固叫好，还是为那时人不知珍惜古物而感到遗憾。这是浚县人至今提起来都会摇头的事情。

浚县更多的运河骄傲，是 1953 年的"引黄济卫"。一向重视运河的浚县，曾经在境内开挖了大小航道 305 条，全长达 3000 多公里，基本上形成了乡乡通运河的状态，成为北方罕见的运河水乡。另外，大大小小的造船厂也出现了 50 多个。不过，这样的运河胜景只维持到 20 世纪 70 年代，当时运河水量锐减，水位降低，最终导致断航。

在浚县，与卫运河有关的地名约有 100 多个，淇门村就不用说了，还有郭渡、王渡、吴摆渡和赵摆村，以及码头村、埠头村等，一方面显示了昔日运河水道的繁多和运河码头的普遍，另一方面也为古渡口的寻找提供了地名上的线索。码头村在县城西北，那里有明清老宅，有关王庙，还居住着仍然会唱船工号子的老船工。白寺村也在老运河边，那里的老宅多为石头建筑，那里出产的花斑石，也曾是皇家专用的石料贡品。在以前，花斑石是要从运河运往北京的，但现在更多用来修建自己的家园。

　　然而，黎阳渡的具体位置在哪里呢？与邻近滑县的白马渡一样，也是一个待考的问题。《水经注》里关于黎阳的记载是："黎山在其南，河水迳其东。"黎山就是大伾山，在今天的浚县城东二里处，当地人称为"东山"。山脚就是黎阳镇，现在是浚县的一个大的街道，但这里是不是黎阳渡古渡口和黎阳仓旧址的所在，还要细寻考。古黎阳在黎山或称大伾山北麓的东关村，我在那里见到了黎阳仓的遗址，那里有仓城，有护城河，还有旧日的漕渠的遗迹，已经受到了严格的保护。这城有1400多年历史，仓区里曾经分布有84个仓窖，在隋唐时代是四大名仓之一。现在那里还有四个储仓，每座储仓有20万公斤的容储量。

　　古黎阳镇与大伾山紧密相关，大伾山东麓就是天宁寺和后赵时期建造的著名大石佛。弥勒具象，手心向外，显示的是向佛者所说的"无畏印"。大石佛面对着黄河故道，民间俗称"镇河将军"。这尊大佛线条粗放，显示了佛教造像的早期特征。大佛楼是北魏时期增建的，明正统年间重修。天宁寺筑有72个石磴，也是北魏时期的建筑。石勒建立后赵的时间是319年，云冈石窟开凿于460年，大伾山的石刻造像要比后者早140年。因此，这是中国的第一座佛教石刻造像。它出现在运河边，说明从后赵时期起，这里已经成为北方最大的水旱码头。

　　石佛石窟营造的一个规律是，一般都建在商道的交叉路口，也标识了商道走向。这从北魏开凿的云冈，西去麦积山石窟和炳灵寺石窟以及河西走廊里的敦煌千佛洞，南到洛阳龙门，更南到大足石刻，都能体现出来。邯郸附近的响堂山石窟，也有这样的分布特点。黎阳大伾山的石佛建造在运河边，是绝无仅有的，也体现了黎阳运河古渡的特别重要性。令人多思的是，这位"镇河将军"和很多的石菩萨一样体现了古人祈求商路平安的夙愿，在抗日战争中这里也发生了保卫运河的战斗。由于黎阳军民顽强抵抗，这里发生了震惊中外的大伾山惨案，数千人被日寇残杀，因此浚县也是一座悲壮之城，黎阳古渡是英烈的古渡。浮丘山上也曾有过激烈的战斗，山上的小城和宫观见证了数十年前的那一幕。

　　浮丘山在县城西南，与大伾山相望，很有些地形特点。一是山临运河水，其状若浮舟，因此叫作"浮丘"。二是浚县旧日的南城墙横跨在山上，旧时城边有座尼姑庵，因此又叫"小姑山"或"南山"。道教建筑碧霞元君宫在山顶，也有千佛洞。在社会相对安宁的时候，传统庙会就在这里举办。

至于"淇门"，它在狭义上是指浚县新镇的淇门村，这里是曹操遏淇水北流的关节点，也是运河重要的驿站码头和水陆要冲。后赵石虎曾经在这里建过都城，元初的王重阳在这里创建了全真观，"全真四子"都在这里传过道，所以这里有"四仙碑"和"升仙塔"的桥段。不知为什么，这里冬天很少下雪，因此此地流传有"淇门避雪"的民间典故。但是，人们最关心的还是"淇门"与黄河之间的血脉联系。

淇河不是一条普通的河，它从太行山流来，原本汇入卫河，是黄河的"外孙女"，也即二级支流，但在曹操手里，改变了流向，也改变了北方的水运格局，古老的白沟运河和后来的卫运河乃至漳卫运河渐次出现。也就是说，南向入黄河的淇河在曹操的谋划下转头北上，连带着卫河也出现了河道转移，这自然是一件极具历史意义的事情。

淇河有着丰厚的历史文化积淀，在这条河流上，曾经建立过商朝灭亡前最后一个国都朝歌，同时也是卫懿公好鹤故事的发生地。《诗经》里的《淇奥》，歌咏的是这个地方，春秋许穆夫人吟唱的《竹竿》和《诗经》中的"淇水汤汤"，也是这里诞生的著名诗篇，而曹丕的《黎阳作诗三首》，描述的也是对淇水上下更多的感受。自从曹操开凿"白沟"之后，淇河已经不再是局部地区里的自然河流，它的流域范围扩大到淇门上下，包括了白马渡所在的滑县和汤阴，以及浚县的黎阳渡。在李白北上幽州路经黎阳渡之前，陈子昂和宋之问随武攸宜从军幽燕，也要经过淇门。鹤壁之东的淇门，可以说是白沟和永济渠以及后来的卫运河的一个重要水运原点。

我到鹤壁市不下三次。第一次在 20 世纪 80 年代末，被原来的鹤煤集团建设的新市区惊呆了，一个企业能有那么大和漂亮的职工新居建设，并在环保事业和碳交易中走在了前面，那是十分了得的事情。在刚下高速公路的转角上，我也看到过一家当时还很少见的民营瓷器博物馆，所展钧瓷、汝瓷和隋唐执壶的数量自不必说，汉代的砚台也在那里见过几方。

第二次去鹤壁，是奔着淇河中上游去的，虽然不会想到淇河的源头是山西陵川棋子山，但它流出太行河谷的一个"八卦"阴阳太极图形，给人深刻的印象。黄河吴堡也有这样的河流图形，但近距离观看"八卦"阴阳太极图形，第一遭还是在淇河中游，怪不得鬼谷子要隐居在这里，罗贯中晚年也长居这里。淇河之清冽也是少见的，在 20 世纪河流污染最严重的时日里，这里就是一类水，下到河边，捧一鞠淇河水大口大口地牛饮，那情境现在还记忆犹新。

第三次是到鹤壁游学关于淇河的古诗词。唐代这里有善写踏歌词的本地诗人谢偃，他的"逶迤度香阁，顾步出兰闺。欲绕鸳鸯殿，先过桃李蹊。风带舒还卷，簪花举复低。欲问今宵乐，但听歌声齐"，是对唐代踏歌的一种现场描写。当时的淇河上还有一位一直活跃在民间的白话诗僧王梵志，俗语入诗内容多佛理，但常寓佛理于嘲讽戏谑之中，如"只见母怜儿，不见儿怜母。……生时不恭养，死后祭泥土"（《只见母怜儿》）等。他的白话诗有 340 余首，堪称是另类乐府。在这样一种自然环境和自如的文化氛围里，很多文人雅士也把淇河上下当作可以隐居可以创作的一个好地方。

"经历万岁林，行行到黎阳"（《黎阳作诗三首》），就是曹丕作品中如同"煮豆燃豆萁"一样少见的句子。此外，曹丕还有一首《黎阳作诗》："奉辞罚罪遮征，晨过黎山巉峥。东济黄河金营，北观故宅顿倾。中有高楼亭亭，荆棘绕蕃丛生。南望果园青青，霜露惨凄宵零。彼桑梓兮伤情。"这大约是在白沟开通之后，为了避免其父兄的多疑而作出的文化伪装，但也见出了他对淇上的喜欢。

笃信佛教又喜欢自然山水的王维，在仕途失意之时也曾选中这个地方。在他一生中，除了辋川，比较长时间隐居的第二个地方就是淇上。王维是山西蒲州（今山西永济）人，祖籍山西祁县，他少年丧父，作为家中的长子，十几岁就去京城求取功名。他出生在一个信仰佛教的家庭，据其《请施庄为寺表》所言，其母崔氏事佛三十多年，而王维的名和字也来自佛教的《维摩诘经》。

王维在开元九年（721）考中了进士，先任太乐丞，因为属下伶人私自表演只有皇帝享用的黄狮子舞而受到牵连责罚，最后被贬到山东济州（今济宁）出任司仓参军。他在济州待了四年多，作有《赠祖三咏》和《齐州送祖三》，"良会讵几日，终日长相思"。祖咏是比他晚一年中进士的好友，但那时已经是齐州（今济南）太守。相比之下，王维是很不走运的。在济州时，他去过聊城，作有《鱼山神女祠歌》等。开元十四年（726）离开济州，可能是任期已满，也可能是母亲亡故而丁忧。他在嵩山和淇上之间往来，最终居于淇上。在这里写有《淇上田园即事》："屏居淇水上，东野旷无山。日隐桑柘外，河明闾井间。牧童望村去，猎犬随人还。静者亦何事，荆扉乘昼关。"大约从这个时候起，王维诗中有画画中有诗的禅意就开始出现了。比如他在嵩山所写的《归嵩山作》，"清川带长薄，车马去闲闲。流水如有意，暮禽相与还。荒城临古渡，落日满秋山。迢递嵩高下，归来且闭关"。但淇上毕竟有点像孟浩然隐居的鹿门山一样远离京城，王维不得不再回到长安，从宋之问手里盘下辋川别墅，在进退有余中度过他的诗歌生活。他编了《辋川集》，也绘有辋川图。中唐诗人李端在《雨后游辋川》里也描述过辋川的风景，"骤雨归山尽，颓阳入辋川。看虹登晚墅，踏石过春泉"，禅味也十足。元稹也写有"殷勤辋川水，何事出山流"（《辋川》）。辋川是王维最终的居所，但淇上也是他的重要创作"基地"，如果不是为了生活和仕途，他也许会在这里一直住下去。

唐代诗人宋之问写有"淇水日悠悠"，沈佺期也写有"淇上风日好"，韦应物则写有"淇水长悠悠"。"悠悠"几乎是他们共同的主调。边塞诗人高适也有《淇上酬薛三据兼寄郭少府微》的长诗，"东驰眇沙丘，西顾弥虢略。淇水徒自流，浮云不堪托"，那是他从蓟北归来，路经淇上所发的人生感慨。高适在进士登第前，也曾在易水之南的淇上隐居了一年多。他前后两次去到幽燕，一次是在开元二十二年（734）去投军，作有《信安王幕府》《蓟门不遇王之涣郭密之因以留别》《真定即事奉赠韦使君二十八韵》《赠别王十七管记》以及《塞上》和《蓟门五首》等，但投军没有结果，还得回到长安去参加考试。第二次是天宝八年（749）进士及第后担任封丘县尉，翌年到范阳青夷军送兵，直抵幽燕，作有《使青夷军入居庸三首》《送兵到蓟北》和《自蓟北归》等。

因为封丘毗邻新乡之南，他送兵丁的路线，从白马渡和黎阳渡北上的可能性更大一些。在两次赴幽燕的间隔里，他在淇水边置下小的别业："依依西山下，别业桑林边。庭鸭喜多雨，邻鸡知暮天。野人种秋菜，古老开原田。且向世情远，吾今聊自然。"（《淇上别业》）他在这里拜会过本地官员和诗人朋友，写有《酬陆少府》《逢谢偃》《淇上送韦司仓往滑台》《送魏八》和重要作品《自淇涉黄河途中作十三首》。

　　高适的《自淇涉黄河途中作十三首》不仅为我们进一步弄清淇上地理大概念提供了诗歌依据，也为唐代诗人吟咏黄河给出了大致的地理背景佐证，即便是李白非常有名的"黄河之水天上来"，也并不是想当然的，而是在黄河中游的所见所思，可能就发生在黎阳的黄河岸边。那时候，黄河的流向偏北，造成了白马、黎阳的水旱码头的故道，也形成了邺城与幽燕之间十分便捷的地理交通连接线。或者可以这样说，如果说易水是通向幽燕的第二道门户，淇上和黎阳就是通向幽燕的第一道门户。从李白到幽州途经淇上所写的诗歌里，可以找到他从拒马河涿州方向进入幽州的线索。在李白的有关诗文里，也有黄河走马的文字，在《留别于十一兄逖裴十三游塞垣》一诗中，"且探虎穴向沙漠，鸣鞭走马凌黄河。耻作易水别，临歧泪滂沱"。于逖和裴十三应是他在易水边新结识的朋友。李白入幽路线也由此而相应地清晰起来。高适咏淇上的诗，从来是不厌多的，他的《淇上酬薛三据兼寄郭少府微》中有"北上登蓟门，茫茫见沙漠。……拂衣去燕赵，驱马怅不乐。天长沧州路，日暮邯郸郭"，其实也指出了由淇上到幽燕的另一条水旱道路。

　　高适的《自淇涉黄河途中作十三首》，无疑是李白幽州行的地理向导。其之四有"南登滑台上，却望河淇间。竹树夹流水，孤城对远山。念兹川路阔，羡尔沙鸥闲。长想别离处，犹无音信还"，其之五有"东入黄河水，茫茫泛纡直。北望太行山，峨峨半天色。山河相映带，深浅未可测"，其之八有"古堰对河壖，长林出淇口。独行非吾意，东向日已久。忧来谁得知，且酌尊中酒"，其之九有"朝从北岸来，泊船南河浒"，其之十二有"遥看魏公墓，突兀前山后。忆昔大业时，群雄角奔走。伊人何电迈，独立风尘首。传檄举敖仓，拥兵屯洛口"。"滑台"就是滑县，"淇口"就在白马、黎阳附近。高适对淇上的水流形势看得很清楚，在"朝临淇水岸，还望卫人邑"（《酬陆少府》）一诗中留下了明显印记。

后来与高适齐名的边塞诗人岑参，虽然没有到淇上的直接诗歌记录，却也到过黎阳，他写有"黎阳城南雪正飞，黎阳渡头人未归"（《临河客舍呈狄明府兄留题县南楼》）。狄明府字博济，是大名鼎鼎的狄仁杰的曾孙，那时可能正在黎阳做县尉。而本身就是范阳（今河北涿州）人的贾岛（一说北京房山人），为僧时从幽燕到洛阳去游方，黎阳也是必经水路，因此也留有《黎阳寄姚合》的诗作，姚合就是写有"去年别君时，同宿黎阳城"（《寄扬茂卿校书》）的那位诗人。

淇河茂林修竹，河水清澈，充满了大自然的气息。但从曹操开始，淇河上就出现了新景象。因为他要追击盘踞邺城的袁绍父子，接着北征乌桓，也就作出了遏淇水于淇门而令其北流的大决策。这个决策以军事为出发点，但其历史影响却是全面和持久的。曹操开白沟"遏淇水"，首下邺城，击败了袁绍，然后又开了平虏渠和泉州渠，北征乌桓，并从此形成了后来所称的卫运河或漳卫运河的雏形，为后来对接京杭大运河的南运河和北运河打下了基础。中国北部运河体系从此开始出现。白马渡和黎阳渡成为后来卫运河的姊妹渡，到了明清时代，临清和德州相继崛起，天津市的前身直沽寨的地位也开始凸现。这一切都与淇上这个重要地理概念分不开。淇上在中原和北方的经济文化交流长河里，成为人流物流频繁往来、诗歌文化与运河文化承上启下的中枢环节。

从这个角度看，曹操是北方运河最早的谋划者和操持者。在他手里，淇河实现了华丽转身，为之后的魏晋南北朝和隋唐宋元明清的1700多年历史运河画卷留下了最为浓重的一笔。南北水路上商流涌动，诗流也在舟船上交汇，黄河水系和海河水系也在自身的地理演变中找到了新的流动价值。

巩 义 散 记

2020 年 9 月

  从洛阳到郑州，必须经由巩义，巩义的洛汭是伊洛河的入黄河口，与隋唐运河有着更为直接的关系。隋炀帝东行扬州，龙船要在洛口打造，船顶装配的琉璃瓦也需要在巩义的窑口烧制。因为这里的地势较高多黄土，水运又方便，洛口仓即兴洛仓设在了这里。在唐代，东都洛阳有四大仓，洛口仓即其中之一。当时洛口仓筑有仓城，周围二十余里，"穿三千窖，每窖容八千石"。

  巩义很古老，在夏代有过夏伯国，在夏太康时为斟鄩地，西周时也有过巩伯国。因为"山河四塞，巩固不拔"，秦时取其义为巩县。又因地扼洛阳，历史上有"东都锁钥"之称。这里也是北宋七帝八陵的陵寝地，寇准、包拯等也葬于此。这里的慈云寺也很有名，白马寺叫上寺，慈云寺叫下寺；少林寺叫武寺，慈云寺叫文寺。这里还有建于北魏熙平二年（571）的石窟寺，还有杜甫的故里和陵墓。

  伊洛河交汇的南河渡和入河的洛口，是我一定要去的地方，这里被称为"洛汭"。《尚书·禹贡》称，禹疏河，"东过洛汭，至于大伾"，讲的是那时的黄河流向。这里有大量的上古传说，上至女娲造人、伏羲结网，下至黄帝过洛修坛沉璧受龙图于河，以及舜避丹朱于南河渡等等，好似一部完整的上古史演义。《山海经》称，"洛水成皋西入河，是也，谓之洛汭"。乾隆十年（1745）修的《巩县志》中的"南河"条，曾经这样深信不疑地讲："南河，在县北，即今南河渡，舜避尧子于南河，即此。"这些记录虽然是一些姑妄听之的上古传说，但很集中。

　　到巩义市区时，天色已经开始发暗，且有些雨点稀稀落落地飘来。恰有最后一班旅游专线公交车要发车，我犹豫了一下，跳了上去。司机师傅问我到哪里去，我说去洛口终点。他笑了起来，说虽然终点的景区从不关闭，但这么晚了，天又要下雨，还不如晚上住在河洛镇里，明天一早经过镇里，再送你过去中不中。既然已经上车，焉有退下的道理，我赶忙点头说中，旅游专线公交车也就按部就班地发车了。

　　这一夜，我睡在了河洛镇石关村的小旅馆里。在我的设想里，这里离洛口已经不远，明天起个大早，吃完早点就出发，时间肯定富富有余。于是，我便在河洛镇美美地睡了一觉，连袭来的大雨也浑然不知。一早起来等车，雨已经停了，顺眼看看站牌，经过的没经过的站名一大排：伊洛桥头、蔡沟、古桥村、南河渡、寺湾、石窟寺、凤凰坝、香玉坝……要看的都在线路上，心中窃喜，盘算着先去洛口，倒过来游走。

　　车来了，三弯五绕，很快到了神北村。车停在村头，一眼望去，视野很开阔，前面是一座浑圆高耸的山头，那就是神头山了。为什么叫神头呢？同游者一边走一边告诉我，这山也叫"神都山"，别看它是土山，满山是树，连着邙山，是黄河的自然堤坝，再大的洪水也冲不毁，所以叫作"神堤"。从山腰的梯磴攀上去，正面看黄河，侧面望洛河，两河就在山下交汇。山上的小亭叫"太昊亭"，登上亭子再看河洛流向，河洛流过一个太极图形。人们所说的"鸳鸯涡"，就是太极图中的旋点。他说得那么煞有介事，我巴不得马上去登山，但最后还是先到两河交汇的河岸去了。

　　两河交汇的河岸边立有"神堤控导工程"的石碑，是新立的，但岸边的林荫路和精心设计的防护堤坝一一到位，方便人们从各个角度观察正在交汇的河水。虽然昨夜下过雨，但河面平静，也许不是时候，"鸳鸯涡"并没有出现。不过倒是看到了伊洛河与黄河水色一体，是黄河水返清了，还是伊洛河中游正在修桥整治，河水不多？时候尚早，游人不多，正好可以在这里静静地走。

　　伊洛河一段水面上有一个小的游船码头，但岸边立有警示牌：河险水深，不可游泳。从"神堤控导工程"的石碑处四望，神头山下，西边是车来车往的通向焦作温县的公路大桥，东边是流淌的海海漫漫的黄河水。来路上是有着滨河花园的村庄，两块说明牌引起了我的注意，一块是河长负责公示，河长是一位副省长；另一块是基本农田保护公示，神北村的保护数量是 5000 亩，细细看去，这里到处是菜园、葡萄园和大片的树林，有人在田头忙碌，不远处还有保护得很好的"河神庙"。在神头山的山腰下，还有几孔已经无人居住的窑洞，那是早年间神北村人的居所，如今，他们早已搬迁到新的瓦房院里了。

登神头山，从太昊庙上攀，虽然石阶有些陡，歇一二回还是上去了。有平台，亭子是后建的，视野很开阔，说这里是古人祭祀的天然祭台，无论从哪个方面看，都是有可能的。从神头山顶上下望黄河，真如一条飘带在空中舞来，伊洛河好像是连接着黄河飘带的一缕流苏。如此清晰而又居高临下地看黄河，还是第一遭。我努力地寻找河洛流过的那个太极图形，还真有那么一点意思，黄河蜿蜒而来，与洛河形成了"S"形的曲线，如果黑白比较分明的"鸳鸯涡"真的出现了，不是一个太极图形又是什么？看来"洛汭"地区确乎有些神奇，联想到附近的"洪沟"出土过石器时代文化遗存，可以证实"洛汭"是古人类的聚集地，上古传说并不完全是子虚乌有的神话。所谓河图洛书，其实就是古代的天文数学和地理定位，或者是一种比结绳记事要高明的表达形式。这一切传说，都发生在洛河中游洛宁到沿黄一线的倒三角地带里，所谓"黄河文明"有了地理上的明显附丽，太极图形既然有可能是从河洛"鸳鸯涡"具象而来，其中何尝没有古人对宇宙天地的一种想象？想得有些太多，但又由不得你这样去漫想。

回来的路上，路过香玉坝，见我有些疑惑，同车的本地人笑说，上一个站点是豫剧名家常香玉的故里，这香玉坝是她捐款修建的。这可是一个意外的旅游收获。常香玉原来是神头岭孟寨人，自小就生活在伊洛河边。这巩义的名人也太多了，除了诗圣杜甫和他的祖父杜审言，还有苏秦、桑弘羊、潘岳。苏秦墓在鲁庄镇苏家庄，桑弘羊是鲁庄镇桑家沟人，潘岳虽是中牟人，但年幼时移居巩义，也算半个巩义人。唐宋诗人如岑参、韦应物、刘禹锡、王安石、欧阳修都来过巩义，这里怎么会不人杰地灵呢?!

　　说话间石窟寺到了，就在神头岭余脉大力山东麓的路边，前面是大雄宝殿，后面就是石窟。可别小看巩义石窟，一是开凿在通向河洛镇的大路边，可见这洛口也是繁荣的古商道。二是它与龙门石窟开凿的时间差不了许多，始建于北魏熙平二年（517），甚至是更早的景明年间，不仅是北魏孝文帝礼佛之地，也是唐太宗曾经礼佛的重要石窟。三是石洞有5个，千佛龛1座，石佛雕像7743尊，虽然规模不算大，但该有的都有。尤其是北魏《帝后礼佛图》，龙门的早已被人窃走，这里居然也有，用玻璃隔板保护起来。石窟寺背山临水，对面就是弯月形的伊洛河。

　　离开石窟寺后，我向对面的伊洛河湾走去，看着旁边像是一个游乐场，也就没有深入，料不到河对岸就是双槐树遗址，也就侧肩而过了。后来来到伊洛河桥，南河渡就在周边。这是一个三岔路口，向西可到杜甫墓所在的康店镇康吴村，杜甫与他的两个儿子宗文、宗武都葬在那里。杜甫死后多年，才由其孙扶柩北归，他的故里在离南河渡不远的站街镇南瑶湾村。

　　瞻仰杜甫墓，献上心香一瓣，但没有到杜甫故里去，因为我更想在伊水、洛河的交汇处多逗留一些时间。这里正在施工，一是续建大桥临水公园，让人们更好地领略伊洛河交汇风光；二是整修伊水、洛河交汇河道，因此伊水暂时断流。但这也给我了解伊水的机会。沿着伊水堤岸走去，发现有很长一段河道是砖石砌就的。伊水、洛河造福了巩义，巩义也会回报临近地区。这里的伊洛河，与黄河和隋唐通济渠的关系，太密切太久远也太深刻了，许多谜团还需要陆续去解。我沿着伊水岸一直走了下去，一直到它转了弯，才回到旅游专线的另一个站牌前。

　　在回市区的车上，我的思绪还在伊洛河桥头，在洛河镇、石窟寺和杜甫墓前，甚至还在神头岭下伊洛河、黄河交汇处。不知触动了哪根神经，我骤然间出现了一个念头，那伊洛河桥的繁忙工地，应该是引黄济洛工程的一部分吧？引黄济洛的起点在哪里，没有机会去打听，但少不了小浪底和孟津一线。黄河既然可以济洛，总不会只为了沿着洛河再走一圈，从洛口回到黄河上去，引黄济洛完全可以做更多的事情。比如通济渠的恢复，并不缺少淮河流域的水源，主要的问题是缺少上游的水源和能够调节水流的"水柜"，古通济渠下游的宿州，把蓄洪水库的建设作为重头戏，既着眼于防洪，也着眼于新汴河增加提高通航效率的水量。那么，如果引满了黄河水的伊洛河，千年之前"引洛济汴"的一幕会不会出现？隋唐通济渠再生，也会是一种有可能的前景吧。

板 渚 记

2020 年 9 月

　　不是河南郑州人或者洛阳人，不一定会知道荥阳或板渚这个地方。板渚是隋唐大运河通济渠最早的中段起点，也是黄河水进入汴河的古入水口。

　　古汴河也称"蒗荡渠"或者"狼汤渠"，汴渠起始的这一段运河得此名，倒也没有特别的故事。渚者，水中小洲是也，荥即是荥泽。"蒗荡"这个叫法，大约是因为这里的黄河水势浩大，河湖相连波光荡漾，是一个进出都比较顺溜的水流世界。尤其在运河初开时，并不会有后世那么完备的河闸技术和非常坚固的堤坝系统，一切都要因山因水就势，更需要古来所谓大小"水柜"来调蓄控制水流。即除了有充足的水源，也需要自然形成的"水库"，吞吐转接黄河的水流，使浪浪荡荡的水能够按照人的意志相对正常地导流。因此，模模糊糊地说蒗荡渠是通济渠的源头，其实是不通顺的。在板渚引河水，需先进入荥泽之类的湖泊，蓄势东南流，一路上吸纳诸如睢水、蔡水乃至泗水等淮河北源的一干大小河流水，随着地势东南行，最终流到盱眙和古来有名的泗州城外，进入淮河，形成了全长约 650 公里的通济渠，再由盱眙和古泗州城东行至淮阴、宝应、高邮和扬州的江都，连接江南运河。

　　这蒗荡渠也叫"浚仪渠"，这是因为开封曾被称为"浚仪"，据说东汉明帝永平十三年（70），古蒗荡渠流经时为浚仪县的开封，出现南北两支渠流，一支流到太康入涡河，另一支通汳水，这个汳水就是汴水，但即便是这样，也是开而不久即废，当时并没有形成气候，至多给汉末曹操打击袁绍的官渡之战廓清了道路，因此蒗荡渠的真正出现，还是在隋炀帝的时代。为了看看这个板渚甚至是荥泽旧迹是怎样一个情形，我专程去了一次板渚所在的汜水镇。

汜水镇在荥阳北部十多里，有虎牢关，也叫"汜水关""成皋关""古崤关"，是洛阳的东门户。相传是西周穆王在此养虎囚虎的地方，即《穆天子传》中所记，"天子猎于郑，有虎在葭中，七萃之士擒之以献，命蓄之东虢，因曰虎牢"。汜水之"汜"略同于"祀"，所以这里也可以视为祭祀黄河神之处。汜水南连嵩岳，北邻黄河，又有广武山在河之南，应是东周都城的一个后花园，也是历来的兵家必争之地。楚汉相争，楚河汉界的标志鸿沟始于虎牢临河的牛口峪，这临河上下一片，也是《三国演义》中三英战吕布的战场，有吕布点将台和关羽"三义庙"传说附丽，还有秦王李世民大战窦建德的章回，宋金时代发生的东京保卫战、岳飞破金兵的竹芦渡也在这里。远在西汉，桑弘羊就把荥阳列为天下名郡，与蓟、邺并列，主要因为它是黄河两岸的粮食转运中心，而隋唐时代武牢仓和河阴仓的相继建立，更加强了汜水镇的地位。

"有虎在葭中"，点出了这里和郑地自古有不少蒹葭苍苍的湖泽。既为黄河引水提供了过渡条件，也为梁惠王鸿沟的出现和隋炀帝从板渚引水提供了理想场所。荥泽现在消失了，但荥阳的水域还是不少的，在建筑有次的城市里，湖水荡漾。那虎牢关已成旅游之地，河边有游船，游人也可以在船上临时小饮，搞好了，还会有久违的黄河鲤鱼来尝尝。

我们是从开封沿连霍高速进入荥阳的，经过通向郑州黄河国家湿地公园的路口，第一次见到了著名的花园口。1938 年，为阻止日军沿黄河西进，国民政府下令扒开河堤，导致水灾，并造成黄河决堤改道，史称"花园口决堤事件"。现在记录这个事件的碑文镶嵌在石墙一侧，它的南边就是毛主席在郑州开会时住过的黄河迎宾馆。毛主席曾经走上黄河大堤，他发出"要把黄河的事情办好"历史声音的那幅照片，就拍摄在大堤上。

离开花园口大堤的一路上，伴同我的小侯不时指点着，这里是开封新修的"西湖"，那里又是旧日"圃田泽"，更印证了我的一种推想：没有沿运河的湖泽，便没有鸿沟和古汴河。将近一个小时，已经进入荥阳地界，穿越东北向的公路，第一眼看到的是不知什么年代的深深河道，但引我注意的是桥头上南水北调中线的大字标牌。一到荥阳，已经感受到这里平缓中的险重，荥阳不仅贡献了中国最早的一条系统运河通济渠，而且在今天依然是南水北调的重要路径，荥阳之于中国南北交通，从来不是等闲之地。

板渚在哪条路上，小侯也没有来过，但旧时的资料说是在北邙乡刘沟村的黄河边上，合乡并镇之后，北邙乡已经撤销，只有高村乡和一个比较明显的北邙陵园地标。在临河交叉处柳树沟的路口，我们终于找到了板渚的所在。

越是离黄河近的地方，地势越是险要，公路穿越在陡立的土山峡里，是浑如在黄河中游三门峡两岸见到过的笔立黄土隥。黄河之水东去，那会是一道天然的大坝。从土峡到黄河河边，一去三五里，多少有些曲径通幽之感，可见那隋炀帝的理水之臣还真不是一伙吃干饭的，找到了这样一个能开能合的特别出水口。现在，通向板渚的道路两侧，有长长的施工绿色围栏，看来是有大动作，这汜水镇、高村乡也不再是沉寂已久的吊古之地，在郑汴一体化发展和黄河生态经济带的建设中，正在迎来新变化。

看到板渚口的黄河了，很宽很宽，但主航道显然是在北边，荥阳的这一侧河中有一个沙洲，可以缓冲河水，怪不得这地方叫板渚呢。我们在河边的临时停车场边驻足，欣喜地望着安静的河水，也看到河左边已经修好但尚未投入使用的郑焦黄河大桥，那桥的位置，一看就在古鸿沟起点牛口峪附近。在左手，还有较有年头的老郑焦黄河大桥，但河道略有弯曲，又沿河公路林荫的视线阻挡，也就一下子捕捉不到它的身影。停车的地方有块柳树湾工程项目的牌子，旁边就是施工现场。引人注目的是，一台挖掘机正在眼前的一个小河汊的渠道里疏通历年积下的芦根淤塞，一斗一斗地挖出，岸上堆出一座待运的小山，清淤的地方，就在一座三层楼高的新渠闸前。

这渠闸好生奇怪，西边是路，它通向哪里？问施工的指挥，他手一扬，那公路下不是有西去的渠道吗，那就是通往牛口峪鸿沟起点方向的河渠。巧了，打问板渚这个古地名，他居然就是板渚村的人。板渚村远在天边，近在眼前，就在来路口的拐弯处。路口，一位大嫂正在摩托三轮旁叫卖刚下树的大石榴。走渴了，买一个剥开来，红宝石般的软籽好甘甜。这是板渚村她自家园里产的。我突然想起，一路上都是石榴树，这黄河岸边的土地粘沙适度，天然有机肥料多，也就结出这等异果，荥阳的石榴有名，要是未来打出板渚的牌头，不等下树就可能被抢购一空。

这里为什么叫柳树沟？昔日的汴堤柳屡现唐诗宋词里，如"万缕春风萦汴堤，锦帆何处柳空垂。流莺应有儿孙在，问著隋朝总不知"（宋代乐雷发《汴堤柳》）；还有"最是多情汴堤柳，春来依旧带栖鸦"（明代曾棨《维扬怀古》）。"隋堤植柳"是隋唐运河最大的历史景观，《隋书》有记，隋炀帝"自板渚引河，达于淮海，谓之御河。河畔筑御道，树以柳"，名曰隋堤。板渚隋堤也进入了成语入于诗，就连清代诗人王士禛都写有隋堤诗："空怜板渚隋堤水，不见琅琊大道王。"（《秋柳》）但老百姓总归也有自己的叫法，不叫柳树沟又叫什么呢？

我明白，荥阳的河边工程包括这柳树沟工程，并不是简单的板渚旧观再现，汴河也没有到全面恢复汴堤柳旧景的发展阶段，但树立在路旁的工程规划图，清晰地显示了更为宏大的引水治水工程计划。这里标着邙山提灌站，那里标着牛口峪引黄渠，还有那个有名的花园口，标出的是一座引水闸，此外就是黄河风景名胜区的建设、索河的整理和利用等等。这无疑也是一个世纪工程，至少是一个开头。我们还是不能随意贬低那位隋炀帝和他的水利大臣宇文恺的工程创意，要对板渚这个地方高看一眼。

细细看去，板渚的特殊地理位置以及与黄河水的连通，确乎是使其成为古汴河的理想引流之地，在这里可分明看出，从隋朝到北宋神宗的几百年里，黄河就是古汴河的源头，而板渚是虎牢关最为理想的一个黄河引水口。板渚之板的概念或者出于黄河三门峡下游中条山的"颠軨阪"同样地形，或者出于《山海经》中的孟门东南有平山，"平水出于其上，潜于其下"，但也与这里的深壑高丘有着直接的关系。那么汜水又是怎么来的？它发源于巩义，古称"范水"，明代以后才得名"汜水"，可能是早年并入鸿沟流入古汴河，因此无法寻找它的旧迹。

　　隋炀帝于 604 年即位，在位 14 年，605 年开通通济渠，608 年开通永济渠，605—618 年又致力于开发江南河，除了攻灭吐谷浑割据势力经略西域和三征高丽，大部分时间都花在开凿和连通运河上。虽然他有封建帝王骄奢淫逸的一面，在通济渠沿线修建了 40 多个行宫，最大的行宫位于扬州西北郊的迷楼，并不关心愈演愈烈的社会矛盾和统治集团的内部矛盾，但就运河的建造来讲，晚唐诗人皮日休所咏的"共禹论功不较多"，还是一个较为客观的历史评价。

　　隋文帝在位时，为了保证洛仓的储运，开通了河洛之间的运河。洛河水清，洛口不会发生淤塞，洛仓"穿三千窖，每窖容八千石"，总储量两万四千石，曾经占到全国粮食仓储的一半。隋炀帝移都洛阳，也是从巩义东北部的洛口开始解缆东巡，舟船不下两万，浩荡绵延 200 里，船队从板渚入汴，直抵扬州江都，许多大船包括他的龙舟都是在洛口打造的。隋兴兵灭陈走的是这条水路，隋炀帝临幸江都走的也是这条水路。把洛阳作为隋唐运河历史的原点，正是从这个意义上讲的。

　　在唐代，通济渠也带来了繁荣，但重头戏主要在扬州中转中开锣。唐玄宗虽然也有维修的动作，但基本上是只管用不太管修护，因此在中唐和晚唐，通济河时有阻塞，白居易就在新乐府《隋堤柳·悯亡国也》中这样吟唱："隋堤柳，岁久年深尽衰朽。风飘飘兮雨萧萧，三株两株汴河口。老枝病叶愁杀人，曾经大业年中春。大业年中炀天子，种柳成行夹流水。西自黄河东至淮，绿荫一千三百里。大业末年春暮月，柳色如烟絮如雪……二百年来汴河路，沙草和烟朝复暮。后王何以鉴前王，请看隋堤亡国树。"说隋堤柳是亡国树，实在有些无视运河的功用，但借老枝病叶讽喻中唐以后的衰落，倒也符合实情。在安史之乱后，朝廷无心治淤沙，通济渠中断多年。一直到广德二年（763）才再次疏通。因此，唐代诗人李益在其《汴河曲》中这样咏道："汴水东流无限春，隋家宫阙已成尘。行人莫上长堤望，风起杨花愁杀人。"

　　从隋唐到北宋，中国的政治经济文化中心一直在长安、洛阳、开封一线，东西南北的水路连通必然是运河走向的基本选择，向东向南通济渠，向北则是最早的永济渠和之前的"白沟"及后来的卫运河。入元之后，疏通和开凿京杭大运河也就成为新的漕运格局。历史会调整自身的经济地缘走向，道路连通中的市场一体化的规律也在场景转换中不断延续，作为隋唐北宋经济文化繁荣的脐带，隋唐运河依然长时间地营养着中原、中国东南和北方的经济文化肌体，促成了长达几千年的断续繁荣。从这个意义上讲，隋炀帝又有历代帝王所不具有的独到眼光。

诚然，任何一项杰出的工程，都是站在前人肩膀上才够得上的。通济渠的开凿，在裂土分疆的鸿沟时代就开始了。在古代眼光更多集中在楚汉相争的透视点以外，鸿沟在事实上就是条灌溉和航运皆宜的准运河，它出现的时间比邗沟略早，比伍子胥主持开凿的胥河略晚，它们都是中国系统性运河的前身，具有历史开创性。

梁惠王是继秦国郑国渠和漓水工程之后，间接利用黄河和济水，进行运河工程尝试的开创者之一。他的行为惊动了孟子，遂有孟子见梁惠王的记载，同时也给隋炀帝的通济渠打下了最为坚实的基础。如果说，对通济渠的开通还有什么有影响的历史人物，那就是汉魏的曹操。在开凿白沟之前，通过官渡之战，他大败袁绍，能够获胜必然要利用鸿沟水系，从水道上运兵运粮，形成了睢阳渠古运道。说得再远一些，曹操的部将张辽在逍遥津大败东吴十万水军，也离不开巢肥运河的前身和路线。相较而言，鸿沟对隋唐运河的开凿影响更直接。

公元前 364 年，梁惠王从河西迁都大梁即开封地区，曾经两次开凿鸿沟。第一次是在公元前 360 年，从黄河边上的圃田泽引水，主要是为了灌田，航运次之。第二次是在公元前 339 年，从古汴河引水，引水口在荥阳牛口峪一带。鸿沟一直延向了徐州，一开始并不是诸侯国之间单纯的军事防御线，其主要功能还是灌溉和运输。在春秋战国时代，诸侯国的独立性很强，在辖地和占领的土地上利用既有河道开辟运河是一种常态，吴国开邗沟和胥河，越国开萧绍运河，齐国开淄济运河，秦国开郑国渠，楚国开荆汉运河和巢肥运河，都是不约而同的。然而，梁惠王的鸿沟直接影响到隋代通济渠的走向和布局。用现代语言来表述，邗沟是京杭大运河的第一期工程，鸿沟则是通济渠的第一期工程，隋炀帝能够在半年多的时间里开通通济渠，这样的速度和效率，是同梁惠王所奠定的基础分不开的。

河阴与河阳

2020 年 9 月

河阴河阳、河东河西，是历史上的地域概念。唐开元二十二年（734），唐玄宗为了便利漕运，在汴河口修建了河阴仓，并将氾水、荥阳连同武陟的一部分划为河阴县。从此，"河阴"和"河阳"成为重要的古地域名，出现在黄河两岸。河阴、河阳以黄河为界。一般地讲，从小浪底南岸的洛阳孟津到郑州荥阳，主要是荥阳地区，为河阴；北岸的焦作武陟地区，为河阳，包括了新乡。

荥阳之所以称作荥阳，与这里有过古荥泽不无关系。不过，荥泽已不复见，但荥阳水很多，湖河荡漾，城里见船。荥阳是河阴地区的核心，是黄河下游地理标志桃花峪所在的地方。这里遍植桃李，有"花县"之称，李白和杜甫都来过。白居易在《宿荥阳》一诗中自述，"生长在荥阳，少小辞乡曲"，"追思儿戏时，宛然犹在目"。

古汴河东流，得益于黄河，也得益于淮河的扇形水系，淮河的多个支流从西边和从东北方向流来，一路上给运河提供了许多水源，也让黄河水不再孤军奋战，出现了运河来水的接力赛和近乎无限的助力，推动船帆一路走向东南。

在淮河的内外水系和众多的淮河支流里，除了淮河正源，当时最大的水流就是古汴河和古泗水，它们在今天的徐州交汇。黄河与淮河很长时间里相安无事，自然地形成了一个三江口，也形成一发不可收拾的运河流势，养育了众多河南古代城市。这些地方都同河阴也即荥阳有着紧密的运河联系。因此，河阴是个重要的历史地理坐标，是汴运河的始发地，也是黄河水流入汴运河的河首。

隋唐大运河通济渠的衰败，一般的说法是南宋建炎二年（1128）东京留守杜充为了阻挡金兵南侵，从滑县李固渡人为掘堤，开启了"黄河夺淮"的一幕，也有宋高宗为了偏安下令决河阻断南北往来的考证，这些都无疑造成了一种破坏的惯力。但这种破坏和冲击不是一次性的，有一个积重难返的渐进过程。金章宗昌明五年（1194），黄河从郑州之北的原阳决口，也曾拦腰斩断了汴运河。元代，在努力凿通京杭大运河的同时，也作出过通济渠改道调整的努力，这就是贾鲁运河的开通。比较常见的说法是，贾鲁河源出伏牛山脉的大周山，流经荥阳向东南，绕郑州北过中牟、开封、朱仙镇，过尉氏、扶沟至商水入颍水，在郑州的一段称为"金水"，在开封以南称"惠民河"，民间也叫"运粮河"，也就是"蔡河"。

贾鲁是山西高平人，是元代著名的河防官员，曾任工部尚书、总治河防使。他有多项治理黄河的成功政绩，让部分黄河复归故道，汴河南流淮河。人们为了纪念他，将他居住的地方定名贾鲁村。"贾鲁河"有"小黄河"之称，水流丰沛，曾经替代北宋、南宋之交淹没的古汴河汴梁段的水流线，使得通济渠继续畅通。贾鲁河也出现过淤塞，但经过贾鲁的治理，通济渠又迎来"第二春"。朱仙镇码头日泊船 200 艘，这样的景象一直延续到清朝中叶，进入道光年间，贾鲁又一次淤塞，但面临内忧外患的清政府已经无力应对，贾鲁河连同通济渠，也就成为运河形态的物质文化遗产。

朱仙镇是宋元明清时代的"四大镇"之一，与广东佛山镇、江西景德镇和湖北汉口镇齐名。朱仙镇离开封市区只有 20 多公里，那里的古运粮河见证了当年的繁荣，最盛时有 30 万人口，完全是古代大城的框架。它还有另一个名字，叫"聚仙镇"，因为做过与"窃符救赵"的信陵君的得力助手朱亥的封地，改为朱仙镇。在历史上朱仙镇一带也曾称为"启封"，为避汉景帝刘启讳，改为开封，因此这里又是开封古都直接的地理源头。元代以后，它成为贾鲁河连通旧日通济渠的中转点，进入发展的黄金时期。在清代，码头林立，商船众多，百货云集，繁盛一时，这里的木版年画也为中国民间美术带来了风采。京汉铁路开通以后，朱仙镇的商业地位有所弱化，但它的未来前景仍然光明。开封市很重视朱仙镇的发展，尤其在朱仙镇旅游的开发上铆足了劲。

我去朱仙镇，是在开封参加菊花节之后。朱仙镇现在的人口和市场密集度虽然不比当年，但改革开放以来活力得到显著恢复，仅木版年画的年销售额就达到近3000万元。朱仙镇年画强烈的乡土气息和独特的美学价值，吸引了很多中外游客。听说当地将在十年里投资百亿，在运粮河两侧建设国家文化生态旅游区。

朱仙镇拥有巨大的历史人文资源，是旅游业的富矿。且不说木版年画和豫剧毋调"祥符调"，以及有着上千年历史的"得胜鼓"，启封故城和"红石桥"就够人琢磨一阵子了，至于朱亥墓、韩世忠墓和后蜀主孟昶墓、汉代墓群，以及全国三大岳飞庙之一朱仙镇岳飞庙，也有很多历史故事，而镇内的"验粮楼""信义桥"和"下八行街"、晋商会馆，以及100多处寺庙建筑，是运河历史文化的遗存。对于通济渠、贾鲁河的未来，其实是不必太担心的。正所谓"没有最好只有更好"，区域经济的联通是个规律，会衍化出一切。太史公司马迁就有过类似的历史预见。他曾在《史记·河渠书》中这样评说河阴地区："荥阳下引河东南为鸿沟，以通宋、郑、陈、蔡、曹、卫，与济、汝、淮、泗会。"在那时，他已经看到一种必然的地理走势，眼光还是很犀利的。

在朱仙镇回望现代的开封城，看到的是同样的经济文化复兴景象。这座在北宋时期一跃而为当时世界上规模最大的城市，有可能是中国"四大发明"中火药、印刷术的发源地。在北宋时代，东京城（开封）有三重城或者里外四重城，曾经有过四条河或者六条河，包括流势和流形也曾呈现为平面虹状的蔡河，那很可能是分流船舶的弧形"越河"，《清明上河图》展示了它的全景和细节，唯不知《清明上河图》里描摹的是蔡河上的景象，还是临近内城的其他运河河段。我一直对"上河"的名称有些搞不明白，清明时节上河图景再现，可能是人船上运河上去，也可能是对宋代皇帝治下开封运河的特定尊称，比如从隋代起，这条运河就被称为"御河"，宋沿隋规，皇帝出巡都要走这条运河。苟如是，"上河"也就更加有一种特定的含义了。

在开封看过清明上河园，参观了举国无双的菊花展，也想看看清明上河之外的另一些实景。为了满足这样一个愿望，一天中午我省去了午休，去到离市中心20公里路的陈留镇，看看这运河的下游有没有更多遗迹。陈留镇属开封的祥符区，也是一个历史上多频次出现的地名。走入镇心，并没发现什么，只好停下来问街上的一位老住户，这里有运河吗？也许是口音的原因，他摇了摇头。我改口说老河，他明白了，说我走过头了，来路上有座桥，桥旁有一堵砖垒的墙，墙里就是老河沟。回去一看，果不其然，桥下有很宽的河道，东西南拐方向，只是没有流速，在大雨来时会是条行洪沟，但绿树林向里伸延，岔路口上还有运河小镇的门楼。看来，开封东边的运河有大动静了。

　　陈留镇是通济渠往东南的第一个大去处，沈括的《梦溪笔谈》虽然没有有关陈留运河的记录，但讲到熙宁初，京城东水门下至雍丘（今河南杞县）、襄邑（今河南睢县）的运河河深一丈二尺，也即有四米深。可惜陈留老城经历了太多的沧桑，城垣和县衙乃至各种庙宇大部分废毁，看不到昔日城池的模样，更别说为郡治时的风光了。我站在运河的桥头上也想过，开封城里有看不完的古迹，城外也有新的文化旅游带，要想留客人多住几天，除了朱仙镇的老码头和版画艺术，周边的旅游资源还有更多开发空间，尤其是自古有名的隋堤和隋堤柳，值得进一步展现。

　　从河阴到河阳，从多条郑州大桥都可以横跨过去。人们在火车上隐约看到的老郑州大桥工业文化遗址，它的北桥头就是黄河下游的一级支流沁河的入河口，这里是黄河与北方运河连接的原点。从黄河北岸开渠北行，要受地形西北高东南低的总体制约，但先人们的智慧可以克服这样的地理瓶颈。隋大业四年（608），北向的永济渠开凿了，但正像通济渠开凿利用了梁惠王开的鸿沟，这里也利用了汉魏曹操开凿的白沟。一条鸿沟，一条白沟，也就成为隋唐大运河的全部运作基础。白沟是利用黄河支流和黄河故道而成功的。最早的运河渠口在沁河下游。沁河流径太行山上党地区，在老黄河大桥附近汇入黄河，有说其中一部分流水向东入"长明沟"也即小丹河，或说沁河一支从武陟向东流，经卫辉再流60里进入卫河。这就是最早的白沟的走向。到焦作武陟和修武去，可以看到东关码头遗迹和卫辉小河口的"宿胥故道"。北向的运河都以焦作为轴，形成黄河北岸的漕运中心。河阳地带沿黄 200 里，是隋唐时代经济文化的又一个核心区。河阴有河阴仓，河阳有廒仓，再向北的浚县黎阳渡还有黎阳仓，馆陶则有徐万仓。

河阳的山河也很美丽，李白有诗，"河阳花作县，秋浦玉为人。地逐名贤好，风随惠华村"；杜甫有诗，"河阳县里虽无数，濯锦江边未满园"；李商隐也有诗，"河阳看花过，曾不问潘安"。河阳也叫"河内地区"，也指孟津对面的黄河北岸，那里有韩愈的故里，也是江淹《别赋》中吟咏"君居淄右，妾家河阳"的地方。

我在多年前去过焦作，武陟的威风锣鼓看过两次，温县的陈家沟陈氏太极也去观摩过，虽然对运河的事情并未特别留意，但白沟怎样演化为卫运河，隋唐永济渠又是怎样的一种结构，也有大体上的了解。河阳及河阳以北的运河，虽然在干流上与黄河没有明显的关系，但黄河的支流和故道，却是它开通或者开凿的基础。曹操开凿的白沟最典型。白沟的绝对长度并不长，但有两个影响后世的创意：一是"遏淇河水入白沟以通粮道"；二是沿着黄河故道北上，一步一步地形成了北方运河的基本构架。

曹操在河阴开通的运河有一条，就是睢阳渠。他在河阳开通的运河有五条：起自宿胥渎的白沟、引漳河水直下邺城的利漕渠、沧州青县附近的平虏渠、现在北运河武清河段的泉州渠、天津宝坻附近的新河。"白沟"得名，是因为这段水道穿过了白垩地带，河道呈现白色。1999年版《辞海》"白沟"条显示："白沟起自浚县西，发源处接近淇水东岸，东北流下接内黄以下的古清河"，"上起枋堰，下至河北省威县以南的清河，皆称白沟"。这个注解来自《汉书·地理志》的"淇水所出，东至黎阳入河"。淇水是黄河的二级支流。但遏淇水令其东北流是曹操下的运河棋的下半局，上半局则是在淇河西北处的"宿胥渎"修建"枋堰"。

有趣的是，"白沟"虽然扬名于民间，但细究起来却有多种歧说。新乡的一小段或由地质地貌引起，是它的童年期，就像乡间的孩子一样，没有先生取名，顺口叫作"白沟"。长成于黎阳的一段，曹操或者出于军事保密，也没有给它起一个诗情画意的名字。倒是白洋淀北的白沟和至今兴旺的白沟镇，明明不在白沟运河的一条主线上，却给自己起了"白沟"的名字。但细细推究，这个白沟北邻拒马河，从古至今都是海河河系的九河之一，在辽宋时代是如楚河汉界般的一条界河，燕云十六州归辽之后，这里一直有很大的榷场，即便是清末民初，也有小货轮在天津和白沟之间穿梭往来，它加入白沟即卫运河的家族，有充分的理由。只是这里的地貌并没有白色，当地人只好解释说，其时的河湾里，开满了白莲花，花开时节，银白一片，不叫白沟又该叫什么呢？

倒是卫运河和漳卫运河的雅称，来自传统文人，那大约是从《诗经》里感悟出来的，淇水流经卫懿公好鹤之地鹤壁和淇滨。《诗经》里涉及淇河的诗有 50 多篇。"洪水在右，泉源在左。巧笑之瑳，佩玉之傩"，而《淇奥》的"瞻彼淇奥，绿竹猗猗"，也有无限风情在其中。

但不论怎样去称呼，这一带都处于古卫地，也就得名"卫运河"。卫运河到达天津，长度已经超过 400 公里。卫运河通航的地方离源头不远。可以从河阳的小丹河算起，也可从淇门算起。但流到馆陶以后，漳河加入，也就称为"漳卫运河"。漳河也发源于太行山区，有清漳河、浊漳河之分，在河北涉县汇合。漳河古称"衡漳"，衡即横，是一条游荡不定的河，经常决堤，它流经的下游河道也是黄河古河道。漳河河水一部分在馆陶汇入卫运河，一部分通过四女寺减河流入德州境内再入运河，而四女寺水利工程枢纽的修建，也是为了减轻它的危害。

由于气候的阶段性变化，"大水漫灌"下的农业用水，又造成地下水的超采，使得华北平原形成"超级大漏斗"，四女寺水利工程枢纽预想的航运功能缺少用武之地，运河活力也有所大减。但近年来，在黄河流域水土保持的同时，与黄河关系密切的北方运河城市，也开始了"宜航则航、宜游则游"的多种努力，从河阳一路走来的卫运河，也面临新一轮机会。

黄河故道掠影

2020 年 9 月

　　黄河有很多故道，但最大的故道在徐州。徐州是黄淮海平原的核心城市，有过耀眼的历史光环，也有过历史的暗淡，尤其是黄河的历史区位摆动，给它带来了始料不及的各种历史影响。

　　黄河的善决口善改道，在世界诸河流中是独一无二的。有记载的最早改道，在公元前 602 年的周定王时期。新莽时期，黄河在临漳决口，从今天的山东利津入海。东汉光武帝年间，黄河又在濮阳决口，河道向南迁移，历经几十年才回到原来的河床。隋唐五代进入大体的稳定期。但在两宋时代，黄河又进入频繁的改道周期。1048 年宋仁宗在位时，黄河经聊城至沧州青县入海，宋人称之为"北流"；10 多年后黄河再次决口，流经馆陶，时人又称之为"东流"。南宋建炎二年（1128），为阻止金兵南下从滑县李固渡人为决开黄河堤防，开启了黄河长时间夺淮的一幕，不仅引出通济渠的历史性变化，而且徐州也遭受了洪水的连续打击。其时的徐州，几乎三面临水，唯有南面有陆路可通，但也长期受到南移黄河流水流沙的制约。在明代，这里虽然拥有全国最大粮食转运仓"广运仓"，但也经常受到洪水的威胁。汴渠原本流到徐州，接纳泗水，经淮北、宿州、灵璧、泗洪入淮，但从此以后，南流的黄河打乱了通济运河的运行节奏。清末咸丰年间，兰考铜瓦厢决口，黄河河道北移，这里就留下了著名的黄河故道。

　　我们是从台儿庄绕了一个弯到徐州的，从台儿庄方向切入徐州市区，可以看到更多的黄淮海景象。到达徐州城东时，天色尚亮，在寻找预订酒店的时候，不经意间穿过了一条临河的街巷。这街很热闹，行人川流不息，一边是店铺，一边就是围着石护栏的河水。我在脑海里努力搜索 20 多年前来徐州的印象，似乎从来没有来过这里。看手机定位，越看越糊涂，只能向坐在店铺前的人问询。徐州人热情，很乐意给路人指路，问问这街巷在哪个位置，这河是什么河，他有些惊讶了，说你们不知道，这就是有名的黄河故道呀。他这么一讲，该惊讶的倒是我了。20 多年前到徐州，只记得鼓楼和戏马台，还有快哉亭。戏马台的街道虽然也很宽，但有些临街的台地，多少有些像在西北黄土高坡市镇边见到过的土隥。项王路上的戏马台，是当年项羽定都彭城筑台观马的地方，那是西楚霸王的大本营，可以再去看看，但无非是建筑得到更好的维修，绿化更好，再去细观，意思不是很大，抽时间去看黄河故道，倒是久有的一个愿望。

记得当年的印象，黄河故道离市中心不算很远，那里有很大一条东西向的积水带，碧绿绿的，很壮观。河坝很陡，但也有缓坡，四顾左右，没有多少住家和人气，形同一条大野河和大野湖。料不到现在成了闹市区里的一条景观河。抬头看看，一号地铁线就在附近，这一切像是布景又不是布景，跑过去用手摸摸石栏杆，再看看河水，仍然碧绿绿的，但更清澈。如果没有对岸人影和车影真切地晃动，还有偶尔汽车笛声短促一响，还真的要成了刘禹锡诗里恍如隔世的"烂柯人"了。

同伴里有一位才来过徐州，他说他想起来了，从这里向前走，有一座大石桥，上得桥去，有碑有说明，还有公园。公园对面还有大龙湖、小龙湖和玉龙经。龙湖小区开发得不错，也是一个新地标，问我要不要去看。我说，小区就不看了吧，在这变化了的黄河故道上走一段，再趁着天未黑，赶到从地图上看不算远的黄河故道上的万寨港口。主意既定，说走就走，便从黄河故道边的街口拐向陈琶路，车上高架桥向西北驶去。

徐州的变化太大，高架桥上下的路径又不很熟悉，盘来盘去，到了万寨港区的大门口，路灯已经亮了。正犹豫要不要进去，来了一对中年夫妇，等他们把自驾车停在停车场里，趋前问，能不能进港里去看看。那男的问："有业务吗，我就是一个船长。如果没有，看不看不就是一个大些的港口吗？"我说："徐州运河港可是有名的，排在国内内港名单里。"他笑起来，"你说得不差，但因为防疫情、煤改电、河沙禁止采，业务少了一些。我们上午接了单，运一批卫生洁具。这是我爱人，晚上去做开船准备，天一明就开到宿迁去"。说着，他们带我们到船坞边转了一圈，挥挥手，也就向码头忙去了。

傍晚的港口还是比较宁静的，看不到龙门吊滑来滑去的装卸货情景，所以我们匆匆来匆匆去，只看了一个大概。回到城里在酒店休息，我想了很长时间，先想那条一到徐州就见到的黄河故道上的新景象，再想徐州万寨港的运河走向和宽大的港区，还有零零星星听来的信息，包括徐州运河向北融入京杭大运河的背景，以至于入睡很晚。

我知道，在很长的时间里，徐州的发展命运，与南迁的黄河和被黄河打乱了节奏的通济运河紧密联系在一起。通济运河流向徐州，不仅是因为徐州的战略位置重要，也是为了汴水与泗水可以在这里汇合，再次补充运河的水量和运能，但从南北宋之交的第一次"黄河夺淮"开始，徐州就陷入黄河乱流中的漩涡。原本是南北西东通衢路口的徐州，成为劫难之城，那古来街巷的土隰或许就是某一次洪灾留下的刻痕。黄河当然也给徐淮平原带来了沃土，使这里成为大粮仓，在黄河相对平静的时候，也可以借助它来行舟，出现了诸如邳州东郊那样的运河小镇，但人们安居乐业的时候少，同黄河水较劲的时候多。200 多年前黄河北移了，留下巨大的河道，或许可以成为行洪的孔道，或者成为天旱时提水灌溉的水源，但总体上荒荒地搁在那里，现在成了市中的景观河和北向运河的码头，黄河故道也就有了自身的价值。

然而，徐州作为昔日通济运河的重头港和动力源，又如何再现昔日的水陆风采？徐州在北部黄河故道上建港，船只沿着微山湖西缘北行，一直去向济宁。陆路上陇海线和京沪线相交汇，徐州也就成为重要的资源集散中转中心。徐州港分为万寨港区、孟家沟港区、双楼港区和邳州港区，邳州港区在我们路过邳州时已经看过，规模中等；鼓楼区陈琶路北头的万寨港区规模最大；孟家沟港区在城市北部的三环路附近，是二级航道，是一个重要内河集装箱运河港口；双楼港区则在徐州运河东部，它们都在一条运河线上，也利用了黄河故道。

听酒店的工作人员说，市中心还有一段河道，但近期封闭，是考古还是施工，不清楚，也许是对流经徐州市区的奎河进行改造，奎河的源头在徐州城里，流向铜山方向。

黄河故道在徐州城北，在我的想象里，邳州港迟早要同徐州港母港连通。这黄河故道虽然曾给徐州带来诸多灾难，但在今天，它是一笔负资产还是正资产，还要细细地思考。徐州港和它的子港邳州港区在分别融入京杭大运河的同时，会不会再圆一个东联南联梦，让上邳和下邳珠联璧合？若真如此，将不仅仅是"汴水流，泗水流"的旧景再现，也是与中运河的直接连通，或许会出现一个徐州"运河环"，让黄河故道焕发出新的光彩。徐州是黄淮重镇和东西交通轴线，"海陆空"皆备，这是徐州继续腾飞的物流市场条件，创造更多的物流优势，并非幻想。纵观历史，隋唐通济渠成在徐州，败也在徐州，隋唐大运河的复兴也应当系于徐州。

徐州的经济与文化底蕴深厚，在徐州产生的古代诗歌作品就有不少，最有名的就是刘邦的《大风歌》，但这不是他为沛公时的作品，而是他君临天下后所作。项羽的《垓下歌》唱于灵璧境内，徐州却提供了刘项征战的大背景。元代诗人萨都剌写有《木兰花慢·彭城怀古》："乌骓汗血，玉帐连空。楚歌八千兵散，料梦魂，应不到江东"，为项王作了遥祭，这是他赴任江南途中所作。有关徐州运河的诗，最主要的是曾经往来于徐州的苏轼所作的《江神子·恨别》，"隋堤三月水溶溶。背归鸿，去吴中。回首彭城，清泗与淮通"。在苏轼的时代，通济渠依然船来船往，那正是古徐州兴旺之时。他从江陵到徐州，虽然路绕一些，但从徐州转到吴中，还是十分方便的。苏轼在宋熙宁十年（1077）时任徐州知府，将徐州城中的阳春亭改名为"快哉亭"，并作《快哉此风赋》，"贤者之乐，快哉此风"，并在后来又作《寄题密州新作快哉亭二首》，其中也有"槛前潍水去沄沄，洲渚苍茫烟柳匀"之语。这个快哉亭与黄州长江边的快哉亭不是一回事，但都与苏轼有关。快哉是苏轼的真性情。陈师道也登过徐州的快哉亭，他在《登快哉亭》一诗里写道："城与清江曲，泉流乱石间。夕阳初隐地，暮霭已依山。渡鸟欲何向？奔云亦自闲。登临兴不尽，稚子故须还。"看来，傍晚登快哉，是游徐州的一大快事。

至于白居易的"燕子楼中霜月夜"，虽然也有唐代徐州武宁军节度使张建封与女诗人关盼盼的佳话在，引出诸多诗人的题咏，但毕竟是一个"不见去年人，泪湿春衫袖"的感情故事。倒是韩愈，在徐州做过从事，不仅写有《汴泗交流赠张仆射》："汴泗交流郡城角，筑场千步平如削。短垣三面缭逶迤，击鼓腾腾树赤旗"，道出了张封建在徐州的演兵场击鞠的场面，也在《归彭城》中记录了郑滑大水"生民为流尸"和"天下兵又动，太平竟何时"的徐州战乱情形。韩愈是河南南阳人，但对大河很关注，他在《河之水二首寄子侄老成》中反复咏叹："河之水，去悠悠。我不知，水东流。我有孤侄在海陬，三年不见兮使我生忧。"

在徐州出生的帝王将相不少，从刘邦、刘裕到南唐后主李煜，汉朝开国元勋萧何、樊哙、曹参、周勃和周亚夫，都是徐州人氏。项羽都彭城，韩信为楚王时也都过下邳（今属徐州睢宁）。祖籍沛县的刘向，更是编定了有名的《战国策》《楚辞》《山海经》的一代文学大家。写有《世说新语》的南朝刘义庆的祖籍也在徐州沛县。徐州历来是人杰地灵的文化重镇，也是中华文化的一个发祥源头。只是这徐州与开封和商丘一样，历史变乱频繁，也是"城摞城"的一个地方，很多古迹也就被湮没了。

再次告别徐州，但也会心系徐州。从徐州乘城际班车去商丘，从徐州城东北部的观音机场启程，沿途又多次见到黄河故道，附近有湿地公园，也有渔船。故道废而不废，变化从来不会只有一种颜色。微山湖给了它向北的水道，南边的水道也许还要借助于黄河故道，只是那微山湖会不会像宿迁骆马湖一样，成为进一步盘活徐州运河的另一个"大水柜"，水利专家们心中会有数。河流与湖泊水库良性互动，向来是运河调节水源和水流的一个运转规律。在这方面，前人传给我们的智慧是不少的，加上现代水利技术的不断发展，随着时间的推移，徐州的黄河故道，还会有更好的前景。它带给我的不全是悲怆的记忆，还会有新的亮色。

兰 考 泡 桐

2020 年 10 月

　　终于来到了兰考，这个曾经长期遭受风沙、内涝、盐碱"三害"，但已经成功地改写了历史的地方。咸丰五年（1855），铜瓦厢黄河决口，造成黄河向北移动的大改道，不仅改变了黄河地理，也直接"洗劫"了兰考。那次黄河改道，是一个历史性大事件，黄河占据大清河河道也即济水下游入海，给兰考留下了一个很难收拾的穷摊子，黄沙遍野，碱滩遍地。中华人民共和国成立后，黄河的生态环境开始不断优化，系列水利工程也不断趋于完善，黄河从总体上进入稳定期，但历史造成的后遗症，在很长时间里缓不过劲来。

　　从防洪史上看，铜瓦厢决口并不是黄河下游绝无仅有的大水灾事件，在 602 年到 1855 年，见之于史书的黄河大决口大改道，不下五六次。之所以会如此，有地理因素，有气候因素，有沙淤因素，有生态恶化因素，也有人为因素。从地理因素上讲，黄河出孟津之后，进入平原浅丘地带，缺少有刚性约束的河流地理条件，它在大约 25 万平方公里面积的一个大扇面上不时来回移动，多次溃堤破坝，造成灾难性后果。极端气候和淤沙"悬河"因素屡有叠加，加上治理不善、战乱不休，河防千疮百孔，几乎是三年一小灾，五年一大灾。所谓"黄河百害"的老话头，反映的其实不是黄河本身，而是人对自然灾难的畏惧和对河政相对束手无策的无奈。

　　铜瓦厢决口发生在 1855 年，它的历史影响与"黄河夺淮"有地理对称性，也可称为"黄河夺济"。据《清史稿·河渠志》记载，洪水不仅波及兰考、商丘、砀山、丰城、萧县、沛县、灵璧等地，也淹向了杞县和开封的陈留镇。洪水向北分成三股，一股直扑菏泽，另两股穿越长垣，奔向东平湖附近的张秋水闸，黄济合流后进入济水下游大清河道，在东平湖域形成一片泽国。

铜瓦厢决口引起的黄河大改道，其成因，固然也有太平军兴，清廷无暇应对的背景，但主要来自黄河激流和中下游连降暴雨，以及河道弯曲河床悬高等因素。河道弯曲，是黄河的软肋。兰考处于黄河最后的一个"S"形河曲，也是下游"悬河"特征最明显的成因之一，有许多不可测因素隐藏其间。黄河下游部分地段出现"地下河"，河床平均高出两岸地面 4—6 米以上，有些地段甚至高出地面 10 米，而河堤只比河面高 2 米。在大雨和激浪的连续袭击下，1855 年 8 月 1 日开始决口，十几天里，决口扩大到 1780 丈。洪水覆盖黄河两岸，对岸的东明县被洪水围困了两年多。大水横扫了半个山东省，并在塘沽、大沽形成冲积扇，波及 10 州 40 个县，直接受灾人群 700 万。光绪三年（1877），这里的河段再次决口，坝体合拢后，黄河从东营出海，形成今天的总体流势。

诚然，黄河决口改道，包括在兰考决口改道，并不在少数。在 20 世纪 50 年代之前的 3000 年里，有记录的决口就有 1593 次，基本上是"三年两决"，引起大小改道 26 次。其中，较大决口有六次：公元前 132 年汉武帝时期，"瓠子（濮阳）决口"，是第一次黄河乱淮，兰考肯定是受害者；第二次在新莽时期，一直到东汉刘秀"王景治河"时才有所缓解；第三次是唐末宋初"厌次决口"（滨州和德州），黄河从今塘沽、大沽入海；第四次是河南滑县李固渡人为决堤和金章宗时的"原阳决口"；第五次在明弘治年间，河水入东平，大清河道再次被挤占；第六次就是铜瓦厢决口。兰考的河段素有"豆腐腰"之称，总之是多数河决，受灾者都少不了兰考。

在历史上，兰考人从来没有过多少安定舒心的日子。兰考在秦代曾叫"济阳"，盖因南济水在它南边流过，但秦始皇东巡路过，恰遇大雾，便令改名"东昏"。王莽朝反其道而改为"东明"。在宋金交战的那次"黄河夺淮"中和金初，"东明"又被黄河洪水切为两段，"东明"以南分为兰阳、仪封。洪武二年（1369），仪封又被淹。明末清初，黄河也曾由此溢流至徐州黄河故道。又因各种缘由，兰考先后改为"兰仪""兰封"。1954 年，兰封与考城合并，始称"兰考"。兰考的曲折历史和诸多名称，反映了它与黄河扯不断的历史纠结。

　　铜瓦厢决口纪念碑，在今兰考河对岸封丘李庄镇黄河大堤上，这里也曾是铜瓦厢镇故地。因为有一段河堤用黄色琉璃瓦覆盖过堤面，驻过官兵，清乾隆四十九年（1784）所设的兰阳县丞衙门也在这里，曾被称为"铜牙府"，是铜瓦厢渡口集市旧地，但决堤后其地大部没入河中。兰考的一边，只留下城西北 24 里的东坝头和东坝头乡。对于兰考，铜瓦厢决口不啻是一次毁灭性打击。据兰考博物馆的资料，在那场特大洪水中，30 多个村庄被抹去了，有许多一姓庄，几乎都绝了户，灾民涉及 96 个姓氏。从此以后，风沙、内涝、盐碱"三害"肆虐，在防洪上也依然脆弱，成为经济发展的最大瓶颈和贫穷的自然根源。

　　东坝头乡就在黄河下游最后的拐弯处。这里是极具历史意义的兰考黄河第一景区和纪念区。从 20 世纪 50 年代开始，较大规模的根治"三害"开始了，这一带黄河两岸黄河滩区足有 200 多平方公里，先后出现了亘古未有的绿化生态带和沿河公路带。放眼望去，林木苍翠，田野平畴，18 个村庄的 8000 亩荒地复耕造林，铜瓦厢古镇也复建起来了。最大的黄河决口处，成了林田掩映、水鸟鸣飞的新型湿地公园，这是一个巨大的变化。到东坝头乡，人们要看这里的巨变，更是为了在毛主席视察黄河纪念亭前留影作纪念。1951 年，黄河出现了一次大洪峰，一直关注黄河的毛主席，在 1952 年 10 月来到兰考。这是中华人民共和国成立后毛主席第一次离京视察，专列特别停靠在东坝头。毛主席登上黄河的堤坝，久久凝望着黄河，讲出既沉稳又坚定的一句话："要把黄河的事情办好。"

　　10 月末的天气已经见凉，但毛主席默默地坐在黄河边的一块石头上。这帧照片，是毛主席与黄河最近身的留影。1958 年 8 月 7 日，毛主席再次乘专列来到兰考。他心里也一直牵挂着黄河。要知道，黄河的汛期是"七上八下"，此时黄河下游还没有度过汛期，黄河安否，兰考安否，怕是他心里最重要的一件大事。

　　从兰考城里到东坝头，人们是坐"小火车"去的。一开始我没有细想，以为这是兰考一种寻常的观光交通手段。到得东坝头，似乎有些悟了，好个兰考人，他们是希望每个到东坝头的人，都要随着毛主席的足迹走到黄河坝头上去，都要明白"要把黄河的事情办好"这句话的千钧分量。

到兰考，自然也要去看"焦林"。"焦林"与焦裕禄同志纪念馆是一体的，也在东坝头乡张庄的黄河堤上。焦裕禄的事迹家喻户晓，纪念馆里有他90余件遗物，有毛主席的题词"为人民而死，虽死犹荣"。这里还记录了他的临终遗言：死后"把我运回兰考，埋在沙堆上，活着我没有治好沙，死了也要看着你们把沙丘治好"。人生自古谁无死，但为谁和为什么而死，临终的遗言又是什么，境界和价值是大不相同的。在兰考火车站附近，也有焦裕禄纪念园，位于黄河故道上，园里开满了黄色的菊花。菊花性最洁，在晚秋里盛开，也最能体现对生命晚节与品格的评价。兰考和开封的菊花有名气，它们开在花园里，也开在黄河的坝上坝下。菊花有上千个品种，但黄菊和白菊最普遍也最容易栽培和养育，最能体现人们对人杰的一种忆念。

但我更喜欢兰考的泡桐。泡桐开花，也有一种气势，花朵淡紫朴素，隐隐地散发出一种清香，那香味并不刺鼻，花枝也不在风中招摇，平平常常，毫无贵木气。泡桐花有丁香花般的色调，但更朴质醇厚。在北京通州张家湾城址，我也曾经见过两株，花期已过，但蓊蓊郁郁的，比邻近的一株大槐树还要显得枝叶繁茂，一时间认不出是什么树种来，更不晓得这树的本领和价值。在兰考，泡桐大片成林，好像很平常，但接下来的景象就不很寻常了。

泡桐是一种北方乡土树种，旧日里的兰考农村，房前屋后都有，但不能用来做房檩，也就是遮遮阴凉。焦裕禄的一双慧眼，却从它身上看出了治"三害"的门道。他试种，他推广，依着乡邻的说法，他管在沙窝里种泡桐叫作给沙丘"扎针灸"，管翻沙压碱和开沟淋碱叫作"贴膏药"。泡桐治"三害"，是焦裕禄调查研究、反复试验后的一大发现和一大创造。泡桐树又叫"空桐木"，褐色的干管状的花，扎根深，不怕沙，又耐旱，埋根育苗，很快成活；长得也快，五六年成大树；投资少，不费工，既改沙又防风，成林可卖钱，钱再投垄亩。地改了，环境改了，林粮间种，耐涝、耐碱、耐风沙，粮食产量也上去了。兰考人不再是吃天生救济粮的主，兰考要开始甩掉贫困帽子了。

经过持续开发，兰考泡桐的潜在价值，奇迹般地显露出来。尤其是在市场经济改革后，居然成就了一个大的支柱产业。现在，兰考的泡桐产业已经拥有 6 万人的专业规模，这又是怎么回事呢？原来，别看泡桐速生木质松，但木质的共鸣性好，是制乐器做音箱的好材料，制作压制板材更是优选。到兰考去发展泡桐产业，是相关企业的投资热点，也是兰考人的一条脱贫致富路。全国最大的泡桐林在兰考，全国的泡桐产业在兰考，这里是泡桐王国和泡桐产业王国。

当地人说，兰考"三件宝"，泡桐、花生与大枣。此外，兰考哈密瓜也不错。涉农产业既惠农也惠工，什么旧时的"以工代赈"和流行一时的"无工不富"，都进入了历史词典。焦裕禄开创的治风、治沙、治碱的治穷工程，生生把 20 万亩盐碱地变成了良田。全县造林 5 万多亩，森林覆盖率由接近于零，上升为 26%。兰考正由一个满眼黄沙的贫困县，一跃而为 GDP 接近 400 亿元的新城镇。东坝头下书写的黄河新篇章，记录着焦裕禄在沙窝里栽种泡桐的身影。他长眠在黄河的东坝头，终于也看到了乡亲们不仅治了沙，也治了穷。

兰考是一个脱贫的大课堂。在这里，可以重温黄河的自然变迁史，也可以熟视兰考人改造自然创造生活的历史新篇章，还可以实地学习和继承焦裕禄的精神。焦裕禄精神可以从多个侧面去认知，但在更多人看来，他的那种精气神更多弥漫在绿色泡桐林里，或者说，他就是一棵看似平凡的泡桐树，在"焦林"里，在黄河边，在大堤上，撑着天，立着地，一直散发着漫天的清香。

黄 河 大 城

2020 年 10 月

    济南是黄河流过的一座大城，素有"一城山色半城湖"的美誉，名曰泉城，史称齐州。刘鹗的《老残游记》里，"家家流水，户户垂杨"，是对其历史景观十分贴切的一个扫描。趵突泉、大明湖、千佛山、五龙潭是其古来名胜。济南的市花、市树、市鸟分别是荷花、柳树和白鹭，荷塘柳影处处有，有着一双长长秀腿的白鹭，就在黄河边的湿地里神气地扫视着远方。

    济南是黄河流域 GDP 过万亿的城市。第一产业有"中国精品菜篮"的名声，第二产业以装备制造扬名，第三产业则源远流长，那称雄过京城市场的"瑞蚨祥"等大批鲁地商人，是近百年北京商业服务业的扛鼎者，就连北京的主要菜系也是鲁菜。在物流交通上，济南地处南北东西要冲，光建在黄河上的新老公铁大桥就有好多座，包括泺口黄河铁路大桥、济南黄河大桥、青银高速黄河大桥、济阳黄河大桥、平阴黄河大桥、长清黄河公路大桥等。讲黄河水运，这里还有一个不小的济南港，在黄河下游的内河航运业里，济南港也是一个标杆。

    济南也是龙山文化的发祥地。历城区有隋代的大佛。历山就是千佛山，那里是宋代词人辛弃疾的故里。历山还有"舜井""舜耕山"的悠久传说。"泺"，似乎是趵突泉和大明湖由来已久的专用名，也是济南最早的邑名。"泺"在甲骨文字时代里就有，源头就在趵突泉，大明湖是泺水的蓄水湖。泺水最终流入古济水，泺邑在汉代被叫作济南，虽然也曾以齐州名世，但济南是一个从来不变的老称呼。1855 年铜瓦厢黄河决堤改道，济水与黄河合流，济南还叫济南。从古至今，"东夷文化"沿济水西去，"河洛文化"沿黄河东来，济南就是交融点。

济南的趵突泉、大明湖和曾经的"家家流水"，一开始与黄河水系并无特别关联，泺水是趵突泉的源头，也是济南城的"脐眼"，"泉城"胜景，既是由这里的特殊地质造成的，也是围绕泺水和趵突泉形成的。济南主城名泉七十二，周边的泉也不少。李清照故里在章丘明水镇，那里也有不同凡响的一眼百脉泉。多年前去章丘，看到滔滔不绝的百脉泉水，从原县政府东墙下哗哗流过，很是清澈很是湍急，旋即汇入了漱玉泉，向着李清照纪念馆流去，不禁想到她的《漱玉词》。《漱玉词》是她自己编定的词集，词风婉约，文思却清丽透彻，那股清丽的诗气，无疑是来自那股"百脉寒泉"。济南城中素来百泉争涌，除了趵突泉，还有黑虎泉、五龙潭泉、珍珠泉、玉河泉、袈裟泉和平阴的洪范池泉等十多个大的泉群。坐上环城游船，细数汇入大明湖的泉流，何止上百个，但人们似乎更关注趵突泉，以至于它的水大水小，天上下的雨多还是雨少，也会成为很多人一时的新闻话题。

我经常去济南，济南给我的深刻印象，不仅是城里的泉景湖景美，去周边走走，每个绿山头，似乎都能演绎《左传》里的历史故事。这里是曹刿论战的山头，那里是灵岩寺和墨子的家乡，老济钢的后花园居然是俞伯牙高山流水琴声响起的地方。但令我更好奇更神往的是"诗仙"李白登过的华不注山。

华不注山的名称很奇特，它的别称是华山和金舆山。金舆山好解释，远望像高高的皇家轿子；但华山是西岳，这济南的南边，有了东岳泰山还嫌不够，居然还要来一座属于自个儿的华山。但此华山非彼华山，"华"乃是"花"的异字，但"不注"又作何解呢？说是来自《小雅·常棣》的"常棣之华（花），鄂不韡韡"。有解者说，如果你按照古方言去试读，发音不是"华不注"，而是"花附住"，一切也就通顺起来了。

这是一座野花开遍的山，山高不足二百米，但兀立在平地上，很有些鲁南地区崮的架势，但山顶又是浑圆和绿色的。至少在唐、宋、元时代，这座山与隔河相望的另一座鹊山之间，有一个很大的"鹊山湖"。

北魏时代的郦道元在其《水经注》里说，华不注山，"单椒秀泽，不连丘陵以自高；虎牙桀立，孤峰特拔以刺天。青崖翠发，望同点黛"。也就是说，它很像一只搁在浅水盆里的绿青椒，翠得可爱。在华不注山下，还有一座华阳宫，是元代全真派道士丘处机的弟子陈志渊建的，因为是唐后的建筑，因此他不是李白正式入道的道观，李白入道的道观是济南紫极宫，旧址不知在何处。华阳宫有很多壁画，画的是泰山碧霞元君的故事，碧霞元君的本事在泰山，其墓也在泰山东侧，壁画应是明初作品，因为碧霞元君的神祇信仰是永乐年间开始的。北京的东西南北中五"顶庙"皆为碧霞元君庙。华阳宫壁画内容有很多世俗画面，因此也是民间文化瑰宝。

天宝三年（744），李白归鲁，从任城起身，首游之地就是华不注山。他在《古风五十九首》第二十首里这样吟道："昔我游齐都，登华不注峰。兹山何竣秀，绿翠如芙蓉。"为何他要把华不注山和鹊山湖比作芙蓉，而非郦道元的"单椒秀泽"，因为他游过华不注山也同游了鹊山湖，而那鹊山湖也叫作"莲子湖"。华不注山紫烟缭绕，鹊山湖云蒸霞蔚，所谓"齐烟九点"和"鹊华烟雨"，即由此来。

杜甫也游过鹊山湖，他在拜见老前辈北海太守李邕时，写有《陪李北海宴历下亭》和《同李太守登历下古城员外新亭》。

唐宋八大家之一的曾巩也有《华不注山》诗："虎牙千仞立巉巉，峻拔遥临济水南。"但真正对华不注山有传神描写的，还是元初大画家赵孟頫的那幅青绿山水《鹊华秋色图》。《鹊华秋色图》构图独特，写尽鹊山湖神韵和华不注山苍穹独立的一种既秀且霸的气度。这幅传世之作，是他卸任后回到湖州故乡的忆作，是赠给词人老友周密的。

赵孟頫在济南任过济南路总管府事，1295年卸任后回到湖州，在故里莲庄邀集文友画友聚会，席间说到济南风光，首推华不注山。周密字公谨，号草窗，也自号四水潜夫、华不注人，生于浙江富阳，但祖籍济南，其时也在湖州隐居。他也是一位画家，善松竹兰，还是个笔记文史家，他在至元二十八年（1291）撰写的《齐东野语》，记有不少济南之往事。周密对故乡一往情深，也就恳请赵孟頫作《鹊华秋色图》以相赠。此图有明代大画家董其昌的五则题跋，也有乾隆的九则题跋，并盖有御印。赵孟頫在题跋上写有应周密之请的作画原委，很是情真意切：
"公谨父，齐人也。余通守齐州，罢官归来，为公谨说齐之山川，独华
不注最知名。"赵孟頫还有《咏趵突泉》一诗，"泺水发源天下无，平地
涌出白玉壶。……云雾润蒸华不注，波涛声震大明湖"，其诗颈联被后
人取为楹联，至今挂在趵突泉出口的堂柱上。华不注山，杜甫、苏轼和
元好问都来过，蒲松龄更是常客。华不注山和鹊山湖名震齐鲁，但它们
究竟在哪里呢？

　　说起来也大跌眼镜，原来就躲在济南历城区华山街道的犄角里。因
为时间太久远，华不注山被陆续建成的民居遮掩了，鹊山湖水涸，彰没
不闻，济南古来最大也最吸引人的景观何日再现，成了人们一想起便扼
腕的事情。但人们终于等到华不注山和鹊山湖要再露芳容的一天。随着
济南的城市发展和旧城改造，历城区要建设一座华山新城，他们一面规
划旧城改造，改善棚户居民的生活条件，一面要再现《鹊华秋色图》独
一无二的山景和湖景，扮靓济南和历城，这无疑是一桩很得人心的
事情。

　　我的一个身有残障的青年朋友在历城工作，他的住处就在连他自己
也很少看到的华不注山对面。见面说起这事，他很有些动情。他说：
"早就该有动作了，别说是改善居住条件，华不注山和鹊山湖是咱的城
市文化大品牌，怎么能一直明珠暗投呢？再说，济南的城市发展空间太
狭窄，为什么不从'大明湖时代'大步跨入'黄河时代'里去？"他的
话让我也思索了良久。对呀，济南的大明湖固然秀丽，趵突泉固然牵动
人心，中心广场也增添了城市魅力，但外来者多次来，毕竟多少也会产
生一些"审美疲劳"。再说，历山与趵突泉、大明湖同在一条古水脉上，
在鹊华秋色再现中打通这条水脉，济南的魅力也就更大了。看来，如何
扩展济南既有城市格局，如何让城市现代化与文化传统相互融合，确乎
是一个大的城市发展建设的重要课题。但对这位朋友关于从"大明湖时
代"大步跨入"黄河时代"里去的宏论，我还一时未解其中味，一直到
知道济南黄河隧道工程时，才有些恍然大悟。

　　这横穿黄河河底的隧道，是从未见过的工程。工程为双管双层公轨
共建，上层为公路，下层为地铁，是"万里黄河第一隧"。在过去，济

南的黄河两岸，除了数不过来的公铁大桥和浮桥，谁会想到，在积沙三米厚的"悬河"底下，能够畅通无阻地出现地铁？过去是只从黄河上行船过，未闻黄河底下行，现在和将来则是车头人头顶着黄河行。这又意味着什么呢？至少意味着黄河上要诞生一座两岸同城的现代大城市。黄河将会成为济南的城中河，济南也会从"大明湖时代"穿越到"黄河时代"。这对正在推进的城乡经济一体化建设的济南来讲会是一种怎样的飞跃？从"大明湖时代"穿越到"黄河时代"，带有一点炫的意味，但它又是对现代城市发展空间的现实追求。

但人们也不会忘记，1912 年建成的泺口黄河铁路大桥，已经被列入中国工业文化经典，有着另一种文化风情和历史记忆。泺口黄河铁路大桥是济南近代发展的第一座里程碑，始建于 1908 年，1912 年建成，全长 1255 米。这座大桥是由德国公司承建的，但大桥前后五次方案的审定，是由中国铁路工程师詹天佑完成的。在泺口建设铁路大桥方案一锤定音中，显现了詹天佑的工程眼光，他是真正学贯中西、具有创造性思维的中国工程师第一人。从设计思路上讲，这座大桥的设计也不让于从八达岭长城脚下穿过的京张铁路"人"字形铁路设计思路，全桥有 12 孔，每孔间距 10 米多。桁梁与水面距离 10 米，留有通航的足够空间。在他的心目中，黄河上不仅可以架设坚固桥梁，也可以通航走大船。

这座大铁桥经历过多次磨难，也经过加固、修复改造，仍在使用中，现在每天可通行 28 对列车。如今，新的斜拉彩虹大桥也纷纷出现在济南的黄河上，济南黄河大桥 1978 年开建，1982 年竣工。还有一些在建的或者已经建成的大桥。它们都是泺口黄河铁路大桥未来的接力者。

济南空间的扩展，也体现在黄河湿地绿化带的建设中，济南的"七十二泉"，只是她少女时代颈项上的一串项链，她还要裁制一条沿黄百里绿色长裙。在泺口浮桥边，有一片绿地，是黄河森林公园。还有一片长满了银杏树，正是秋深黄叶落，满地铺金。京城人喜欢赞美钓鱼台国宾馆东墙外的银杏大道，有情愫，殊不知这里也是一个金黄银杏落叶的王国。

在黄河南岸看黄河，公园和湿地比较显眼，回首正在一点一点露出面容的华不注山和鹊山湖，不用多费想象力，那泺口黄河铁路大桥下的森林公园所在的河谷上面，就是与华不注山相呼应的鹊山。泺水注入黄河，黄河将还给它一个新的更美的鹊山湖，诗豪和画家们再来，又会引发几多诗情画意。

看济南黄河和黄河湿地，最好的地方在齐河县。齐河县与济南隔黄河相望，是黄河流向济南和东营的重要转接点。这里有黄河水乡国家湿地公园，总面积达近千公顷，未来还会延展。为了更好地保护和提升黄河沿岸湿地功能，这里长达 100 多公里的河道和河岸被纳入统一管理和建设。齐河湿地公园已经形成了气候，有以多种水禽为主的野生动物园。济南的"市鸟"白鹭，正旁若无人地站立在河堤上，兀地收起了美丽修长的腿，亮出一对同样美丽的翅膀，一飞冲天。

到齐河看黄河的人很多，大多来过好几次。他们对我说，最好明年春天和夏天各来一次。春天里河开柳芽长，岸上的杏花一片连一片，分不清哪是杏花哪是水。你说是桃花汛，俺说是杏花水，你可以好好看，黄河里流着杏花的花瓣，还伴着亮亮的冰凌花，是个什么景象。夏天里，到特意建设的浅水游泳区去，黄河滩上的沙，比海滨上的沙柔和得多，你就横着打滚吧。这是他们的旅游经验之谈，我点点头，记住了。

黄河长流无尽时

2020 年 10 月

从济南到东营出海口，要经过滨州市。

滨州很古老，商代为蒲城方国地，秦代置县，隋代置州，是古代北海郡的核心地区，也是古青州和古齐郡的一部分。地形南高北低，南部小清河流过，北部插入海河流域。多数地区要靠最近的黄河供水灌溉，是喝济水和黄河的"乳汁"长大的。惠民有孙武故里，邹平有宋代建造的范仲淹祠，魏集有明清古村落。在抗日战争和解放战争中，这里是渤海老区，渤海支队打出了威名。这里还是吕剧的发源地。1870 年前后，民间艺人时殿元从改编乡野小调"打坐腔"开始，吸收"化妆扬琴"表演形式，最终形成生旦净末丑各色俱有的吕剧剧种。吕剧之吕，并不是源于地名，在早期摆地摊演出时，有骑驴的诙谐节目，逗得人前仰后合，一时被戏称为"驴戏"。小戏发展成大戏，总觉得要有个"官名"，也就以"驴"的谐音改为吕剧。要研究中国戏剧是怎么形成的，这是一块真正的"活化石"。

这里的沾化冬枣和蓝印花布艺也有名，因为临近黄河，渠网纵横，五道口的黄河大米也很给牌子脸儿。滨城主城区虽然不临黄河，但黄河横穿了邹平和惠民两县，因此也在起劲地建设黄河生态园和湿地鸟岛。开河时，在惠民看流凌，也是一大风景，春汛来，先后崩裂的凌块，你推我搡，像放了学的孩子，争先恐后地往家走。

从滨州到东营不远。东营市是 1983 年从滨州分立出来的，由广饶、利津和垦利等区县组成。分立出来，为的是更好地保护黄河出海口，也

是为了这里的能源基地建设发展。东营是我国第二个大的近海石油重镇，同时也是我国陆地面积增长最快的三角洲地区。

到了东营，也就到了黄河出海口。顾不得去看东营城市的新市容，我径直奔向黄河入海口。黄河入海口在垦利区黄河口镇，地处渤海中段与莱州湾交汇处。黄河下游的河道很多，但黄河主河道在这里，很明显。

入海口有雄伟的孤东海堤，长达 27.5 公里，在一些易受海浪冲击的地方，堤边有护堤的水泥三角石础。入海口分黄河外滩、东津湿地和大门湾，海岸线曲曲折折，有 412.67 公里之长。有的段落，蓝色的海水和黄色的河水交错，水线明显可见，那景象要比"泾渭分明"更为分明。

蓝的是海，黄的是河，边缘相互浸润但又轮廓明显。大约是河水与海水的比重不同，沙会慢慢沉积，一寸一寸地向前移步，海水也在耐心地等待着，在什么时候再去牵挽黄河。在我没有见到黄河入海口的时候，有过许多想象，也许会看到拍岸惊涛，浪遏碣石，也许会是水天一色，料不到看到的是这样的一种景象：王气十足的渤海，对披着黄色披风远道而来的河之皇后敬而有礼，很有些绅士风度，不时地致"脱帽礼"，在远处，有回水湾边笔立的山崖，海浪声隐约传来，像是特意安排的一支乐队，正在奏乐迎人。黄河倒也不太客气，匆匆来，未等洗尘大步行，就奔向窄的主河道，潇洒地随手扬起一团黄色水雾，又带出一个不是"壶口"的"壶底生烟"，还有低低的、淡淡的一道虹影。黄河虽然行色未消，但水势里显露出的情绪，显然温柔了许多，她毕竟到了自己的另一个家，就要跨进家门去。

入海河口的沙也多，且有些居高临下，因此黄河流到这里，仍然是"悬河"，"悬河"泥沙多，但不是想象中的"一盘散沙"，坚实的沙滩，高高的岸，高耸的堤坝，沙裹着水，水裹着沙，都随着黄河迎向蓝色的渤海。在这里，黄河依然是一身巾帼气，让周围的山、周围的水礼让三分。渤海边的潮，都是半日潮，潮起时不知这里是什么样的场面，眼下正是退潮时，除了那个"壶底生烟"处，前后的一切，还是很安静温馨的。

　　回到大堤上望，红黄蓝三元色，调绘出一幅奇幻的画作，是自然的具象，也不乏人工的修饰。但比作人，总体上还是素面朝天的淡妆浓抹。在这幅画里，有远方的浅蓝与深蓝以及"黄河岛"上的墨绿，近处，银灰色的芦苇荡里，有微黄的木栈、木桥，还有通向弯曲半岛的亮眼白石桥和红色的仿古拱形桥，斜拉桥也在不远处露出半个身影。这里的平湖、河湾、水洞，还有石油井边的一排排"叩头机"，在有节律地上下动。河湾里还建造了几座荷兰式的风车，那当然不能只当引进的风景看，其实是风力发电机。眼前的一切，静中有动，动中有静，色调斑驳，不失沉稳大气。

　　然而，在这幅画里，最美的颜色，还是既是大背景也是主景的一片红色，那是一片一望无际的红色草甸。像是谁特意铺出的一块大红地毯，黄河正是从这红地毯里优雅地穿过。

　　秋天是红色的季节，从南到北不乏观赏红叶之地。北京的香山红叶吸引力最大，唐代诗人杜牧的"停车坐爱枫林晚，霜叶红于二月花"描绘的秋之色也令人心动。红树叶寻常见，除了枫树还有黄栌，以及红色的"爬山虎"藤，但红色的草一直铺向海边，此景此情太罕见。它红得摄魂动魄，红出梦幻，但又那般真切。红色的草，我也曾在西北的原野上见过几次，多数是经霜而红，色泽较暗。季季几乎常红，且能够铺天盖地，只有在这黄河入海口上。说它是摄影的红镜头和印象派画作，显然错会了。这是黄河口镇从夏到秋的日常田野大景，也是自然的神来之笔。这红草初生时，叶黄素较多，黄中带红，人称黄须菜，夏秋间长到一尺高，叶红素激增，变得通体鲜红。它的学名叫翅碱蓬，耐涝、耐碱，喜欢生在河海交汇处。叶子红，花红，结出的小果也红，连成一片，像是火烧云从天上飘落下了地。

　　但是，除了这遍野红色之外，更让人禁不住细端详的，是红色里的几个金黄色的亮点。从我们在栈台上的视线角度去看，那黄色在阳光下同样分外耀眼。如果说，那一大幅红草绣如一面红旗，那金色的亮点就是绣在上面的几颗金星。风儿来了，红旗在飘动，金星也在跳动，那不就是一面铺在黄河出海口的巨幅国旗吗？那是特意种植的菊花圃或者黄郁金香圃，或是别的一种黄色花草，打听不打听，并不十分重要。无论是自然形成的，还是精心设置的，都让人心潮澎湃。同样站在栈台上的一位年轻朋友说，多像是黄河也在国际运动会上摘了金牌，身披鲜红的国旗，在向我们摆手。人们的感觉如此相似，都在为远道而来的黄河骄傲，也为黄河口镇的这个红色大气场欢欣不已。

在东营的几天，我也去了利津，那里曾经也是黄河出海口，因为黄河三角洲在不断生长，它便成为黄河的一个后花园。利津素有"百鱼之乡""黄金海岸""东方对虾故乡"之美称。利津黄河大桥是黄河上最后一座大桥，也有特别的意义。

"扬州八怪"中的李方膺曾任乐安（今东营广饶县）县令，他与郑板桥相识。郑板桥在潍县作有著名画竹诗"一枝一叶总关情"，说明潍县彼时也有竹，利津离潍县并不远，气候也更温暖些，想必利津也会有竹林。利津的土地宽展，有 193 万亩，其中耕地 80 万亩，有大量的天然草场和人工草场，这是中国的一个重要草业基地。

离开东营的时候，一路所见所忆所想，还在不间断延续。想得最多的，还是黄河走过的一路艰辛，以及才见到的黄河入海口的"悬河"状态。河沙带来新的土地，但"悬河"总归是个问题。沙水平衡与否，是黄河稳定流动的试金石。目前的情况是局部平衡，全流域还有很大的差别，因此我们还要打一场保卫黄河的持久战。

归来后，我带着一些问题，去请教了清华大学研究流域规划的刘垚老师。他告诉我，三门峡水库的泥沙进出量基本达到了平衡，但库内历年积存下来的 50 亿吨泥沙，如何逐步减少，尚需时日。小浪底水库运行以来，积存泥沙少于原来的预期。他还说起一则信息，就是水利部门提出，要在秦晋大峡谷中游建设"古贤水库"。这无疑是个好消息。

刘老师以前给我讲过一些相关常识，如黄河上中下游的大致高程差，即从上游的多石峡开始到托克托河口村，高程差约为 3846 米，水流急，但各小段不一样，河套到托克托河口村一段流速低，所以也是上游最易沉沙的地方；中游高程差约为 890 米；下游从桃花峪到东营，高程差不足 100 米，动力不足，河底沉沙，也是造成高度不一的"悬河"的因素。如何总体联动又分段治理，是个大题目。为了应对"悬河"，历史上的很多"河郎中"想尽了办法，如"清黄涮淤""束水攻沙"等等，虽然也有说"束水攻沙"会引发河口沙壅，但那其实是在古代技术条件下的顾此失彼，在现代技术条件下，河口沙壅并不是太难解决的，"弱水流沙"和下游的"悬沙"问题才是河之大患。

定时冲沙很有效果，但只有一个小浪底，力道总归不够，还要在继续加大中上游水土流失治理力度的同时，不断推进和完善综合工程治理体系，分段实现水沙梯级输入输出平衡。完全要黄河变清，既不可能，也不必要。目前我们还没有控制气候变化的根本手段，多办法治水，才会"把黄河的事情办好"。

我也收集过几组前几年的研究测算数字。一是在一个时期里，黄河年平均输沙量大约为16亿吨，仅从内蒙古托克托河口村到龙门这一段黄河峡谷和有关流域，年均输沙量就约有14.6亿吨。黄河来水61.7%来自兰州以上，几乎全部的泥沙来自上中游。从内蒙古巴彦高勒到托克托河口村，已经形成265公里长度的"准悬河"，这是一个潜在的高危地带。壶口所在的吉县和临近的兴县、河津，每年输沙量约1亿吨，这又说明修建古贤水库的必要性和重要性。二是黄河水利委员会发布的《2014年黄河泥沙公报》显示，从1999年到2013年，黄河流域黄土高原植被覆盖度已经从31.6%增加到59.6%，2014年黄河干流龙门、潼关水文站出现了建站以来最小年输沙量，但要进一步减少黄河入海输沙量，仍需继续努力。三是近年来黄河水的浑浊度有所降低，《黄河流域综合规划（2012—2030年）》中的有关分析显示，目前黄河每年平均减沙4亿吨，加快重点流域治理，到2030年，可望争取每年减沙6亿至6.5亿吨。届时，黄河入海泥沙也可望减少9亿吨左右，庶几达到平衡。比较理想的状态，多数专家认为，入海泥沙指标当在每年10亿吨左右，好的情况应在6亿至11亿吨之间。

我还听到一种测算，古贤水库的建设可降低三门峡水库滞洪水位1.63米至6.69米，有效减少渭河与汾河口的沙壅水平。拟建的古贤水库与小浪底水库上下呼应，长远可以减少200亿吨黄河泥沙总量，相当于60年来积存在黄河下游的泥沙淤积量，对黄河的长治久安意义重大。另外，还可以控制中游65%的流域和80%左右的水，并在蓄洪拦冲泥沙的同时，为黄土地提供35亿立方水，覆盖1万多平方公里的陆地面积，并提供 45 万千瓦时的电能，为进一步振兴山陕老区提供更大的生态支撑。或许还可为壶口增添新景，古壶口和现代"壶口"上下呼应，那将会是怎样的一种景象？

古贤有多处，河南的汤阴有古贤镇，温县、长葛还有古贤村，其义或许来自"先圣之经，古贤之记"。但秦晋大峡谷的"古贤"是黄河的一个文化品牌，地域上包括延长、延川、清涧、绥德、吴堡的陕北地区，以及吉县、河津、石楼、柳林的山西沿黄地区。这里传统文化深厚，同时高崖壁垒，峡口众多，上距碛口古镇 235 公里，下距壶口瀑布100 公里，对于黄河来说，是一个"牵一发而动全身"的重要地区。

在离开黄河的远方，我最想对着黄河说的话是，老母亲已经哺育了我们一代又一代，我们也会一代又一代地尽心呵护老母亲。母亲的福祉是儿孙们的福祉，儿孙们的福祉也是母亲的福祉。黄河长流无尽时，中华福祉也无尽时。

后　记

　　离开黄河入海口已有一段时日，记忆在时间的河流里不断地沉淀，穿梭于黄河沿岸城镇的感受更加清晰起来。闲时翻阅关于黄河的古诗词，诗歌里有诗人的寄意，但寄意各有不同。晚唐倒是有位出自山西汾阳的诗人薛能，生活在黄河一侧，对黄河的感受更直观实在一些。他在《黄河》一诗中吟道："何处发昆仑，连乾复浸坤。波浑经雁塞，声振自龙门。岸裂新冲势，滩余旧落痕。横沟通海上，远色尽山根。……九曲终柔胜，常流可暗吞。人间无博望，谁复到穷源。"他对源远流长的黄河有着较宽的视野。"九曲终柔胜"是他的结论和预期。

　　从黄河入海口回看，天高地远，齐鲁大地莽莽苍苍，目力透过晨曦中悬浮的薄雾，思绪之笔可以勾画出这样一种透视图景：黄河从源头舞来，在甘南草原猛然一摆，甩出了惊天动地的第一个大拐弯，进入第二弯、第三弯。黄河"几"字弯是龙的躬背，接着它又扬鳞俯颈，穿越秦晋大峡谷，扫视雄伟的华山，倏地转身，进入"三门湖盆"，腾向中原大地。所到之处，覆盖了中华文明的多维空间。黄河给我们带来了几多利与害，如何不断地兴利除弊，是需要我们经常思考的千古命题。我们的黄河母亲付出了许多，也需要在新的时代里进一步强化生机和活力。它确乎有频繁泛滥与改道的历史。据史料统计，从公元前 602 年至1938 年的 2540 年里，黄河下游决口 1590 次，改道 26 次，其中大的改道有过 5 次，但这个历史已被改写，黄河开始进入安澜时代。

　　黄河历史上的泛滥和改道有多种因素，有激烈的周期性气候变化因素，也有人为的各种因素，但生态的破坏是最主要的。特别是中晚唐和宋代以后，沿河战乱频繁，黄河中上游的植被状况越来越差，西北地区沙进人退，黄河的各级支流不断向黄河里输沙，下游"悬河"日甚一日，及至清末，出现了南宋以后的一次大改道。但在中华人民共和国成立之后的70多年里，黄河没有发生改道，也没有发生过恶性溃坝事件。黄河"三年两决口"已经成为历史的记忆。

可以这样说，1949年之后的黄河发育史，已经是一部安澜史。黄河不仅开始安澜，也在不断地造福。据有关资料统计，1949年之前的黄河灌溉面积只有19.43万公顷，即不到300万亩，1949年之后很快增加到1200万亩，主要是宁蒙河套两大灌区增长明显。"一五"期间，黄河的灌溉面积翻了一倍多，1976年增加到了7600万亩，1995年过了亿，2018年进一步增加到了1.26亿亩。按可比口径计算，截至2018年，改革开放40年来仅河南省就增加了1360万亩有效灌溉面积。

从更为宏观的大历史角度讲，黄河的历史性泥沙让我们付出过沉重代价，同时也造就了大片的沃土，形成了巨大的华北平原和江淮平原扇面，造成了早熟的农业文化发展巨大空间。黄河不仅是我们民族文明发展源远流长的承载体和河流地理主体，也为隋唐大运河和卫运河提供了最早的水源，隋唐大运河的河龄前后七百年，卫运河的河龄也有上千年，它们流淌在中华的大地上，形成东西南北经济文化相互密切交流的物流、人流和信息流的巨大水系网络。黄河的巨大落差和地理地貌之复杂程度，超出世界上任何一条大的河流，同时覆盖了9个省区的70多万平方公里流域面积，养育了西北、华北和中原数量巨大的人口。人们常讲到胡焕庸线，用来比对东西部人口的密度和经济发展状态，同样显示了有内涵有意义的中国经济地理历史状态。

黄河还是"丝绸之路"的显在河流坐标与东西国际商业和文化联结的中转线。"丝绸之路：长安—天山廊道的路网"经过了积石山下的古代黄河第一桥，"河湟通道"不仅连接着丝路南道、北道与中道，也连接着唐蕃古道。现在的兰新高铁，依然要从这里穿过。

更别说，黄河的曲线也是中华五千年文明发育的地理贯穿线，没有黄河也就没有中华绵延不绝文化核心的发育载体。黄河从来是伟大的，面对黄河，人们都会不期然地想到毛主席曾经说过的话："没有黄河，就没有我们这个民族啊！""这个世界上什么都可以藐视，就是不可以藐视黄河；藐视黄河，就是藐视我们这个民族啊！"

　　比起我 40 年前在黄河岸边居住所见，黄河的颜值已发生超乎想象的提升。很多河段的水色没有先前那么浑浊了。在春末夏初，龙羊峡、刘家峡、青铜峡和三门峡水库的湖面上下，居然显现出"春来江水绿如蓝"的某种景象。这样一种绿如蓝，诚然是"高峡出平湖"后泥沙沉淀水流变缓造成的，黄河特有的泥沙还要靠每年汛前放水冲沙来排减，但在系列工程的可控操作下，四季水流颜色开始变得有节律，也有了新的色彩。

　　诚然，这些年来黄河也有让人心揪的时候，比如 20 世纪下半叶发生过的黄河断流。所谓断流，并非流水流到见了底，而是指出海口的水流量每秒仅一方左右，河流失速。黄河断流从 1972 年开始，延续到了 1997 年，其间除了上游大坝施工蓄水需要，20 年中出现过或长或短的自然断流现象，最长一次断流时间达到了 226 天。一时间，拯救黄河的声音四起，甚至有人忧心忡忡，黄河会不会成为内陆河？

　　黄河断流究竟是什么原因引起的，又怎么扭转了乾坤，恢复如初？黄河曾经的断流，原因不外乎是气候干旱，但无计划用水和上游农田大水漫灌是主因。黄河平素的总水资源就不足，上游超用了，中间截流了，到了入海口，水量自然也就变小了。但从 1989 年开始，政府强化了全流域管理功能，推广小流域治理，推动节水灌溉，实施新测绘技术，并且在汛前放水冲沙。在 2001 年小浪底水利枢纽工程竣工和三门峡水利枢纽工程改造之后，黄河不仅没有再出现断流现象，"悬河"问题也在下游河道的逐步下切中得到一定的缓解。这些变化，一方面明白无误地提示了，对于我们的黄河母亲，不能只有索取，而是要加倍呵护和回报；另一方面也印证，自然生态的修复和加强保护还是最重要的。黄河毕竟是自然河流，有自身的自然生命特征和地理生态承载极限。从历史上看，黄河曾经带来的灾难，是人对她索取有余，呵护不足，无视或者忽视了水生态的自然规律。只有从源头抓起，不断地改善生态环境，强化对于黄河母亲的反哺和涵养，才能办好黄河事情。

　　有一件非常值得欣慰的事情，那就是 2020 年汛前，黄河水利委员会在小浪底水库进行了最大泄流量 5500 立方米每秒的下游输水输沙试验，大水不仅顺利通过下游河道并入海，部分河床还下切了 2 米。

可以说，进入 21 世纪尤其是近十多年来，我们已经开始进入新黄河时代。黄河的保护和利用已经进入了良性循环。河还是那条河，水量大体上还是那个水量，但黄河开始变得年轻，变得更有活力了。过去极为干旱的西海固地区也出现了大片的引黄灌区。小流域治理的成功，也使许多季节性支流开始成为长流水。我们要做的，不仅是为黄河赋能，更要持续不断地去保护她，保护得好，赋能才能多。

虽暂别了黄河，但心中又在盘算，过几年或有机会再到黄河沿岸转一圈，会有更新更多的感受。我期盼着未来的新行程。

冯　并

2022 年 3 月